国家重点研发计划"海洋环境安全保障"重点专项"基于卫星组网的海洋战略通道与战略支点环境安全保障决策支持系统研发与应用"（2017YFC1405600）项目资助。

# 遥感卫星虚拟组网的海洋环境信息提取技术及应用

王　晶　主编

中国海洋大学出版社

·青岛·

# 内容简介

海洋遥感卫星组网观测高时间分辨率、高空间覆盖度和多视角多观测模式等优势已成为海洋信息获取的重要手段。本书依托于"基于卫星组网的海洋战略通道与战略支点环境安全保障决策支持系统研发与应用"国家重点研发计划项目，发展了面向海上战略通道和战略支点的海洋环境信息提取技术，研制了相关海洋环境安全保障产品。主要内容包括：利用海洋遥感卫星组网观测数据和模拟数据，实现了多星风场反演的技术；多视向SAR观测模式下的海浪截断波长补偿技术；深度学习的海面风浪场快速反演技术、SAR和波谱仪海浪谱的联合反演技术、卫星SAR双波束观测能力的海面矢量流场反演技术、卫星组网遥感图像的大数据内孤立波多维参数反演技术、利用光学卫星遥感组网数据的海雾探测技术等。书中展示了满足海上航行安全保障需求的海面风场、海浪、海流、内孤立波和海雾等数据产品，服务于战略通道与战略支点海洋环境安全保障决策支持系统。

本书可供海洋卫星遥感和物理海洋领域的科学技术研究人员参考，也可为相关学科本科生、研究生教学提供参考。

## 图书在版编目（CIP）数据

遥感卫星虚拟组网的海洋环境信息提取技术及应用 /
王晶主编. —青岛：中国海洋大学出版社，2021.6
ISBN 978-7-5670-2848-7

Ⅰ.①遥… Ⅱ.①王… Ⅲ.①海洋环境—信息处理—研究 Ⅳ.①X21

中国版本图书馆CIP数据核字(2021)第124357号

| | |
|---|---|
| 出版发行 | 中国海洋大学出版社 |
| 社　　址 | 青岛市香港东路23号　　邮政编码　266071 |
| 网　　址 | http：//pub.ouc.edu.cn |
| 出 版 人 | 杨立敏 |
| 责任编辑 | 邓志科 |
| 电　　话 | 0532-85901040 |
| 印　　制 | 青岛国彩印刷股份有限公司 |
| 版　　次 | 2021 年 6 月第 1 版 |
| 印　　次 | 2021 年 6 月第 1 次印刷 |
| 成品尺寸 | 185 mm × 260 mm |
| 印　　张 | 15.625 |
| 字　　数 | 320 千 |
| 印　　数 | 1～1000 |
| 审 图 号 | GS（2021）8144号 |
| 定　　价 | 88.00 元 |
| 订购电话 | 0532-82032573（传真） |

发现印装质量问题，请致电0532-58700166，由印刷厂负责调换。

# 编 委 会

　　海洋战略通道和海洋战略支点的安全保障与建设已成为推动"21世纪海上丝绸之路"发展与深化全球贸易联系的重要途径，无疑对我国的战略物资输运和商贸往来具有重要作用。

　　国家重点研发计划"海洋环境安全保障"重点专项"基于卫星组网的海洋战略通道与战略支点环境安全保障决策支持系统研发与应用"项目由中国石油大学（华东）牵头承担，我为项目负责人。该项目针对海上重要战略通道和战略支点环境保障需求，提出了构建SAR卫星组网观测系统的方案，利用现有在轨的SAR和光学卫星进行虚拟组网，获取高时间分辨率的战略通道和战略支点遥感数据，发展基于SAR卫星组网数据的海洋环境和海上目标信息提取技术以及海洋环境精细预报技术，形成海洋战略通道和战略支点环境安全保障产品，构建海洋环境安全保障决策支持系统，提升了海洋战略通道和战略支点的环境监测、预报与决策支持能力，进而为我国海上经济通道的安全提供了技术保障。

　　课题"基于海洋遥感卫星网的海洋环境信息提取技术"由中国海洋大学王晶教授负责，以战略通道海上航行安全保障需要高时效、高空间分辨率和高精度的海洋环境监测为出发点，针对目前单颗卫星观测存在的时间分辨率低、空间覆盖度低以及观测信息不完整等问题，充分利用海洋遥感卫星组网观测的高时间分辨率、高空间覆盖度和多视角多观测模式等优势，发展了基于SAR和光学卫星等多星联合观测数据的海面风场、海浪、海流、内孤立波和海雾等海洋环境要素反演技术，研制了重要战略通道和战略支点的海洋环境监测产品，实现了海洋环境的动态监测，为战略通道和战略支点海洋环境安全保障提供了数据服务。

本书以课题研究成果为基础，对基于卫星组网的海洋动力环境信息遥感反演新方法和新技术进行了系统总结，并为重要战略通道和战略支点研制了示范产品。这为海洋遥感理论研究和技术应用提供了有力支撑，具有重要的参考价值。

作为项目负责人，对该书出版感到非常欣慰，也相信此书在促进海洋环境信息探测技术发展、科学研究成果应用和提供海上丝绸之路决策的科学依据等方面具有重要作用。

北京遥测技术研究所

2021年6月18日

# 前言

FOREWORD

海上丝绸之路自秦汉时期开通以来，一直是沟通东西方经济文化交流的重要桥梁。共建21世纪海上丝绸之路的倡议，是致力于维护世界和平、促进共同发展的重要决策。如马六甲海峡、霍尔木兹海峡是东西方的"海上生命线"，我国80%以上的对外贸易和90%以上的石油等战略性物资均需通过海峡通道和战略支点运输和转运，海上战略通道与战略支点周边海洋动力参数的监测是至关重要的。卫星遥感是当前海上战略通道和战略支点信息获取的主要手段之一。由于海上战略通道和战略支点多位于低纬度区域，卫星遥感在低纬度区域的时间分辨率低，无法实现高频率监测。因此，当前的海洋环境安全保障数据和产品无法满足海上战略通道和战略支点的实际需求，急需发展海上战略通道和战略支点的海洋环境信息提取技术，研制相关环境安全保障产品，构建战略通道与战略支点海洋环境安全保障决策支持系统，服务于我国的海洋强国和参与全球海洋治理的国家战略。

本书依托于国家重点研发计划项目"基于卫星组网的海洋战略通道与战略支点环境安全保障决策支持系统研发与应用"的"基于海洋遥感卫星网的海洋环境信息提取技术"课题，利用多星虚拟组网观测数据和模拟数据重点突破了SAR海浪截断波长补偿技术、海面矢量流场反演技术、内孤立波参数反演技术和海雾探测技术，研制了满足海上航行安全保障需求的海面风场、海浪、海流、内孤立波和海雾等数据产品。

本书共包括六部分内容，概述如下：

介绍了同时适用于三颗星的风场参数反演的优化与调整的CMOD5.N方法和FFT

方法以及多星风场反演技术；采用SAR成像仿真的方法获取了多入射角组网SAR卫星数据，建立了适用于在轨虚拟组网SAR卫星数据的风场优化反演技术。

多星SAR组网可以获得多视向的同步观测信息，详细介绍了多视向SAR海浪同步数据的仿真，包括海浪谱模拟、海面模拟、海面后向散射系数的计算、海面回波信号的生成、海面SAR成像及多视向SAR海浪同步数据生成等。通过多视向 SAR 海浪同步数据反演海浪谱信息融合建立了SAR海浪截断波长补偿技术。基于在轨虚拟组网SAR卫星建立了海浪反演技术。

针对风浪联合反演，结合SAR交叉谱方法、SAR风速反演的CMOD5.N方法和SAR海浪谱反演的MPI方法，阐述了基于谱信息的SAR海浪风场联合反演技术、遥感大数据和机器学习方法的海浪风场参数联合反演技术与SAR 和波谱仪准同步观测数据的海面风浪联合反演技术。上述方法提高了区域性海面风浪场观测的时效性和SAR海浪探测的适用性。

在海流反演方面，介绍了高精度图像配准技术、相位解缠技术和海浪轨道速度与海面流速分离等技术手段实现的顺轨干涉SAR海面径向流场高精度反演技术，改进的多普勒质心偏移法海面径向流速反演技术；阐述了通过海面建模与后向散射模拟、斜视SAR回波与海面成像模拟、双波束顺轨干涉SAR海面成像模拟等环节实现的多普勒质心偏移法海面矢量流场反演技术和双波束顺轨干涉SAR海面矢量流场反演技术。

海洋内孤立波的生成具有随机性，加之单星的重访周期长，使得内孤立波的遥感观测受到限制。利用在轨卫星虚拟组网高频次观测某一海区的内孤立波，为内孤立波生成源、传播路径、时空分布、演变过程和参数反演等研究提供了丰富的数据。基于遥感卫星虚拟组网的大量内孤立波图像，结合深度学习方法重点阐述了如何提取图像纹理特征参量以及多种内孤立波振幅反演方法；介绍了利用在轨卫星虚拟组网的图像追踪法、潮周期法和支持向量机的内孤立波传播速度反演技术；全面地研究了战略通道和战略支点重要海域的内孤立波多维参量特征，为海上航行和海洋工程等决策部门提供了科学依据。

海雾发生随机性大且观测资料严重缺乏。在轨卫星虚拟组网大数据和机器学习方法为遥感探测海雾提供了新的研究思路。利用构建的海雾样本阐述了多波段阈值法、基于机器学习以及深度学习的海雾探测方法；构建合适的海雾探测模型，实现海雾自动化识别，为海洋环境决策部门提供信息保障。

本书全面地介绍了基于海洋遥感卫星网的海洋环境信息提取技术和数据产品，为未来进一步深入发展卫星组网的风、浪、流、内孤立波和海雾反演技术奠定了良好基础。本书可供海洋卫星遥感和物理海洋领域的科学技术研究人员参考，也可为相关学科本科生、研究生教学提供参考。

本书的出版是在国家重点研发计划项目资助下完成的。在本书出版之际，感谢项目组的大力支持和协作！向课题组全体老师和研究生的辛勤工作以及对本书编写的帮助表示衷心感谢！由于研究人员和编著者水平有限，书中的不足在所难免，敬请读者批评指正。

编著者

2021年6月

# 目录

CONTENTS

# 1

# SAR 卫星组网海面风场反演技术

　　海面风场是一种重要的海洋动力过程现象,对上层海洋过程和海气界面之间的物质和能量交换有重要作用,是与人类活动最直接相关的海洋现象之一。全面系统地获取海面风场观测信息并掌握其规律,对开展海洋科学研究、防灾减灾以及国防建设等都具有重要意义。合成孔径雷达(SAR)是实现海面风场探测的一种非常重要的遥感手段,其具有全天时、全天候的观测能力,能实现大范围、高空间分辨率的海面风场探测。从 SAR 数据中获取海面风场需要通过反演实现。SAR 实现海面风速反演用到的主要方法是地球物理模型函数(GMF)。经过多年的发展,出现了系列反演方法,包括 CMOD4,CMOD5,CMOD5. N,CMOD-IFR2,XMOD 等。无论哪一种方法,在反演风速的时候都需要提供风向的信息。风向信息一般来自外部输入,因此 SAR 风场的反演普遍依赖外部数据源,该问题使得 SAR 无法作为独立的设备实现风场的观测。因此需要发展不依赖于外部数据源的风场反演方法。

　　卫星组网观测是未来极具潜力的一种观测方式。多星 SAR 的组网可以获得多方位向多入射角的同步观测信息,有望实现不依赖于外部输入风向的风速反演。本章将详细介绍 SAR 卫星组网海面风场反演技术及其在印度洋战略通道战略支点海域风场观测方面的应用。

## 1.1 在轨运行 SAR 卫星虚拟组网风场反演技术

本书依托的重点研发计划项目课题目标之一是研究适用于在轨的 Radarsat-2 卫星、Sentinel-1 卫星、Gaofen-3 卫星 SAR 数据的风速反演与风向反演技术。在进行 SAR 风速反演时，以地球物理模型函数 CMOD5. N 为基础；在进行 SAR 风向反演时，以快速傅里叶变换 FFT 方法为基础。通过对 CMOD5. N 方法和 FFT 方法进行优化与调整以同时适用三颗星的风场参数反演，建立了风场反演的技术（Multi-Satellite-WIND）。

### 1.1.1 风场反演技术

地球物理模型函数（Geophysical Model Function，GMF）是通过统计大量的雷达后向散射系数与相应位置的浮标或者数值预报模式资料而建立的经验模型，它描述了雷达入射角、风速、相对风向和后向散射系数之间的关系。目前常用的地球物理模型函数主要有 CMOD4、CMOD-IFR2、CMOD5 和 CMOD5. N。CMOD4 是欧洲中期天气预报中心（European Centre for Medium-Range Weather Forecast，ECMWF）根据 ERS-1 卫星上搭载的 C 波段散射计结合数值预报模式风场数据拟合得到的风场反演模型，后来被证实同样可用于 C 波段同极化 SAR 数据，是目前最具代表性的地球物理模型函数。CMOD-IFR2 是法国海洋开发研究院根据 NOAA 浮标数据和 ERS 系列数据开发的适用于 C 波段同极化 SAR 数据的地球物理模型函数。Hersbach 等在 CMOD4 基础上开发得到更适用于高风速海况的 CMOD5，该模型在台风、飓风等高海况下表现出较好的风速反演效果。CMOD5. N 是对 CMOD5 的 28 个可调系数进行重新拟合得到的模型，一方面修正了 CMOD5 存在的 0.5 m/s 的低估偏差，另一方面因其针对中性风设计，更能代表海表状况，避免了大气分层可能带来的误差。CMOD5. N 的函数形式如下：

$$\sigma^0 = B_0 (1 + B_1 \cos\phi + B_2 \cos 2\phi)^{1.6} \tag{1-1}$$

式中，$\sigma^0$ 为后向散射系数，$\phi$ 为相对风向，$B_0$、$B_1$ 和 $B_2$ 为风速 $v$ 和入射角 $\theta$ 的函数。

风速反演技术的基本流程如下：① 通过程序提取 SAR 图像的后向散射系数、入射角、视向、经纬度等信息；② 下载 ECMWF 提供的 10 m 风速、风向数据，并将 ECMWF 风速、风向时空匹配到 SAR 图像的每个像元；③ 将 ECMWF 风向、SAR 入射角、SAR 后向散射系数、SAR 视向输入 CMOD5. N，提取 SAR 图像探测海域的风速信息；④ 将反演风速与时空匹配的 ECMWF 风速进行对比，验证精度。具体处理流程如图 1-1 所示。

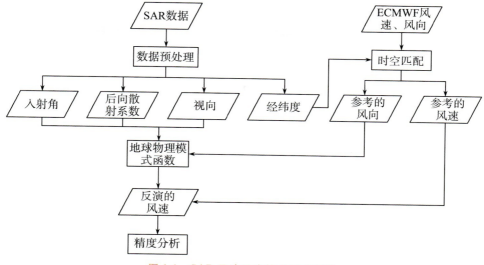

图 1-1 SAR 风速反演技术基本流程

在进行风向反演时,一般采用的方法是从 SAR 图像中提取风条纹的方向,这些方法可以归结为两类:基于频域的方法与基于空间域的方法。基于频域的方法中最流行的是由 Gerling 提出的快速傅里叶变换(FFT)法。基于空间域的方法包括局部梯度法(LG)、小波变换法和方差法等。但是由于风条纹的延伸方向不具有指向性,因而该类方法反演的风向不可避免地具有 180°的风向模糊,而风向模糊可以借助模式风场或其他遥感风场等进行消除。特殊情况下,如离岸风所产生的风阴影也可用来消除风向模糊。

本节中采用 FFT 方法。FFT 方法的基本流程为:① 选取合适大小的 SAR 图像;② 对其进行快速傅里叶变换(FFT)得到其频谱图;③ 对频谱图进行适当的尺度分离,去除高、低频成分,保留风条纹特征;④ 计算得到谱能量峰值并连线,风向与该连线垂直,且具有 180°模糊;⑤ 通过引入外部数据消除风向的 180°模糊。

### 1.1.2 风场反演实例

分别以 1 景 Radarsat-2 SAR 数据、1 景 Sentinel-1A SAR 数据和 1 景 Gaofen-3 SAR 数据经过 Multi-Satellite-WIND 技术反演得到的风速和风向的结果为例展示风场反演的结果。此外,为了验证反演风场参数的准确性,将反演结果与 ERA-Interim 风场数据进行了比对,具体如图 1-2 至图 1-4 所示。由结果可见,Multi-Satellite-WIND 技术可以有效地实现三颗 SAR 卫星的风场反演,具有较高的精度。

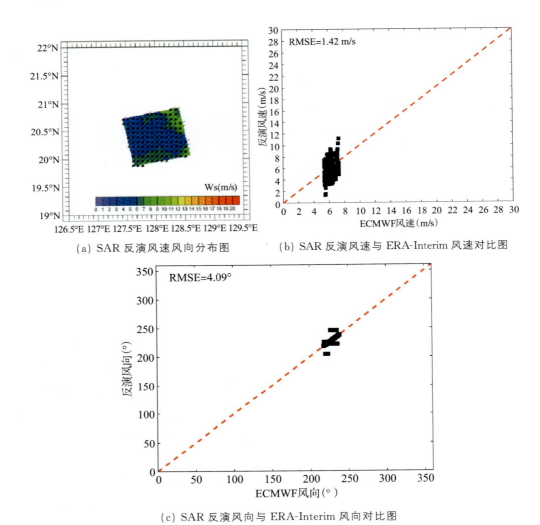

（a）SAR 反演风速风向分布图　　　　　（b）SAR 反演风速与 ERA-Interim 风速对比图

（c）SAR 反演风向与 ERA-Interim 风向对比图

图 1-2　2020-05-24 09:28:57（UTC）Radarsat-2 风场参数反演结果

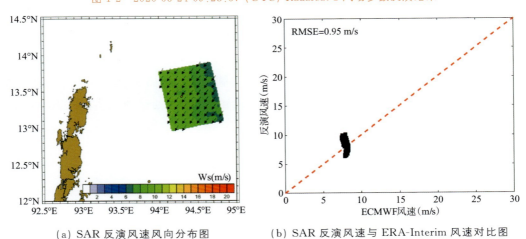

（a）SAR 反演风速风向分布图　　　　　（b）SAR 反演风速与 ERA-Interim 风速对比图

图 1-3　2019-07-09 11:45:22（UTC）Sentinel-1A 风场参数反演结果

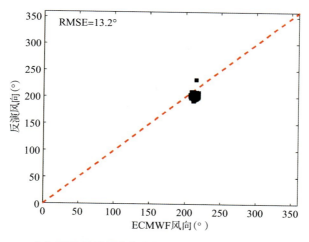

（c）SAR 反演风向与 ERA-Interim 风向对比图

图 1-3　2019-07-09 11:45:22（UTC）Sentinel-1A 风场参数反演结果（续）

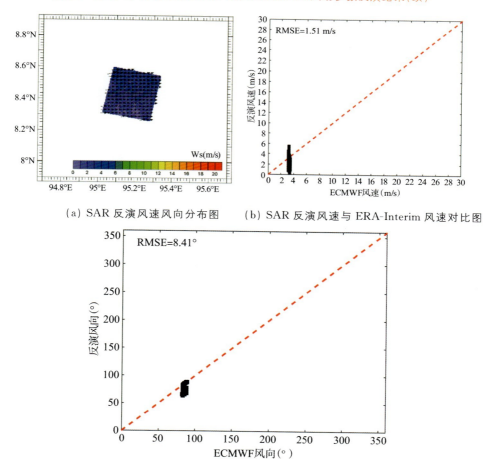

（a）SAR 反演风速风向分布图　　（b）SAR 反演风速与 ERA-Interim 风速对比图

（c）SAR 反演风向与 ERA-Interim 风向对比图

图 1-4　2020-04-18 23:30:15（UTC）Gaofen-3 风场参数反演结果

### 1.1.3 风场反演结果验证

使用美国国家浮标数据中心(National Data Buoy Center,NDBC)浮标(大西洋美国东西海岸)和 Copernicus 浮标(印度洋海域研究区域)数据对建立的 SAR 风场参数反演技术(Multi-Satellite-WIND)的反演精度进行了验证,验证结果可为 SAR 风场反演技术的应用以及风场数据产品的精度保障提供支撑。

#### 1.1.3.1 NDBC 浮标验证(针对 Sentinel-1、Gaofen-3 SAR 数据)

本节所使用的浮标数据由 NDBC 提供,NDBC 提供了美国东西海岸和太平洋中部海域的实测浮标数据(https://www.ndbc.noaa.gov/)。本节所使用的 SAR 数据为 Sentinel-1 SAR 和 Gaofen-3 SAR 卫星数据。

在本节中,使用 Multi-Satellite-WIND 技术处理了 30 景 SAR 数据进行风速参数反演(Sentinel-1 卫星 20 景,Gaofen-3 卫星 10 景),并与 NDBC 浮标数据进行时空匹配,获得匹配的风速现场观测结果。将 SAR 反演的风速参数与 NDBC 浮标观测的风速参数进行比对,风速的均方根误差(RMSE)为 1.18 m/s,达到了本领域普遍要求的精度指标(RMSE<2.0 m/s)。共对 20 景 SAR 数据(带风条纹)进行了风向参数反演(Sentinel-1 卫星 15 景,Gaofen-3 卫星 5 景),并与 NDBC 浮标数据进行了时空匹配,获得匹配的风向现场观测结果。将 SAR 反演的风向参数与 NDBC 浮标观测的风向参数进行了比对,风向的均方根误差为 18.46°。

#### 1.1.3.2 Copernicus 浮标验证(针对 Sentinel-1、Gaofen-3 SAR 数据)

Copernicus Marine In Situ-Global Ocean Wave Observations Reanalysis(https://marine.copernicus.eu/)提供了印度洋海域的浮标数据。本节所使用的 SAR 数据为 Sentinel-1 和 Gaofen-3 SAR 卫星数据。

在本节中,使用 Multi-Satellite-WIND 技术对 4 景 Sentinel-1 卫星 SAR 数据进行了风场参数反演,并与 Copernicus 浮标数据进行了时空匹配,获得了匹配的风场观测结果。将 SAR 反演的风场参数与 Copernicus 浮标观测的风场参数进行了比对,风速的均方根误差为 1.28 m/s,风向的均方根误差为 9.75°,均达到了本领域技术指标的要求。

#### 1.1.3.3 海试实验和中国近海海洋观测站浮标验证(针对 Radarsat-2、Sentinel-1 SAR 数据)

本节利用 2019 年和 2020 年在中国南海和西太平洋开展的海试实验时获得的浮标观测数据以及中国近海温州观测站的浮标数据,匹配了 Radarsat-2、COSMO、Sentinel-1 SAR 数据,处理 SAR 数据反演得到了风场参数,和浮标观测结果进行了比对。风速反演结果与浮标观测风速比对的均方根误差为 1.29 m/s,风向反演结果与浮标观测风向比对的均方根误差为 18.46°,均达到了本领域技术指标的要求。

综上,本节建立的在轨运行 SAR 卫星虚拟组网的风场反演技术可以有效地实现目前在轨运行的主流海洋观测 SAR 卫星的风场高精度反演,具有一定的实际应用价值。

## 1.2 仿真 SAR 卫星组网多入射角风场反演技术

将地球物理模型函数应用于 SAR 风速反演时,需要输入参考风向,风速的精度受输入风向精度的影响。参考风向的获取方法分为三种:利用 SAR 图像中的风条纹信息获得风向、利用数值预报模式获得风向和通过散射计获得风向。

通过 SAR 图像的风条纹可以提取风向信息,但是风向存在 180°模糊,且大约 40%的 SAR 图像没有风条纹信息。在使用数值预报模式或散射计的风向数据提取风速时,风向数据的空间分辨率较低,需要将风向插值到 SAR 图像的各像元上,忽略了诸多小尺度上的风向变化,从而影响了风速的反演精度。

针对上述问题,本节模拟了一种新的组网 SAR 卫星观测方式,如图 1-5 所示。在该方式下多颗 SAR 卫星同时以不同的入射角观测同一海面。目前通过在轨运行的多颗 SAR 卫星同时以不同入射角观测同一海面的数据较难获取。本节通过 SAR 成像仿真的方法获取了多入射角组网 SAR 卫星数据,并建立了适用于组网 SAR 卫星数据的风场优化反演技术。

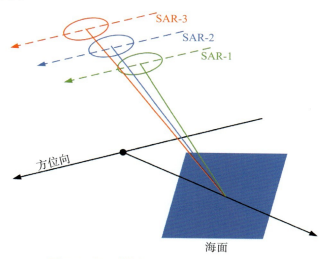

图 1-5 多入射角组网 SAR 卫星观测示意图

### 1.2.1 风场反演技术

在针对组网 SAR 数据进行风场反演时,建立了一个代价函数,代价函数与不同入射角的三颗组网 SAR 仿真数据相关,具体公式如式(1-2)所示。

$$
\begin{aligned}
J_{cost}(\theta,\phi,v) = & [\sigma_1^m(\theta_1,\phi_1,v) - \sigma_1^0(\theta_1,\phi_1,v)]^2 \\
& + [\sigma_2^m(\theta_2,\phi_2,v) - \sigma_2^0(\theta_2,\phi_2,v)]^2 \\
& + [\sigma_3^m(\theta_3,\phi_3,v) - \sigma_3^0(\theta_3,\phi_3,v)]^2
\end{aligned}
\tag{1-2}
$$

式中,$\sigma_1^m$,$\sigma_2^m$ 和 $\sigma_3^m$ 是通过风速反演模型计算的后向散射系数,而 $\sigma_1^0$,$\sigma_2^0$ 和 $\sigma_3^0$ 是组网 SAR 的仿真后向散射系数。当代价函数的值最小即接近 0 时,则通过风速反演模型计算的后向散射系数与 SAR 仿真后向散射系数最接近,此时对应的风速值与风向值就是最终的反演结果。

为了最小化代价函数,分别计算代价函数关于风速和相对风向的偏导数,如式(1-3)、式(1-4)所示。为了减轻计算难度,使用了一种双精度搜索方法来获取代价函数的最小值,从而获得海面风速和风向的解。搜索过程主要分为两个步骤:粗搜索和细搜索。在粗搜索过程中,将 0~30 m/s 的风速以 1 m/s 为间隔代入式(1-3),将 0°~360° 的相对风向以 10° 为间隔代入式(1-4),得到偏导数。在结果中,有一些相邻结果的符号不同,说明之间存在一个偏导数为 0 的点,即极值点。然后,在存在极值点的区间内进行细搜索,将风速以 0.1 m/s 为间隔代入式(1-3),将相对风向以 1° 为间隔代入式(1-4)。将偏导数结果中最接近 0 的值保存,并将其对应的风速和相对风向代入式(1-2)以计算代价函数,与代价函数最小值对应的风速是风速反演结果,由于风向存在 180° 模糊的问题,故无法获取准确的风向结果。

$$\frac{\partial J_{\text{cost}}(\theta,\phi,v)}{\partial v}=\sum_{i=1}^{3} 2(\sigma_i^m-\sigma_i^0)\frac{\partial \sigma_i^m}{\partial v} \tag{1-3}$$

$$\frac{\partial J_{\text{cost}}(\theta,\phi,v)}{\partial \cos(\phi)}=\sum_{i=1}^{3} 2(\sigma_i^m-\sigma_i^0)\frac{\partial \sigma_i^m}{\partial \cos(\phi)} \tag{1-4}$$

另一种筛选结果的方法需要将参考风向引入处理流程。在计算完代价函数后,设置合适的筛选阈值,将筛选后的结果视为风矢量的模糊解。最后,使用参考风向消除模糊解,获得唯一解。

### 1.2.2 仿真 C 波段 SAR 卫星组网风速与风向反演

在进行组网 SAR 卫星的风速和风向反演时,需要使用三颗 SAR 卫星同时以不同入射角探测同一海面的观测结果,但是目前在轨运行的 SAR 卫星无法实现这种观测模式。因此,我们首先仿真了符合条件的组网 SAR 卫星数据,然后对 CMOD5.N 进行了优化以适用于单星仿真 SAR 数据的风速反演,最后基于适用于仿真 SAR 数据的地球物理模型函数与三颗组网卫星的仿真 SAR 数据建立了一个代价函数:

$$\begin{aligned}
J_{\text{cost}}(\theta,\phi,v)=&[\sigma_1^m(\theta_1,\phi_1,v)-\sigma_1^0(\theta_1,\phi_1,v)]^2\\
&+[\sigma_2^m(\theta_2,\phi_2,v)-\sigma_2^0(\theta_2,\phi_2,v)]^2\\
&+[\sigma_3^m(\theta_3,\phi_3,v)-\sigma_3^0(\theta_3,\phi_3,v)]^2
\end{aligned} \tag{1-5}$$

当代价函数最小化时,可以获得反演的风速信息,但无法获取确定的风向信息。将反演风速与实际风速(初始输入风信息)进行对比发现:当风速低于 13 m/s 时,反演风速与实际风速的一致性较高。具体结果如下。

图 1-6 是在没有引入参考风向信息的情况下反演得到的风速和实际风速的比对结

果。由结果可见,在未引入参考风向的情况下,风速的反演误差相对较大,风速对比的RMSE超过2m/s。

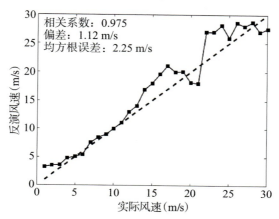

图1-6 反演风速与实际风速的对比结果(未引入参考风向)

将参考风向信息引入筛选结果的过程中,可以同时获取较为准确的风速与风向信息。在海浪成分以风浪为主的情况下,海浪方向可以作为参考风向用于结果的筛选。仿真SAR数据的反演海浪方向与实际风向基本一致,将其引入筛选过程后,处理组网SAR卫星仿真数据反演得到了风速与风向信息,风速、风向结果与实际风速、风向的一致性较高,结果如图1-7所示。

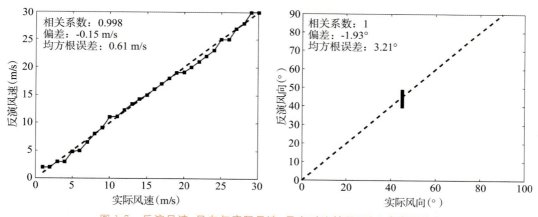

图1-7 反演风速、风向与实际风速、风向对比结果(引入参考风向)

由以上结果可见:通过建立的反演技术可以使风速反演不依赖风向信息,但是在高风速情况下,提取的风速精度变差。如果将参考风向信息引入筛选结果的过程中,则可以同时获取准确的风速与风向信息,但是风速反演依然依赖参考风向信息。在某些情况下,海浪方向可以作为参考风向使用。本节建立的反演技术为不依赖于风向信息的风速反演提供了一种可行的解决方案。

### 1.2.3 仿真X波段SAR卫星组网的风速与风向反演

本节中依托的小卫星SAR是X波段的卫星,因此需要将以上方法应用到X波的组网 SAR 卫星的风场反演中,以验证该方法对 X 波段组网 SAR 卫星的有效性。为此,基于 XMOD2 仿真了多入射角组网 SAR 卫星的后向散射系数信息(用于风速反演的主要参数)。在获得多入射角组网 SAR 卫星的后向散射系数后,基于入射角不同的三颗 SAR 卫星后向散射系数及 XMOD2 建立了代价函数,如下:

$$J_{\text{cost}}(\theta,\phi,v)=[\sigma_1^m(\theta_1,\phi_1,v)-\sigma_1^0(\theta_1,\phi_1,v)]^2$$
$$+[\sigma_2^m(\theta_2,\phi_2,v)-\sigma_2^0(\theta_2,\phi_2,v)]^2$$
$$+[\sigma_3^m(\theta_3,\phi_3,v)-\sigma_3^0(\theta_3,\phi_3,v)]^2 \tag{1-6}$$

在通过代价函数提取风速信息时,有两种筛选结果的方式;第一种方式是直接求取代价函数的最小值,其对应的风速信息即为反演风速;第二种方式是引入参考风向信息,将参考风向作为筛选最终结果的一个条件。

(1) 当相对风向固定时,在三颗 SAR 卫星的入射角与噪声变化的不同情况下,反演风速与实际风速对比结果如表 1-1 所示。

表 1-1　风速对比结果(相对风向恒定)

| 噪声(dB) | 入射角 | 实际风速(m/s) | RMSE1(m/s) | RMSE2(m/s) |
|---|---|---|---|---|
| 0 | 23°；26°；29° | 1~30 | 0.86 | 0.00 |
| 0 | 33°；36°；39° | 1~30 | 0.20 | 0.00 |
| 0 | 43°；46°；49° | 1~30 | 0.32 | 0.00 |
| 0.5 | 23°；26°；29° | 1~30 | 2.56 | 2.61 |
| 0.5 | 33°；36°；39° | 1~30 | 0.80 | 0.82 |
| 0.5 | 43°；46°；49° | 1~30 | 1.38 | 0.98 |
| 1 | 23°；26°；29° | 1~30 | 3.24 | 3.29 |
| 1 | 33°；36°；39° | 1~30 | 1.52 | 2.01 |
| 1 | 43°；46°；49° | 1~30 | 1.67 | 1.39 |

注:RMSE1、RMSE2 分别是引入参考风向前、后的结果。

(2) 当三颗 SAR 卫星的入射角固定时,在相对风向与噪声变化的不同情况下,反演风速与实际风速对比结果如表 1-2 所示。

表 1-2 风速对比结果(固定一组恒定的入射角 45°、90°、180°、240°)

| 噪声(dB) | 相对风向 | 实际风速(m/s) | RMSE1(m/s) | RMSE2(m/s) |
|---|---|---|---|---|
| 0 | 45° | 1~30 | 0.50 | 0.00 |
| 0 | 90° | 1~30 | 0.23 | 0.00 |
| 0 | 180° | 1~30 | 0.06 | 0.00 |
| 0 | 240° | 1~30 | 0.31 | 0.00 |
| 0.5 | 45° | 1~30 | 1.58 | 2.52 |
| 0.5 | 90° | 1~30 | 0.89 | 1.25 |
| 0.5 | 180° | 1~30 | 1.16 | 1.08 |
| 0.5 | 240° | 1~30 | 1.15 | 1.07 |
| 1 | 45° | 1~30 | 2.63 | 2.78 |
| 1 | 90° | 1~30 | 1.24 | 2.41 |
| 1 | 180° | 1~30 | 1.42 | 2.12 |
| 1 | 240° | 1~30 | 2.05 | 2.12 |

注:RMSE1、RMSE2 分别是引入参考风向前、后的结果。

由以上结果可见:在多数情况下,通过该方法提取的风速均方根误差小于 2 m/s。当噪声较小时,引入参考风向信息可以提高海面风速反演的精度。但是,随着噪声的增大,引入准确的参考风向信息反而会降低海面风速反演的精度,原因可能是噪声的引入会改变后向散射系数,从而影响风速的反演精度。

## 1.3 战略通道示范区风场数据产品专题地图集

斯里兰卡附近海域、马六甲海峡及霍尔木兹海峡是本书依托项目划定的三个战略通道战略支点示范区。获取这三个区域的风浪数据产品,将为该区域风浪分布状况的研究提供数据基础,为该区域的海上航行安全保障提供支撑。

共生产了 Sentinel-1 SAR 卫星风场数据产品 100 景,Gaofen-3 SAR 卫星风场数据产品 25 景。所用的反演技术即本章建立的适用于多 SAR 卫星的反演技术(Multi-Satellite-WIND)。

### 1.3.1 斯里兰卡示范区风场数据产品专题地图集

在斯里兰卡示范区,共生产了 Sentinel-1 卫星风场数据产品 40 景。

以各季节 6 景数据产品为例展示斯里兰卡示范区 Sentinel-1 卫星风场数据产品的分布图,如图 1-8 至图 1-13 所示。

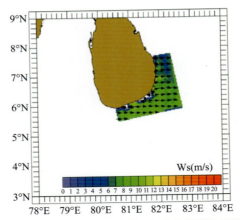

图 1-8　2020-01-09 12∶49∶06(UTC) Sentinel-1 卫星风场数据产品分布图

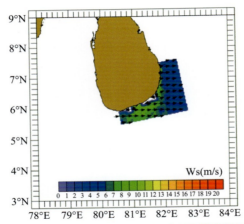

图 1-9　2020-03-09 12∶49∶04(UTC) Sentinel-1 卫星风场数据产品分布图

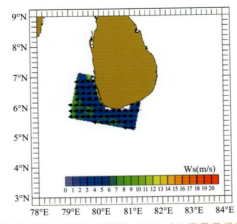

图 1-10　2020-05-08 00∶25∶29 (UTC) Sentinel-1 卫星风场数据产品分布图

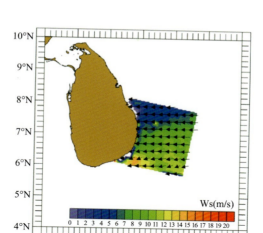

图 1-11 2020-08-07 00:17:04（UTC）Sentinel-1 卫星风场数据产品分布图

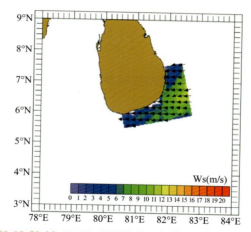

图 1-12 2020-09-29 12:49:14（UTC）Sentinel-1 卫星风场数据产品分布图

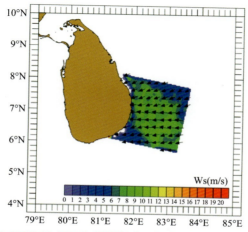

图 1-13 2020-11-23 00:17:07（UTC）Sentinel-1 卫星风场数据产品分布图

### 1.3.2 马六甲海峡示范区风场数据产品专题地图集

在马六甲海峡示范区,共生产了 Sentinel-1 卫星风场数据产品 30 景,Gaofen-3 卫星风场数据产品 9 景。

#### 1.3.2.1 Sentinel-1 卫星风场数据产品分布图

以不同季节 6 景数据产品为例展示马六甲海峡示范区 Sentinel-1 卫星风场数据产品分布图,如图 1-14 至图 1-19 所示。

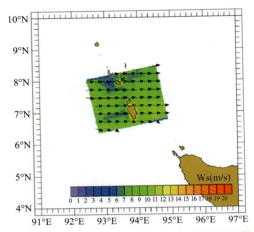

图 1-14　2020-02-20 11:59:57 (UTC) Sentinel-1 卫星风场数据产品分布图

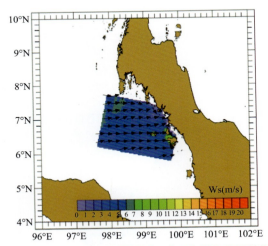

图 1-15　2020-04-04 23:11:15 (UTC) Sentinel-1 卫星风场数据产品分布图

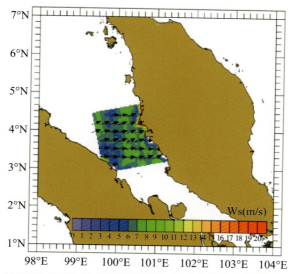

图 1-16　2020-06-28 11:34:23（UTC）Sentinel-1 卫星风场数据产品分布图

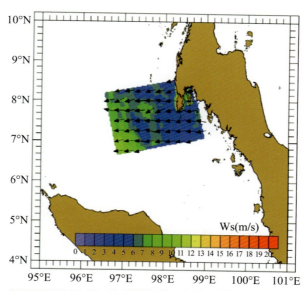

图 1-17　2020-08-08 11:43:41（UTC）Sentinel-1 卫星风场数据产品分布图

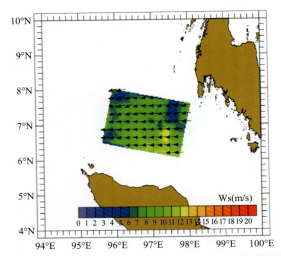

图 1-18　2020-10-06 23：19：33（UTC）Sentinel-1 卫星风场数据产品分布图

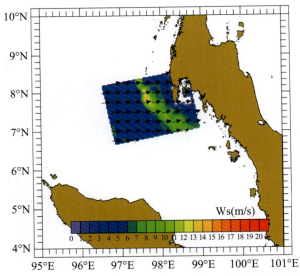

图 1-19　2020-12-18 11：43：42（UTC）Sentinel-1 卫星风场数据产品分布图

### 1.3.2.2 Gaofen-3 卫星风场数据产品分布图

以不同季节 3 景数据产品为例展示马六甲海峡示范区 Gaofen-3 卫星风场数据产品分布图，如图 1-20 至图 1-22 所示。

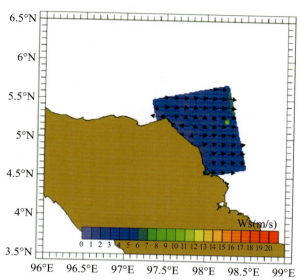

图 1-20　2020-11-04 11:48:53（UTC）Gaofen-3 卫星风场数据产品分布图

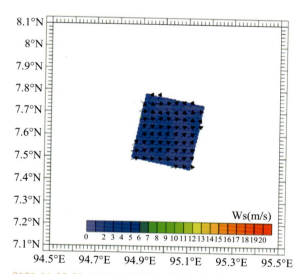

图 1-21　2020-04-18 23:30:29（UTC）Gaofen-3 卫星风场数据产品分布图

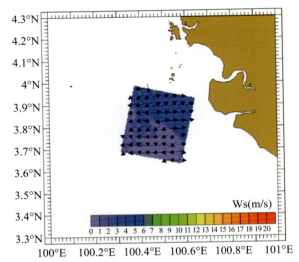

图 1-22  2020-09-13 23:07:40（UTC）Gaofen-3 卫星风场数据产品分布图

### 1.3.3 霍尔木兹海峡示范区风场数据产品专题地图集

在霍尔木兹海峡示范区，共生产了 Sentinel-1 卫星风场数据产品 30 景、Gaofen-3 卫星风场数据产品 16 景。

#### 1.3.3.1 Sentinel-1 卫星风场数据产品分布图

以不同季节 6 景数据产品为例展示霍尔木兹海峡示范区 Sentinel-1 卫星风场数据产品分布图，如图 1-23 至图 1-28 所示。

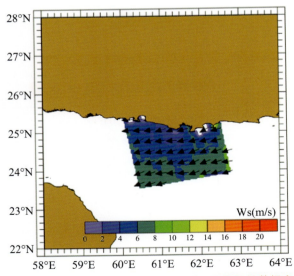

图 1-23  2020-01-13 13:59:54（UTC）Sentinel-1 卫星风场数据产品分布图

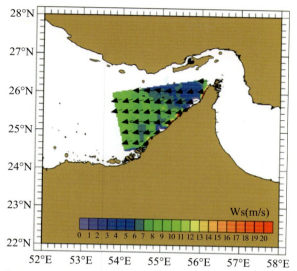

图 1-24 2020-03-04 14:24:49 (UTC) Sentinel-1 卫星风场数据产品分布图

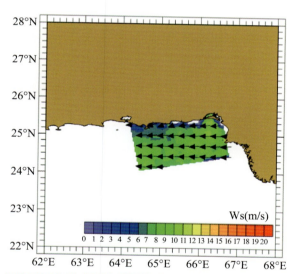

图 1-25 2020-05-02 13:43:35 (UTC) Sentinel-1 卫星风场数据产品分布图

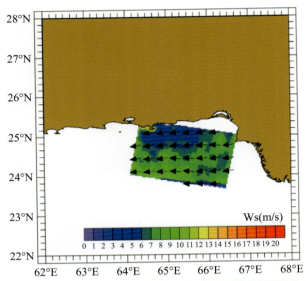

图 1-26　2020-08-09 01：34：35（UTC）Sentinel-1 卫星风场数据产品分布图

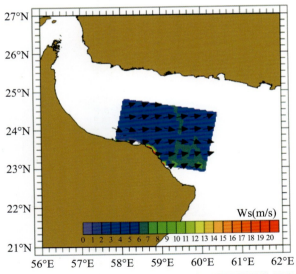

图 1-27　2020-09-05 01：59：28（UTC）Sentinel-1 卫星风场数据产品分布图

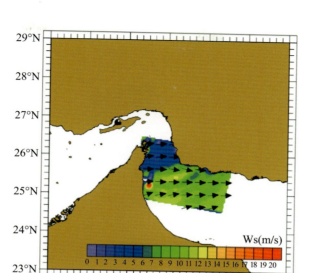

图 1-28 2020-12-27 02:07:13 (UTC) Sentinel-1 卫星风场数据产品分布图

### 1.3.3.2 Gaofen-3 卫星风场数据产品分布图

以不同季节 3 景数据产品为例展示霍尔木兹海峡示范区 Gaofen-3 卫星风场数据产品分布图,如图 1-29 至图 1-31 所示。

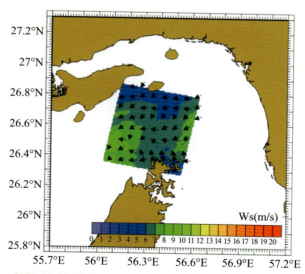

图 1-29 2020-03-24 02:20:43 (UTC) Gaofen-3 卫星风场数据产品分布图

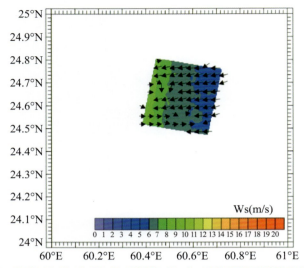

图 1-30　2020-07-21 01：57：33（UTC）Gaofen-3 卫星风场数据产品分布图

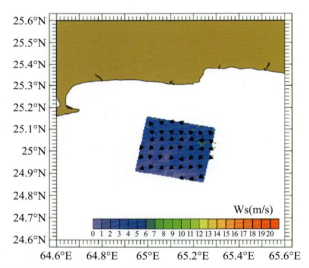

图 1-31　2020-12-11 01：40：21（UTC）Gaofen-3 卫星风场数据产品分布图

# 2

# SAR 卫星组网海浪反演技术

　　海浪对上层海洋过程和海气界面之间的物质和能量交换有重要作用,也是与人类活动最直接相关的海洋现象之一。全面系统地获取海浪信息并掌握其规律,对于海洋科学研究、防灾减灾、全球气候变化研究以及国防建设等都具有重要意义。

　　目前,海浪的观测手段主要包括海浪浮标观测、海浪数值模式预报、遥感观测(高度计、SAR)等。各种手段在获取海浪统计参数的时候,效果有所不同。海浪浮标观测是目前公认最准确的获取海浪参数的方法,但是浮标的造价比较高,而且布放之后的维护比较困难,会受到自然因素、社会因素的诸多限制,很难实现长期大范围的监测。随着海洋技术的发展,出现了可实现大范围空间域和高时间分辨率海浪参数获取的海浪数值模式预报。但是模式结果本身是一种数值计算的结果,预报精度受到了诸多因素的制约,如驱动风场的准确性、初始条件的设定、观测资料的同化、水深等,这些影响在近岸海域更为显著。微波遥感技术的发展为海浪观测提供了一种全新的手段,高度计和 SAR 均可实现大范围长时间的海浪观测,得到的均是现场观测的结果,在海浪研究方面得到了广泛的应用。SAR 是目前唯一的一种可以获得海浪二维信息的星载传感器,是未来海浪观测的一种主要的手段。由于 SAR 自身工作方式的限制,基于单景 SAR 数据反演的海浪存在波长截断效应,导致通常情况下只能探测到波长大于 150 m 的海浪(以长波涌浪为主),这是单星 SAR 观测海浪的致命缺点,极大地限制了 SAR 对海浪的观测能力和观测的完整性,也一定程度上限制了 SAR 对海浪业务化观测的实现。

　　国内外针对截断波长问题的研究相对较少,大多数是研究截断波长产生的原因,没有截断波长补偿方法的相关研究。为了提高 SAR 对海浪的观测能力,需要解决截断波长补偿的问题。因此，需要开展 SAR 海浪截断波长补偿技术研究。SAR 是海洋领域的主要遥感设备，测量技术较为成熟，反演海浪谱的分辨率已经相当高。但是，由于 SAR 测量机制的固有限制，存在方位向高波数截断现象，在 SAR 图像中丢失了部分海浪信息，需要引入初猜谱进行补偿，反演算法仍有改进的余地。

多星 SAR 的组网可以获得多视向、多入射角的同步观测信息，有望实现截断波长补偿并降低截断波长对海浪观测精度的影响。本章将详细介绍卫星组网多方位向 SAR 观测模式下的海浪波长截断补偿技术和虚拟组网 SAR 卫星海浪反演技术及其在战略通道战略支点海浪观测方面的应用。

## 2.1 多视向SAR海浪成像仿真技术

### 2.1.1 仿真技术

在建立SAR海浪截断波长补偿技术之前,首先需要获取多视向海浪同步观测数据,即不同飞行方向的SAR对同一海浪系统的同步观测数据。由于本书依托的项目执行初期小卫星SAR尚未发射,利用现有在轨卫星也较难匹配到满足要求的同步观测数据,因此较难获取实测的海浪SAR同步观测数据。为此,本节利用SAR成像仿真技术获取组网模式下不同轨道SAR卫星对于不同海况海浪的仿真观测数据,作为建立截断波长补偿技术的基础数据。

多视向SAR海浪同步数据的仿真包括海浪谱模拟、海面模拟、海面后向散射系数的计算、海面回波信号的生成、海面SAR成像及多视向SAR海浪同步数据的生成等部分。其中,基于风浪谱PM谱和全波数谱E谱实现了海浪谱模拟,以谱模型为基础,运用蒙特卡洛方法实现了二维海面的模拟,运用双尺度模型实现了海面后向散射系数的计算,运用时域回波模型实现了海面回波信号的计算,运用距离多普勒(RD)成像算法实现了海面SAR成像。模拟了包含三颗SAR的虚拟卫星组网,以卫星组网协同观测的方式,获取了不同轨道方向的仿真SAR海浪同步观测数据。以一种轨道交角的组合为例:把实现单星成像仿真的SAR称为SAR-1。基于SAR-1的参数、工作原理,模拟出飞行方向与SAR-1的飞行方向分别呈$30°$、$-50°$夹角的另外两颗SAR卫星仿真数据,夹角以与SAR-1同向飞行为正、逆向飞行为负为准。另外两颗SAR卫星分别命名为SAR-2、SAR-3。SAR-2、SAR-3工作模式同样为正侧视。模拟组网卫星的难点在于要根据SAR的轨道参数,保证三颗SAR的轨道存在夹角。以SAR-1为基准,在忽略地球自转及地面弯曲的情况下,更改星下点的位置坐标,根据星下点之间的相对位置调整轨道夹角。三颗SAR观测同一块海域的示意图,如图2-1所示。

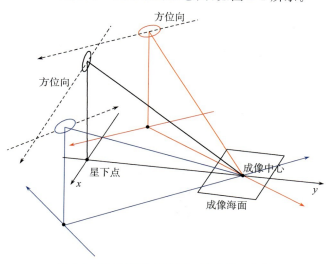

图 2-1 组网 SAR 观测同一块海域示意图

在风速分别为 10 m/s、13 m/s、15 m/s 时模拟了一维 PM 频谱,如图 2-2 所示。由图中可以看出,理论上谱虽然包括频率从 0 至无穷的各组成波,但是谱的显著部分只集中于一狭窄的频率段内,波高及周期范围随风速增大而增大,且谱峰的位置沿低频率的方向推移。

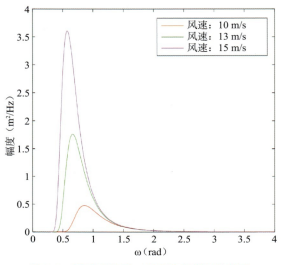

图 2-2　不同风速下一维 PM 频谱的谱型图

在风向角为 45°,海面 10 m 高度处,风速为 10 m/s、15 m/s 时模拟了二维 PM 波数谱,谱型图如图 2-3 所示。图中设定 $y$ 轴为方位向,$x$ 轴为距离向。方位向、距离向的波数范围由海面区域大小及采样间距决定。设定成像海面区域为 1 024 m×1 024 m,图 2-3(a)是风速为 10 m/s、采样间距为 8 m 的二维 PM 波数谱图;图 2-3(b)是风速为 15 m/s、采样间距为 8 m 的二维 PM 波数谱图。由图 2-3(a)、图 2-3(b)可以看出,采样间距不变时,风速越大,海浪谱的能量越强、越集中。由一维 PM 频谱图可知,风速越大时,谱峰的位置沿低频率方向推移。根据重力色散关系“$\omega^2 = kg$”可以得出结论:风速越大时,PM 谱对应的波数范围越小。该结论从图 2-3(a)、图 2-3(b)中可以直观地看出。

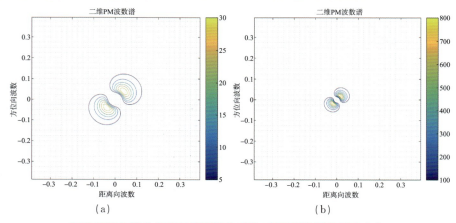

图中右侧的彩色条代表波数谱的量级,表示波数谱能量的大小。

图 2-3　二维 PM 波数谱谱图

以二维 PM 波数谱为谱模型模拟得到了二维海面,如图 2-4 所示。海面区域大小为 1 024 m×1 024 m,可以根据实际需求进行调整。区域大小建议设定为 2 的 $n$ 次方,方便后续 FFT 的执行。由于海浪传播方向垂直于海浪条纹走向,所以图中海浪传播方向为 45°,符合仿真的初始输入条件,而且海面高度起伏随风速增大而增大,符合真实海面的变化特征,印证了蒙特卡洛法模拟海面的有效性。

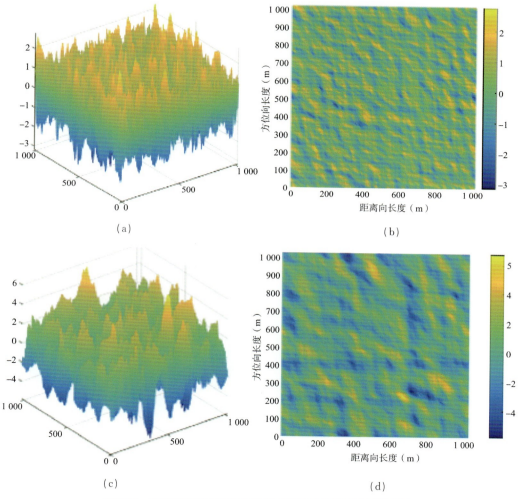

(a)

(b)

(c)

(d)

图 2-4　二维海面图(图中右侧的彩色条代表海面高度起伏)

对构建的海面进行离散化处理,认为海面是由一系列离散点组合而成。以离散海面作为背景场,计算出海面每一点处的斜率。根据斜率计算海面所有点的后向散射系数,该计算方法精度较高。图 2-5 即风速分别为 10 m/s、15 m/s 的海面后向散射系数示意图。可以看出,后向散射系数的条纹走向与对应海面的条纹走向基本一致,能够通过波谷、波峰的明亮程度显示出海面起伏的变化,证明双尺度模型计算海面后向散射系数是可行的。

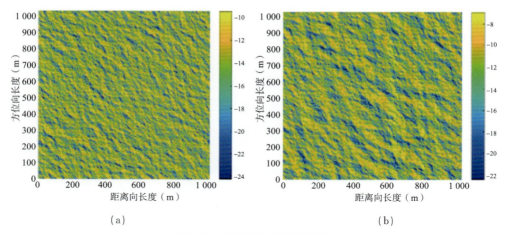

图 2-5　海面后向散射系数图

计算得到后向散射系数之后，以此为基准计算海面回波信号。在此设定方位向成像范围为−1 024 m～1 024 m，成像中心点的坐标为(0，12 000)。海面相邻点之间的间隔为 1 m，生成的海面回波信号图如图 2-6 所示。从图中并不能看出有关海面的任何信息，这是因为原始回波信号是晦涩难懂的，必须经过成像算法处理之后才能从 SAR 图像中得到成像目标的特征信息。

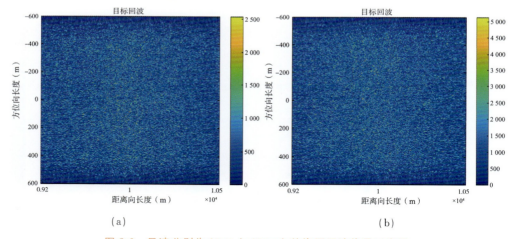

图 2-6　风速分别为 10 m/s、15 m/s 的海面回波信号示意图

SAR 要对海面成像，则发射电磁波产生的扫描带需要扫过海面，即海面需位于 SAR 成像坐标系内。由于模拟的海面面积约为 1 km×1 km，对 SAR 而言，长度和宽度较小而不足以造成地面弯曲。因此，在不考虑地球自转、地面弯曲等因素的情况下，以星下点(sub-satellite point)为原点，SAR 方位向、距离向的投影分别为 $x$、$y$ 轴，建立 SAR 成像坐标系，如图 2-7 所示。这样建立坐标系的原因是方位向与距离向互相垂直。要确保海面位于 SAR 成像坐标系中，在计算位置矩阵时，要在成像点原先纵坐标的基础上叠加 SAR 成像中心点的坐标。SAR 系统的部分参数如表 2-1 所列。

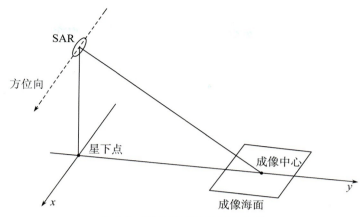

图 2-7 SAR 成像坐标系示意图

表 2-1 SAR 系统工作参数(机载情况)

| 参数名称 | 参数值 |
| --- | --- |
| 平台高度 | 10 km |
| SAR 飞行速度 | 100 m/s |
| 雷达观测入射角 | 30° |
| 载频 | 3 GHz |
| 脉冲持续时间 | 5 $\mu$s |
| 线性调频脉冲带宽 | 18.75 MHz |

　　仿真过程中发现,距离徙动弯曲是否明显与距离向、方位向采样点数有关。斜距越大或扫描波束越宽,距离向采样点数越多。而合成孔径时间越长或脉冲重复频率 PRF 越大,方位向采样点数越多。采样点数越多,距离徙动弯曲越明显,带来的计算量也越大。在数据精度要求不高的情况下,可以取消距离徙动校正这一环节,减少计算量。

　　RD 算法处理回波信号得到的海面 SAR 图像如图 2-8 所示。可以看出,放大后的海面 SAR 图像与海面后向散射系数图像呈左右水平对称,这是因为 RD 算法分别对回波信号的方位向、距离向做 FFT、IFFT。图中横、纵坐标值分别代表 SAR 在方位向、距离向的成像距离。SAR 图像的海浪条纹走向与海面后向散射系数图的条纹走向基本一致,只是模糊程度不同。不同风速作用下的海面起伏也是不同的,反映出了风速对海面起伏的影响,符合真实的海面特征。这也证明了成像仿真结果的有效性。

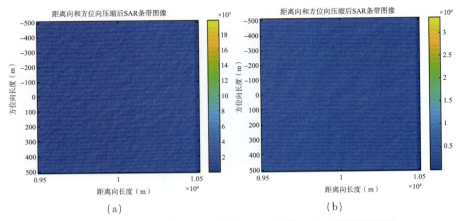

（a）　　　　　　　　　　　　　（b）

图 2-8　风向角为 45°、风速分别为 10 m/s、15 m/s 的海面成像图

由于用蒙特卡洛法模拟生成的是"冻结"海面，所以三颗 SAR 在成像仿真的过程中能够获取同一地点同一时刻的观测数据，即多视向 SAR 海浪同步数据。组网 SAR 观测海面的 SAR 图像如图 2-9、图 2-10、图 2-11 所示。

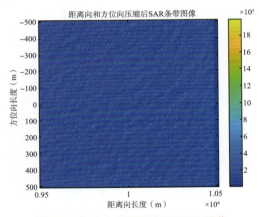

图 2-9　SAR-1 获取的海面 SAR 图像

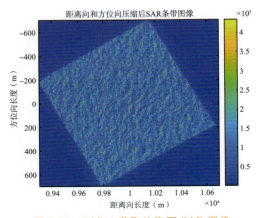

图 2-10　SAR-2 获取的海面 SAR 图像

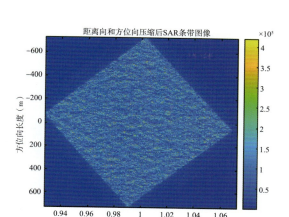

图 2-11 SAR-3 获取的海面 SAR 图像

可以看出，对于同一块海域，SAR 以不同的飞行方向观测到的结果是不同的，海浪条纹的清晰程度与 SAR 的飞行方向有关。速度聚束调制和海洋场景相干时间是产生方位向截断的本质原因，而海浪传播方向与 SAR 飞行方向的夹角（方位角）是影响方位向截断的关键因素。海浪传播方向固定的时候，不同的 SAR 飞行方向对截断波长产生不同的影响，在 SAR 图像中的体现就是图像变得模糊，波长小于截断波长的海浪信息丢失。但是从 SAR 图像中无法对方位向截断的程度进行直观的判断，未来的工作中，可以基于实测的 SAR 数据，实现海浪谱反演，并与浮标全向谱或 ECMWF 提供的海浪全谱进行对比，研究不同程度的方位向截断下的能量缺失情况。

上述仿真数据为机载情况下的仿真数据，谱模型为 PM 风浪谱。实际的海浪是由风浪和涌浪共同组成的，不能只考虑风浪的情况，而且最终的目标是实现星载小卫星SAR 组网观测。因此，在此以小卫星参数为准仿真了不同轨道夹角的星载 SAR 数据，谱模型为包含风浪和涌浪部分的全波数谱 E 谱。星载 SAR 系统工作参数如表 2-2 所列。

表 2-2 星载 SAR 系统工作参数

| 载波频率 | 9.5 GHz | 脉冲宽度 | $1\mu s$ |
|---|---|---|---|
| 采样频率 | 200 MHz | 线性调频带宽 | 100 MHz |
| 波束入射角 | 30° | 极化方式 | VV 极化 |
| SAR 平台高度 | 530 km | 分辨率 | 4 m；4 m |
| 天线长度 | 8 m | SAR 平台速度 | 7 600 m/s |
| 轨道半长轴 | 6 870.14 km | 升交点赤经 | 60° |
| 轨道扁率 | 0.003 | 近地点幅角 | 160° |
| 轨道倾角 | 97.423° | 飞经升交点时刻 | 0 |

E 谱属于全波数谱，该谱模型是根据 Jonswap 谱和高波数 Phillips 谱制定的，关键特征是对高波数和低波数的描述具有相似性，两种形式都强调空气与风和海浪之间的

相互摩擦作用。频谱的方向函数关于风向对称,并且具有波数和风速相关性。E 谱的低波数谱表示为

$$B_1 = \frac{\alpha_p}{2} \cdot \frac{c_p}{c} \cdot F_p \tag{2-1}$$

式中,$\alpha_p = 0.006 \sqrt{\Omega}$,是长波的平衡范围参数,$\Omega = 0.84 \times \tanh\left[\left(\frac{X}{X_0}\right)^{0.4}\right]^{-0.75}$,代表无量纲的,其中设定 $X_0 = 2.2 \times 10^4$,$X = gx/U_{10}^2$,$g$ 是重力加速度,$x$ 是风区长度,$U_{10}$ 代表海面 10 米高度处的风速。$c = \omega(k)/k$ 代表相速度,$\omega(k) = \sqrt{gk\left[1 + \left(\frac{k}{k_m}\right)^2\right]}$,代表海浪频率;$k_m = 370$ 代表海面最慢波的波数;$F_p = L_{PM} \cdot J_p \cdot \exp\left[-\left(\frac{\Omega}{\sqrt{10}}\right) \cdot \left(\sqrt{\frac{k}{k_p}} - 1\right)\right]$。$L_{PM} = \exp\left[-\frac{5}{4}\left(\frac{k_p}{k}\right)^2\right]$,代表 PM 谱,其中,$k_p = \frac{g}{c_p^2}$ 代表峰值波数,$c_p = U_{10}/\Omega$ 是与峰值波数对应的相速度。$J_p = \gamma^\Gamma$ 是 Jonswap 谱的峰升高函数,$\Gamma = \exp\left\{-\frac{(\sqrt{k/k_p} - 1)^2}{2\sigma^2}\right\}$,$\sigma = 0.08(1 + 4\Omega^{-3})$,$\gamma$ 是峰升高因子,当 $0.84 < \Omega < 1$ 时,$\gamma = 1.7$,当 $1 < \Omega < 5$ 时,$\gamma = 1.7 + 6\log(\Omega)$。E 谱的高波数部分如下:

$$B_h = \frac{\alpha_m}{2} \cdot \frac{c_m}{c} \cdot F_m \tag{2-2}$$

式中,$F_m = \exp\left[-0.25\left(\frac{k}{k_m} - 1\right)^2\right]$;$c_m = \sqrt{2g/k_m} = 0.23$ 代表最小波相速度。当 $u_f \leqslant c_m$ 时,$\alpha_m = 0.01[1 + \log(u_f/c_m)]$,否则,$\alpha_m = 0.01[1 + 3\log(u_f/c_m)]$,$\alpha_m$ 是短波的平衡范围参数。$u_f = \sqrt{C_{10}} \cdot U_{10}$ 代表摩擦风速。$C_{10} = 10^{-5}(-0.16U_{10}^2 + 9.67U_{10} + 80.58)$ 是风阻系数。全波数谱表示为 $S = k^{-3}(B_1 + B_h)$。方向函数表示公式如下:

$$f(k, \phi) = \frac{1}{2\pi}[1 + \Delta(k)\cos(2\phi)] \tag{2-3}$$

$$\Delta(k) = \tanh\left[a_0 + a_p\left(\frac{c}{c_p}\right)^{2.5} + a_m\left(\frac{c_m}{c}\right)^{2.5}\right] \tag{2-4}$$

$$a_0 = \frac{\ln(2)}{4} = 0.1733; a_p = 4; a_m = 0.13\frac{u_f}{c_m} \tag{2-5}$$

波数方向 E 谱可由全波数谱与方向函数表示:$E(k, \varphi) = S \cdot f(k, \varphi)/k$。

### 2.1.2 仿真海浪同步数据产品

为了建立 SAR 海浪截断波长补偿技术,确定实现最佳补偿效果时的卫星数量、最优的轨道交角等,需要仿真不同海况、不同轨道交角的 SAR 数据,生产多视向 SAR 海浪同步仿真数据产品。为此利用建立的多视向 SAR 海浪同步数据的成像仿真方法,生产了机载和星载情况下的不同海况、不同轨道交角的 SAR 海浪仿真数据产品集,为后续截断波长补偿方法的建立以及确定最优卫星数量和最优轨道交角提供数据源。

### 2.1.2.1 SAR系统参数设计

进行SAR海浪数据仿真时用到的SAR系统参数如表2-1和表2-2所列,分别对应的是机载和星载的情况。

### 2.1.2.2 SAR海浪仿真数据产品信息

生产的不同海况和不同轨道交角下的SAR海浪仿真数据产品如表2-3所列。SAR-1的海浪传播方向与方位向的夹角为45°,海浪传播方向与距离向同向为正、逆向为负。

表 2-3　SAR海浪仿真数据产品列表

| 序号 | SAR卫星编号 | 数据文件名称 | SAR平台 | 风速 (m/s) | 与SAR-1的轨道夹角(为正时逆时针旋转;为负时顺时针旋转) | 输入海浪谱 | 海浪传播方向与SAR飞行方向的夹角 |
|---|---|---|---|---|---|---|---|
| 不同风速的机载SAR数据 | | | | | | | |
| 1 | SAR1 | SaE1.mat | 机载 | 1 | 0° | E谱 | 45° |
| 2 | SAR1 | SaE3.mat | 机载 | 3 | 0° | E谱 | 45° |
| 3 | SAR1 | SaE5.mat | 机载 | 5 | 0° | E谱 | 45° |
| 4 | SAR1 | SaE7.mat | 机载 | 7 | 0° | E谱 | 45° |
| 5 | SAR1 | SaE9.mat | 机载 | 9 | 0° | E谱 | 45° |
| 6 | SAR1 | SaE10.mat | 机载 | 10 | 0° | E谱 | 45° |
| 7 | SAR1 | SaE11.mat | 机载 | 11 | 0° | E谱 | 45° |
| 8 | SAR1 | SaE13.mat | 机载 | 13 | 0° | E谱 | 45° |
| 9 | SAR1 | SaE15.mat | 机载 | 15 | 0° | E谱 | 45° |
| 10 | SAR1 | SaE17.mat | 机载 | 17 | 0° | E谱 | 45° |
| 11 | SAR1 | SaE19.mat | 机载 | 19 | 0° | E谱 | 45° |
| 12 | SAR1 | SaE21.mat | 机载 | 21 | 0° | E谱 | 45° |
| 13 | SAR1 | SaE23.mat | 机载 | 23 | 0° | E谱 | 45° |
| 14 | SAR1 | SaE25.mat | 机载 | 25 | 0° | E谱 | 45° |
| 15 | SAR1 | SaE27.mat | 机载 | 27 | 0° | E谱 | 45° |
| 16 | SAR1 | SaE29.mat | 机载 | 29 | 0° | E谱 | 45° |
| 17 | SAR2 | SaPM10.mat | 机载 | 10 | 0° | PM谱 | 45° |
| 18 | SAR2 | SaPM11.mat | 机载 | 11 | 0° | PM谱 | 45° |

续表

| 序号 | SAR卫星编号 | 数据文件名称 | SAR平台 | 风速（m/s） | 与SAR-1的轨道夹角（为正时逆时针旋转；为负时顺时针旋转） | 输入海浪谱 | 海浪传播方向与SAR飞行方向的夹角 |
|---|---|---|---|---|---|---|---|
| 19 | SAR2 | SaPM13.mat | 机载 | 13 | 0° | PM谱 | 45° |
| 20 | SAR2 | SaPM15.mat | 机载 | 15 | 0° | PM谱 | 45° |
| 不同风速的星载SAR数据 | | | | | | | |
| 21 | SAR3 | Sa5.mat | 星载 | 5 | 0° | PM谱 | 45° |
| 22 | SAR3 | Sa7.mat | 星载 | 7 | 0° | PM谱 | 45° |
| 23 | SAR3 | Sa9.mat | 星载 | 9 | 0° | PM谱 | 45° |
| 24 | SAR3 | Sa11.mat | 星载 | 11 | 0° | PM谱 | 45° |
| 25 | SAR3 | Sa13.mat | 星载 | 13 | 0° | PM谱 | 45° |
| 26 | SAR3 | Sa15.mat | 星载 | 15 | 0° | PM谱 | 45° |
| 27 | SAR3 | Sa17.mat | 星载 | 17 | 0° | PM谱 | 45° |
| 28 | SAR3 | Sa19.mat | 星载 | 19 | 0° | PM谱 | 45° |
| 29 | SAR3 | Sa21.mat | 星载 | 21 | 0° | PM谱 | 45° |
| 30 | SAR3 | Sa23.mat | 星载 | 23 | 0° | PM谱 | 45° |
| 31 | SAR3 | Sa25.mat | 星载 | 25 | 0° | PM谱 | 45° |
| 32 | SAR3 | Sa27.mat | 星载 | 27 | 0° | PM谱 | 45° |
| 33 | SAR3 | Sa29.mat | 星载 | 29 | 0° | PM谱 | 45° |
| 不同轨道夹角的机载SAR数据 | | | | | | | |
| 34 | SAR1 | Sa10.mat | 机载 | 10 | 0° | E谱 | 45° |
| 35 | SAR2 | xuan10Sa.mat | 机载 | 10 | 10° | E谱 | 55° |
| 36 | SAR3 | xuan20Sa.mat | 机载 | 10 | 20° | E谱 | 65° |
| 37 | SAR4 | xuan30Sa.mat | 机载 | 10 | 30° | E谱 | 75° |
| 38 | SAR5 | xuan40Sa.mat | 机载 | 10 | 40° | E谱 | 85° |
| 39 | SAR6 | xuan50Sa.mat | 机载 | 10 | 50° | E谱 | 95° |
| 40 | SAR7 | xuan60Sa.mat | 机载 | 10 | 60° | E谱 | 105° |
| 41 | SAR8 | xuan70Sa.mat | 机载 | 10 | 70° | E谱 | 115° |
| 42 | SAR9 | xuan80Sa.mat | 机载 | 10 | 80° | E谱 | 125° |
| 43 | SAR10 | xuan90Sa.mat | 机载 | 10 | 90° | E谱 | 135° |

| 序号 | SAR卫星编号 | 数据文件名称 | SAR平台 | 风速（m/s） | 与SAR-1的轨道夹角（为正时逆时针旋转；为负时顺时针旋转） | 输入海浪谱 | 海浪传播方向与SAR飞行方向的夹角 |
|---|---|---|---|---|---|---|---|
| 44 | SAR11 | xuanfu50Sa.mat | 机载 | 10 | −50° | E谱 | −5° |
| 不同轨道夹角的星载SAR数据 | | | | | | | |
| 45 | SAR1 | xuan_0_SAR.mat | 星载 | 10 | 0° | E谱 | 45° |
| 46 | SAR2 | xuan_10_ SAR.mat | 星载 | 10 | 10° | E谱 | 55° |
| 47 | SAR3 | xuan_20_ SAR.mat | 星载 | 10 | 20° | E谱 | 65° |
| 48 | SAR4 | xuan_30_ SAR.mat | 星载 | 10 | 30° | E谱 | 75° |
| 49 | SAR5 | xuan_40_ SAR.mat | 星载 | 10 | 40° | E谱 | 85° |
| 50 | SAR6 | xuan_50_ SAR.mat | 星载 | 10 | 50° | E谱 | 95° |
| 51 | SAR7 | xuan_60_ SAR.mat | 星载 | 10 | 60° | E谱 | 105° |
| 52 | SAR8 | xuan_70_ SAR.mat | 星载 | 10 | 70° | E谱 | 115° |
| 53 | SAR9 | xuan_80_ SAR.mat | 星载 | 10 | 80° | E谱 | 125° |
| 54 | SAR10 | xuan_90_ SAR.mat | 星载 | 10 | 90° | E谱 | 135° |
| 55 | SAR11 | xuan_45_ SAR.mat | 星载 | 10 | 45°（沿距离向传播） | E谱 | 90° |
| 56 | SAR12 | xuan_fu45_ SAR.mat | 星载 | 10 | −45°（沿方位向传播） | E谱 | 0° |
| 57 | SAR13 | xuan_fu10_ SAR.mat | 星载 | 10 | −10° | E谱 | 35° |
| 58 | SAR14 | xuan_fu20_ SAR.mat | 星载 | 10 | −20° | E谱 | 25° |
| 59 | SAR15 | xuan_fu30_ SAR.mat | 星载 | 10 | −30° | E谱 | 15° |
| 60 | SAR16 | xuan_fu40_ SAR.mat | 星载 | 10 | −40° | E谱 | 5° |
| 61 | SAR17 | xuan_fu50_ SAR.mat | 星载 | 10 | −50° | E谱 | −5° |
| 62 | SAR18 | xuan_fu60_ SAR.mat | 星载 | 10 | −60° | E谱 | −15° |
| 63 | SAR19 | xuan_fu70_ SAR.mat | 星载 | 10 | −70° | E谱 | −25° |
| 64 | SAR20 | xuan_fu80_ SAR.mat | 星载 | 10 | −80° | E谱 | −35° |
| 65 | SAR21 | xuan_fu90_ SAR.mat | 星载 | 10 | −90° | E谱 | −45° |
| 66 | SAR22 | xuan_fu100_ SAR.mat | 星载 | 10 | −100° | E谱 | −55° |
| 67 | SAR23 | xuan_fu110_ SAR.mat | 星载 | 10 | −110° | E谱 | −65° |

续表

| 序号 | SAR卫星编号 | 数据文件名称 | SAR平台 | 风速（m/s） | 与SAR-1的轨道夹角（为正时逆时针旋转；为负时顺时针旋转） | 输入海浪谱 | 海浪传播方向与SAR飞行方向的夹角 |
|---|---|---|---|---|---|---|---|
| 68 | SAR24 | xuan_fu120_ SAR. mat | 星载 | 10 | −120° | E谱 | −75° |
| 69 | SAR25 | xuan_fu130_ SAR. mat | 星载 | 10 | −130° | E谱 | −85° |
| 70 | SAR26 | xuan_fu140_ SAR. mat | 星载 | 10 | −140° | E谱 | −95° |
| 71 | SAR27 | xuan_fu150_ SAR. mat | 星载 | 10 | −150° | E谱 | −105° |
| 72 | SAR28 | xuan_fu160_ SAR. mat | 星载 | 10 | −160° | E谱 | −115° |
| 73 | SAR29 | xuan_fu170_ SAR. mat | 星载 | 10 | −170° | E谱 | −125° |
| 74 | SAR30 | xuan_fu180_ SAR. mat | 星载 | 10 | −180° | E谱 | −135° |
| 不同轨道夹角的星载SAR数据 | | | | | | | |
| 75 | SAR1 | xuan_0_SAR. mat | 星载 | 12 | 0° | E谱 | 45° |
| 76 | SAR2 | xuan_10_ SAR. mat | 星载 | 12 | 10° | E谱 | 55° |
| 77 | SAR3 | xuan_20_ SAR. mat | 星载 | 12 | 20° | E谱 | 65° |
| 78 | SAR4 | xuan_30_ SAR. mat | 星载 | 12 | 30° | E谱 | 75° |
| 79 | SAR5 | xuan_40_ SAR. mat | 星载 | 12 | 40° | E谱 | 85° |
| 80 | SAR6 | xuan_50_ SAR. mat | 星载 | 12 | 50° | E谱 | 95° |
| 81 | SAR7 | xuan_60_ SAR. mat | 星载 | 12 | 60° | E谱 | 105° |
| 82 | SAR8 | xuan_70_ SAR. mat | 星载 | 12 | 70° | E谱 | 115° |
| 83 | SAR9 | xuan_80_ SAR. mat | 星载 | 12 | 80° | E谱 | 125° |
| 84 | SAR10 | xuan_90_ SAR. mat | 星载 | 12 | 90° | E谱 | 135° |
| 85 | SAR11 | xuan_fu10_ SAR. mat | 星载 | 12 | −10° | E谱 | 35° |
| 86 | SAR12 | xuan_fu20_ SAR. mat | 星载 | 12 | −20° | E谱 | 25° |
| 87 | SAR13 | xuan_fu30_ SAR. mat | 星载 | 12 | −30° | E谱 | 15° |
| 88 | SAR14 | xuan_fu40_ SAR. mat | 星载 | 12 | −40° | E谱 | 5° |
| 不同轨道夹角的星载SAR数据 | | | | | | | |
| 89 | SAR1 | xuan_0_SAR. mat | 星载 | 15 | 0° | E谱 | 45° |
| 90 | SAR2 | xuan_10_ SAR. mat | 星载 | 15 | 10° | E谱 | 55° |
| 91 | SAR3 | xuan_20_ SAR. mat | 星载 | 15 | 20° | E谱 | 65° |
| 92 | SAR4 | xuan_30_ SAR. mat | 星载 | 15 | 30° | E谱 | 75° |

续表

| 序号 | SAR卫星编号 | 数据文件名称 | SAR平台 | 风速（m/s） | 与SAR-1的轨道夹角（为正时逆时针旋转；为负时顺时针旋转） | 输入海浪谱 | 海浪传播方向与SAR飞行方向的夹角 |
|---|---|---|---|---|---|---|---|
| 93 | SAR5 | xuan_40_ SAR. mat | 星载 | 15 | 40° | E谱 | 85° |
| 94 | SAR6 | xuan_50_ SAR. mat | 星载 | 15 | 50° | E谱 | 95° |
| 95 | SAR7 | xuan_60_ SAR. mat | 星载 | 15 | 60° | E谱 | 105° |
| 96 | SAR8 | xuan_70_ SAR. mat | 星载 | 15 | 70° | E谱 | 115° |
| 97 | SAR9 | xuan_80_ SAR. mat | 星载 | 15 | 80° | E谱 | 125° |
| 98 | SAR10 | xuan_90_ SAR. mat | 星载 | 15 | 90° | E谱 | 135° |
| 99 | SAR11 | xuan_fu10_ SAR. mat | 星载 | 15 | −10° | E谱 | 35° |
| 100 | SAR12 | xuan_fu20_ SAR. mat | 星载 | 15 | −20° | E谱 | 25° |
| 101 | SAR13 | xuan_fu30_ SAR. mat | 星载 | 15 | −30° | E谱 | 15° |
| 102 | SAR14 | xuan_fu40_ SAR. mat | 星载 | 15 | −40° | E谱 | 5° |
| 不同轨道夹角的星载SAR数据 | | | | | | | |
| 103 | SAR1 | xuan_0_SAR. mat | 星载 | 8 | 0° | E谱 | 45° |
| 104 | SAR2 | xuan_10_ SAR. mat | 星载 | 8 | 10° | E谱 | 55° |
| 105 | SAR3 | xuan_20_ SAR. mat | 星载 | 8 | 20° | E谱 | 65° |
| 106 | SAR4 | xuan_30_ SAR. mat | 星载 | 8 | 30° | E谱 | 75° |
| 107 | SAR5 | xuan_40_ SAR. mat | 星载 | 8 | 40° | E谱 | 85° |
| 108 | SAR6 | xuan_50_ SAR. mat | 星载 | 8 | 50° | E谱 | 95° |
| 109 | SAR7 | xuan_60_ SAR. mat | 星载 | 8 | 60° | E谱 | 105° |
| 110 | SAR8 | xuan_70_ SAR. mat | 星载 | 8 | 70° | E谱 | 115° |
| 111 | SAR9 | xuan_80_ SAR. mat | 星载 | 8 | 80° | E谱 | 125° |
| 112 | SAR10 | xuan_90_ SAR. mat | 星载 | 8 | 90° | E谱 | 135° |
| 113 | SAR11 | xuan_fu10_ SAR. mat | 星载 | 8 | −10° | E谱 | 35° |
| 114 | SAR12 | xuan_fu20_ SAR. mat | 星载 | 8 | −20° | E谱 | 25° |
| 115 | SAR13 | xuan_fu30_ SAR. mat | 星载 | 8 | −30° | E谱 | 15° |
| 116 | SAR14 | xuan_fu40_ SAR. mat | 星载 | 8 | −40° | E谱 | 5° |

注：共计116景仿真SAR数据。

### 2.1.2.3 多视向 SAR 海浪同步数据仿真结果

多视向 SAR 海浪同步数据仿真结果见图 2-12 至图 2-25（以风速 10 m/s，方向角 5°～135°为例）。

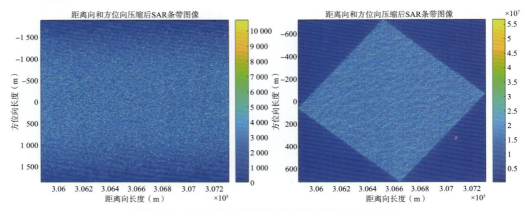

图 2-12　方向角为 5°的仿真 SAR 回波与 SAR 图像

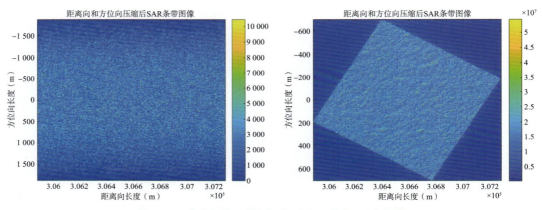

图 2-13　方向角为 15°的仿真 SAR 回波与 SAR 图像

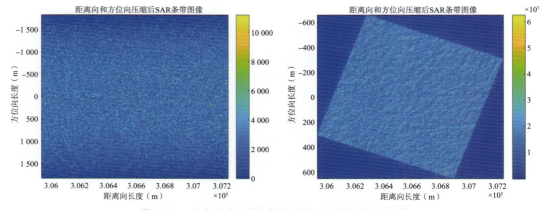

图 2-14　方向角为 25°的仿真 SAR 回波与 SAR 图像

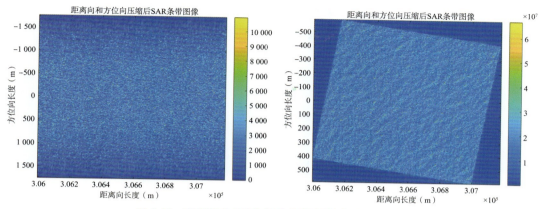

图 2-15　方向角为 35° 的仿真 SAR 回波与 SAR 图像

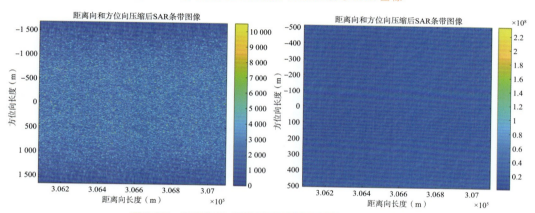

图 2-16　方向角为 45° 的仿真 SAR 回波与 SAR 图像

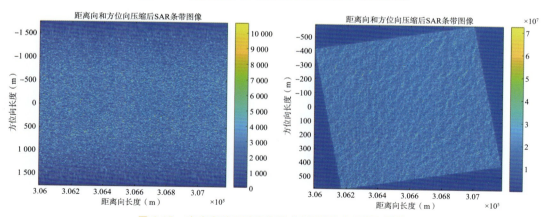

图 2-17　方向角为 55° 的仿真 SAR 回波与 SAR 图像

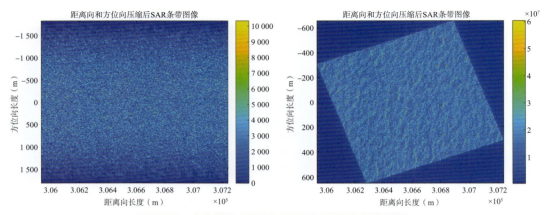

图 2-18　方向角为 65°的仿真 SAR 回波与 SAR 图像

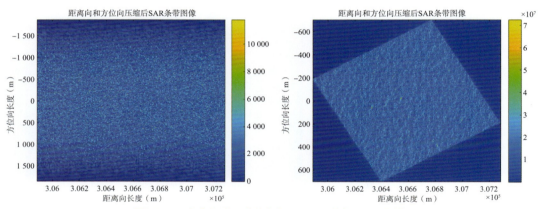

图 2-19　方向角为 75°的仿真 SAR 回波与 SAR 图像

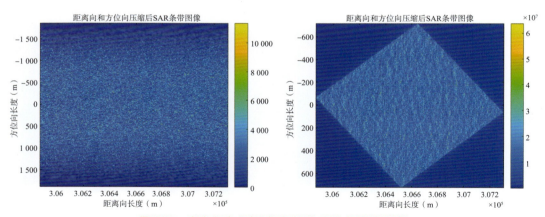

图 2-20　方向角为 85°的仿真 SAR 回波与 SAR 图像

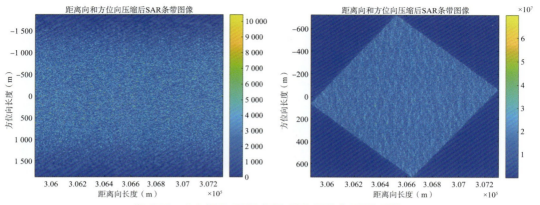

图 2-21　方向角为 95°的仿真 SAR 回波与 SAR 图像

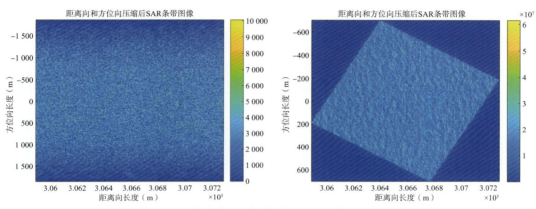

图 2-22　方向角为 105°的仿真 SAR 回波与 SAR 图像

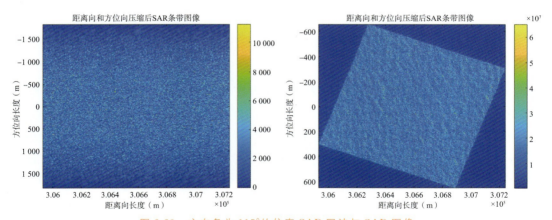

图 2-23　方向角为 115°的仿真 SAR 回波与 SAR 图像

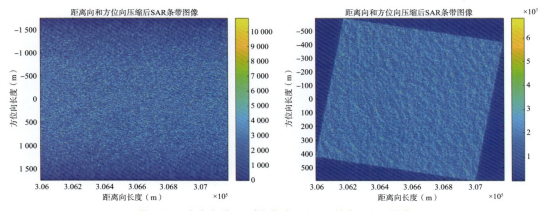

图 2-24　方向角为 125°的仿真 SAR 回波与 SAR 图像

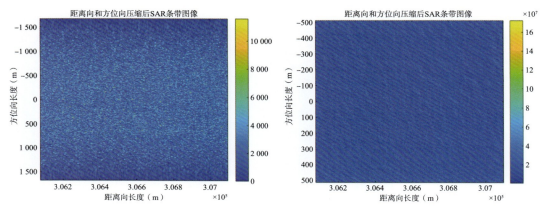

图 2-25　方向角为 135°的仿真 SAR 回波与 SAR 图像

## 2.2　卫星组网多视向 SAR 观测模式下的海浪波长截断补偿技术

### 2.2.1　截断波长补偿技术

单星 SAR 观测的海浪谱存在信息不完整即波长截断的问题,组网 SAR 卫星观测同一海域时可以获得多观测方向的信息,其观测方式如图 2-1 所示。多星组网观测时各颗卫星观测的海浪谱携带着不同方向的信息,可对单星观测的不完整的海浪信息进行补偿,从而一定程度上降低截断波长的影响。在实现 SAR 海浪截断波长补偿时采用了海浪谱级信息融合的方法。首先使用 MPI 方法提取各单星海浪谱,研究方位角与截断波长之间的关系,基于此关系确定了多视向海浪谱信息融合的权值;然后通过多视向 SAR 海浪同步数据反演得到的海浪谱融合建立了截断波长补偿技术;最后对补偿效果进行了验证,并确定了实现最佳补偿效果时的最优卫星数量和最优轨道交角。

在截断波长的补偿方法中,各单星海浪谱融合权值的确定是关键所在。由于各单星海浪谱之间存在交集,并不是完全独立的,因此,融合权值的确定要遵循权值之和小于 1 的原则。根据截断波长随方位角的变化规律,建立了分象限确定权值的方法。当

方位角之和位于 $0°\sim90°$ 范围内时,权值确定为方位角与 $90°$ 的比值,此时方位角都是锐角,满足截断波长随方位角增大而增大的规律;当方位角之和位于 $90°\sim180°$ 范围内时,若方位角与截断波长仍满足正比的关系,则权值确定为方位角与 $180°$ 的比值;同理,当方位角之和位于 $180°\sim270°$ 范围内时,若方位角与截断波长呈反比关系,根据反向距离加权原则,则权值设定为各方位角的逆序与 $270°$ 的比值;当方位角之和位于 $270°\sim360°$ 范围内时,修正权值确定为各方位角的逆序与 $360°$ 的比值,此时方位角都是钝角,方位角与截断波长呈反比关系。确定融合权值后,根据建立的信息融合方法对海浪谱按权值进行融合处理。

以三星组网观测为例对建立的截断波长补偿技术在不同轨道交角下的补偿效果进行了全面验证,以验证所建立方法的有效性以及确定实现最佳补偿效果时的最优轨道交角。

在此以三组不同方向角组合的情况为例来验证截断波长补偿方法的有效性,进行个例分析,具体如下。

第一组三景 SAR 数据的方向角之和为 $165°$,截断波长随方向角增大而增大,因此融合权值设定为各方向角与 $180°$ 的比值。融合的公式如下:

$$\mathrm{WS}_{df1} = \frac{45}{180}\mathrm{WS}_1 + \frac{55}{180}\mathrm{WS}_2 + \frac{65}{180}\mathrm{WS}_3 \tag{2-6}$$

式中,$\mathrm{WS}_1$、$\mathrm{WS}_2$ 与 $\mathrm{WS}_3$ 分别代表第一组各单星 SAR 数据的海浪谱,$\mathrm{WS}_{df1}$ 是信息融合后的海浪谱。

信息融合前后的海浪谱如图 2-26 所示。信息融合前后反演海浪参数的对比如表 2-4 所列。

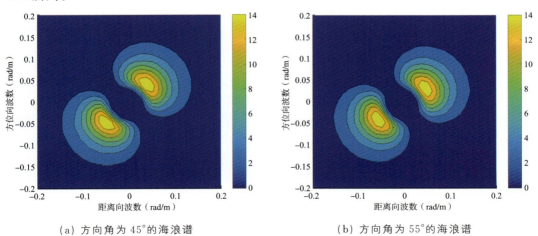

（a）方向角为 $45°$ 的海浪谱　　　　　　　（b）方向角为 $55°$ 的海浪谱

图 2-26　$45°$、$55°$、$65°$方向角组合信息融合前后海浪谱

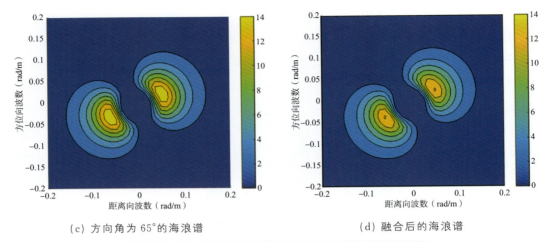

（c）方向角为 65°的海浪谱　　　　　　　　（d）融合后的海浪谱

图 2-26　45°、55°、65°方向角组合信息融合前后海浪谱（续）

表 2-4　45°、55°、65°方向角组合 SAR 谱数据融合前后反演海浪参数对比

|  | SAR-1 的最适海浪谱 | SAR-2 的最适海浪谱 | SAR-3 的最适海浪谱 | 融合后的最适海浪谱 |
|---|---|---|---|---|
| 截断波长（m） | 156.95 | 158.56 | 159.96 | 146.37 |
| 输入的有效波高（m） | 2.27 | | | |
| 反演的有效波高（m） | 2.41 | | | 2.24 |
| 输入的平均波周期（s） | 6.35 | | | |
| 反演的平均波周期（s） | 5.40 | | | 5.56 |

　　第二组三景 SAR 数据的方向角之和为 225°，因此融合权值设定为各方向角与 270°
的比值。融合的公式如下：

$$WS_{df2} = \frac{65}{270}WS_4 + \frac{75}{270}WS_5 + \frac{85}{270}WS_6 \tag{2-7}$$

式中，$WS_4$、$WS_5$ 与 $WS_6$ 分别代表第二组各单星 SAR 数据的海浪谱，$WS_{df2}$ 是信息融合
后的海浪谱。

　　信息融合前后海浪谱如图 2-27 所示。信息融合前后反演海浪参数的对比如表 2-5
所列。

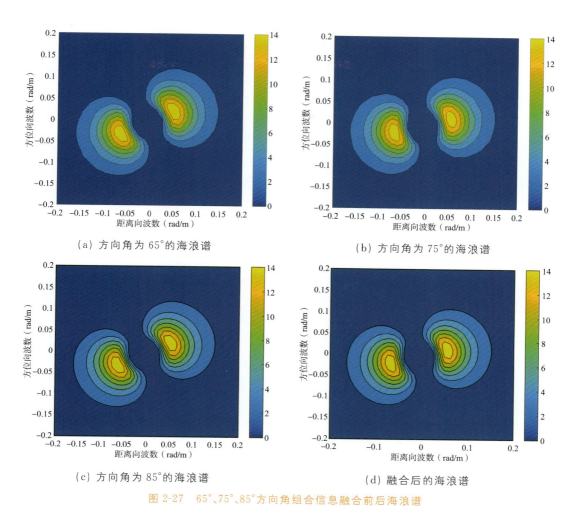

（a）方向角为 65°的海浪谱　　　　　　　　（b）方向角为 75°的海浪谱

（c）方向角为 85°的海浪谱　　　　　　　　（d）融合后的海浪谱

图 2-27　65°、75°、85°方向角组合信息融合前后海浪谱

表 2-5　65°、75°、85°方向角组合 SAR 谱数据融合前后反演海浪参数对比

| | SAR-3 的最适海浪谱 | SAR-4 的最适海浪谱 | SAR-5 的最适海浪谱 | 数据融合后的最适海浪谱 |
|---|---|---|---|---|
| 截断波长（m） | 159.96 | 160.99 | 161.54 | 141.71 |
| 输入的有效波高（m） | 2.27 | | | |
| 反演的有效波高（m） | 2.41 | | | 2.18 |
| 输入的平均波周期（s） | 6.35 | | | |
| 反演的平均波周期（s） | 5.40 | | | 5.57 |

　　第三组三景 SAR 数据的方向角之和为 315°，且 SAR 数据对应的方向角与截断波长呈反比，根据反向距离加权原则，融合权值设定为各方向角的逆序与 360°的比值，融合的公式如下：

$$\mathrm{WS}_{df3} = \frac{115}{360}\mathrm{WS}_7 + \frac{105}{360}\mathrm{WS}_8 + \frac{95}{360}\mathrm{WS}_9 \qquad (2\text{-}8)$$

式中，$\mathrm{WS}_7$、$\mathrm{WS}_8$ 与 $\mathrm{WS}_9$ 分别代表第三组各单星 SAR 数据的海浪谱，$\mathrm{WS}_{df3}$ 是信息融合后的海浪谱。

信息融合前后海浪谱如图 2-28 所示。信息融合前后反演海浪参数的对比如表 2-6 所列。

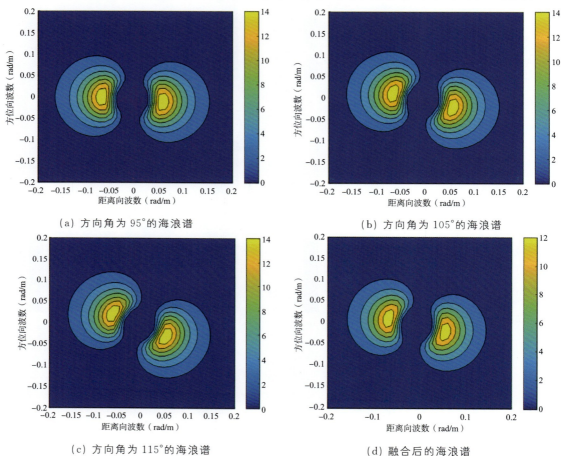

（a）方向角为 95°的海浪谱　　　　　　（b）方向角为 105°的海浪谱

（c）方向角为 115°的海浪谱　　　　　　（d）融合后的海浪谱

图 2-28　95°、105°、115°方向角组合信息融合前后海浪谱

表 2-6　95°、105°、115°方向角组合 SAR 谱数据融合前后反演海浪参数对比

|  | SAR-6 的最适海浪谱 | SAR-7 的最适海浪谱 | SAR-8 的最适海浪谱 | 数据融合后的最适海浪谱 |
|---|---|---|---|---|
| 截断波长（m） | 161.54 | 160.99 | 159.96 | 145.16 |
| 输入的有效波高（m） | 2.27 | | | |
| 反演的有效波高（m） | 2.41 | | | 2.23 |
| 输入的平均波周期（s） | 6.35 | | | |
| 反演的平均波周期（s） | 5.40 | | | 5.57 |

由以上结果可见：经过截断波长补偿处理后，截断波长平均降低 9.65%。融合后反演的海浪有效波高和平均波周期更接近于实际输入的有效波高和平均波周期，有效波高的 RMSE 是 0.20 m，平均波周期的 RMSE 是 0.17 s。

### 2.2.2 截断波长补偿技术等效实测数据验证

以上对截断波长补偿技术的验证都是基于仿真数据进行的，为了进一步说明截断波长补偿技术的有效性，还需要开展实测数据验证。由于目前在轨运行的 SAR 卫星无法获得多视向海浪同步观测数据，无法直接通过现有卫星数据完成截断波长补偿技术的实测数据验证，因此需要研究截断波长补偿技术的等效实测数据验证方法。针对该问题，设计并实现了两种截断波长补偿技术的等效实测数据验证方案。

#### 2.2.2.1 基于Sentinel-1 虚拟组网的多视向等效实测数据构建及截断波长补偿技术验证

该等效实测数据获取方法的基本思想是将同一颗 SAR 卫星对相同地点、不同时间、相似海况、不同传播方向海浪的多次观测数据视为等效多视向同步观测数据。按照该方法分别筛选并构建了两星及三星情况下的等效同步数据，并对截断波长补偿技术的补偿效果进行了验证。

2.2.2.1.1 两星虚拟组网观测

按照以上方法选取了 Sentinel-1A 卫星在印度洋海域的观测数据，观测日期分别为 2019-06-03、2019-09-19，数据基本情况如表 2-7 所列。其中，海况由风速范围和波高范围确定（风速和波高来自于 ECMWF 数据），如表 2-8 所列。

表 2-7　两星虚拟组网卫星数据概况

| 卫星类型 | 数据类型 | 采集模式 | 极化方式 | 采集时间（UTC） | 经纬度范围 | 分辨率〔距离向(m)×方位向(m)〕 | 快视图 |
|---|---|---|---|---|---|---|---|
| Sentinel-1A | SLC | SM | VV | 2019-06-03 11:45:20 | 12.92°N～13.93°N 93.95°E～94.86°E | 1.49×3.65 | |
| Sentinel-1A | SLC | SM | VV | 2019-09-19 11:45:26 | 12.92°N～13.93°N 93.95°E～94.86°E | 1.49×3.65 | |

表 2-8　两星虚拟组网数据对应海况情况

| 卫星类型 | 采集时间（UTC） | 风速范围（m/s） | 选取风速（m/s） | 波高范围（m） | 选取波高（m） | 选取风向 |
|---|---|---|---|---|---|---|
| Sentinel-1A | 2019-06-03 11:45:20 | 5.4～6.9 | 6.90 | 0.6～1.5 | 1.07 | 245° |
| Sentinel-1A | 2019-09-19 11:45:25 | 6.0～7.7 | 6.90 | 0.6～1.3 | 1.06 | 252° |

各景数据（子图像）海浪谱反演结果如图 2-29 和图 2-30 所示。

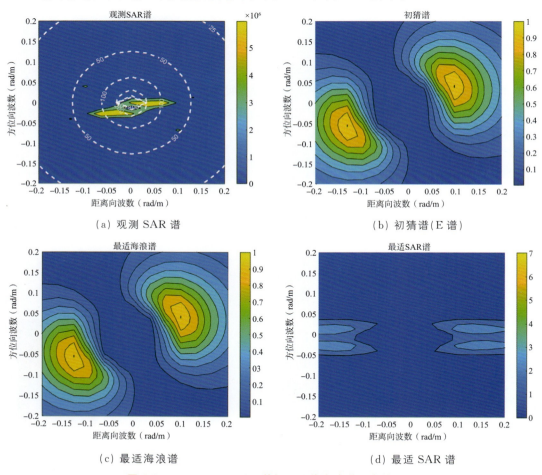

（a）观测 SAR 谱　　　　　　　　（b）初猜谱（E 谱）

（c）最适海浪谱　　　　　　　　（d）最适 SAR 谱

图 2-29　2019-06-03 SAR 数据子图像海浪谱反演结果图

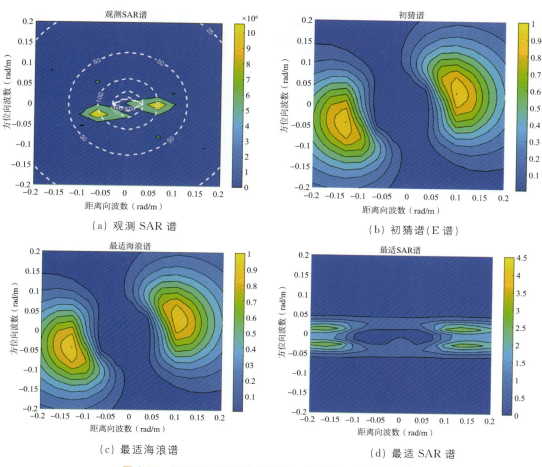

（a）观测 SAR 谱

（b）初猜谱（E 谱）

（c）最适海浪谱

（d）最适 SAR 谱

图 2-30　2019-09-19 SAR 数据子图像海浪谱反演结果图

海浪谱融合结果如图 2-31 所示。两星虚拟组网 SAR 数据谱融合前后反演的海浪参数与真实值的对比如表 2-9 所列。由结果可见，融合后反演的有效波高和平均波周期更接近于真实值。

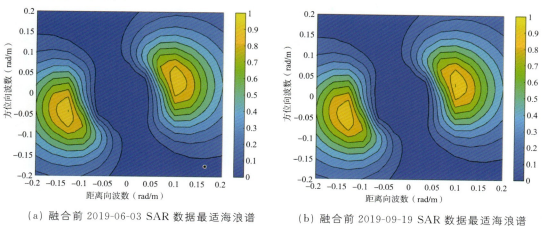

（a）融合前 2019-06-03 SAR 数据最适海浪谱

（b）融合前 2019-09-19 SAR 数据最适海浪谱

图 2-31　两星虚拟组网数据融合前后海浪谱结果图

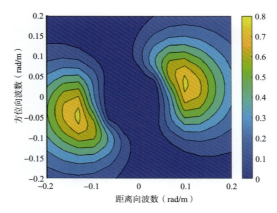

（c）融合后最适海浪谱

图 2-31　两星虚拟组网数据融合前后海浪谱结果图（续）

表 2-9　两星虚拟组网 SAR 数据谱融合前后反演的海浪参数与真实值的对比

| | 2019-09-19 SAR | 2019-06-03 SAR | 融合后 |
|---|---|---|---|
| 截断波长（m） | 143.00 | 145.23 | 113.11 |
| 输入有效波高（m） | 1.02 | | |
| 反演有效波高（m） | 1.20 | | 1.04 |
| 输入平均波周期（s） | 4.39 | | |
| 反演平均波周期（s） | 3.39 | | 4.17 |

注：此时的真实值是由输入风速计算得到的结果。

#### 2.2.2.1.2 三星虚拟组网观测

选取 Sentinel-1A 卫星数据在印度洋海域的三景海况相似的观测 SAR 数据，观测日期分别为 2019-06-15、2019-06-27、2019-07-09，海况由风速范围和波高范围确定。卫星数据概况如表 2-10 所示，三星虚拟组网选取数据对应的海况如表 2-11 所示。

表 2-10　三星虚拟组网卫星数据概况

| 卫星类型 | 数据类型 | 采集模式 | 极化方式 | 采集时间（UTC） | 经纬度范围 | 分辨率［距离向(m)×方位向(m)］ | 快视图 |
|---|---|---|---|---|---|---|---|
| Sentinel-1A | SLC | SM | VV | 2019-06-15 11:45:20 | 12.92°N—13.93°N 93.95°E—94.86°E | 1.49×3.65 | |

续表

| 卫星类型 | 数据类型 | 采集模式 | 极化方式 | 采集时间（UTC） | 经纬度范围 | 分辨率 [距离向(m)× 方位向(m)] | 快视图 |
|---|---|---|---|---|---|---|---|
| Sentinel-1A | SLC | SM | VV | 2019-06-27 11:45:21 | 12.92°N— 13.93°N 93.95°E— 94.86°E | 1.49×3.65 | 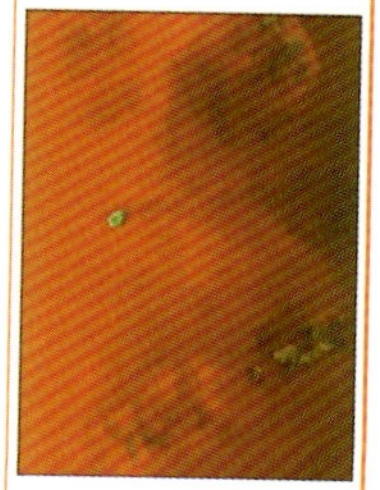 |
| Sentinel-1A | SLC | SM | VV | 2019-07-09 11:45:22 | 12.92°N— 13.93°N 93.95°E— 94.86°E | 1.49×3.65 | 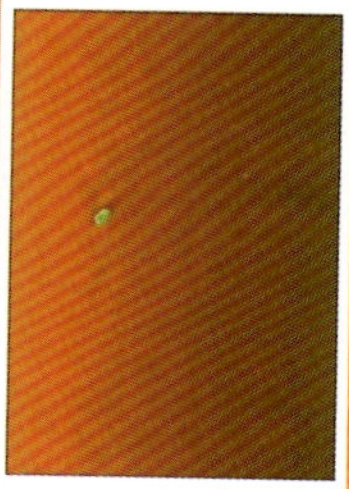 |

表 2-11　三星虚拟组网选取数据对应的海况情况

| 卫星类型 | 采集时间（UTC） | 风速范围（m/s） | 选取风速（m/s） | 波高范围（m） | 选取波高（m） | 选取风向 |
|---|---|---|---|---|---|---|
| Sentinel-1A | 2019/06/15 11:45:20 | 7.8—8.6 | 8.09 | 1.5—1.9 | 1.79 | 248° |
| Sentinel-1A | 2019/06/27 11:45:21 | 6.7—8.4 | 8.09 | 1.5—2.0 | 1.75 | 231° |
| Sentinel-1A | 2019/07/09 11:45:22 | 7.4—8.3 | 8.10 | 1.4—1.8 | 1.72 | 214° |

各景数据海浪谱反演结果如图 2-32 至图 2-34 所示。

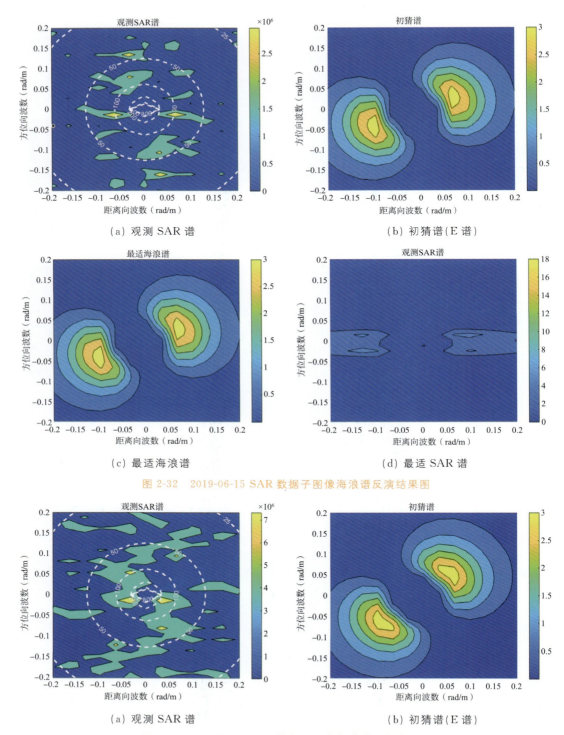

（a）观测 SAR 谱　　　　　　　　（b）初猜谱（E 谱）

（c）最适海浪谱　　　　　　　　（d）最适 SAR 谱

图 2-32　2019-06-15 SAR 数据子图像海浪谱反演结果图

（a）观测 SAR 谱　　　　　　　　（b）初猜谱（E 谱）

图 2-33　2019-06-27 SAR 数据子图像海浪谱反演结果图

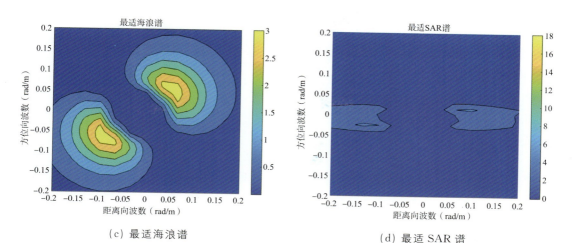

（c）最适海浪谱 　　　　　　　　　　（d）最适 SAR 谱

图 2-33　2019-06-27 SAR 数据子图像海浪谱反演结果图（续）

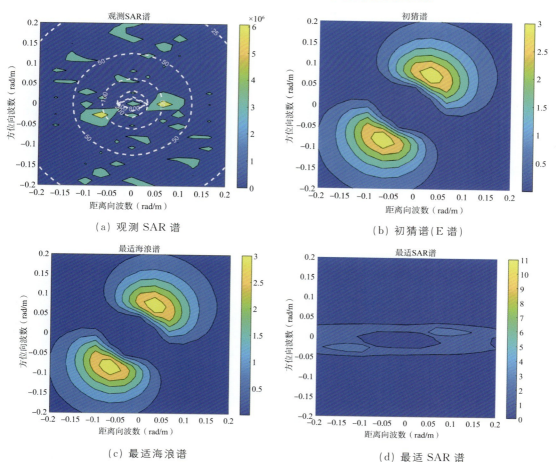

（a）观测 SAR 谱 　　　　　　　　　　（b）初猜谱（E 谱）

（c）最适海浪谱 　　　　　　　　　　（d）最适 SAR 谱

图 2-34　2019-07-09 SAR 数据子图像海浪谱反演结果图

海浪谱融合结果如图 2-35 所示，三星虚拟组网 SAR 数据谱融合前后反演的海浪参数与真实值的对比如表 2-12 所示。由结果可见，融合后反演的有效波高和平均波周期更接近于真实值。

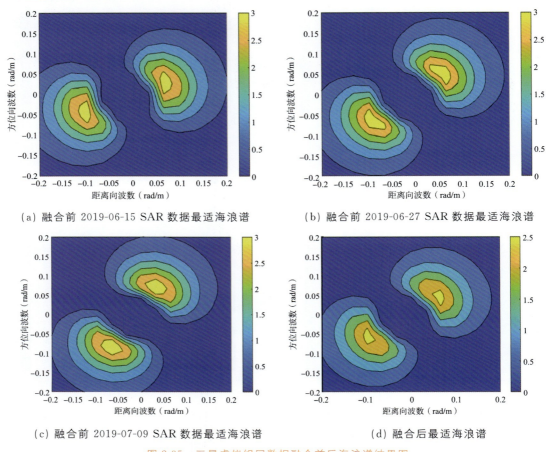

（a）融合前 2019-06-15 SAR 数据最适海浪谱　　　　　（b）融合前 2019-06-27 SAR 数据最适海浪谱

（c）融合前 2019-07-09 SAR 数据最适海浪谱　　　　　（d）融合后最适海浪谱

图 2-35　三星虚拟组网数据融合前后海浪谱结果图

表 2-12　三星虚拟组网 SAR 数据谱融合前后反演的海浪参数与真实值的对比

|  | 2019-06-15 | 2019-06-27 | 2019-07-09 | 融合后 |
| --- | --- | --- | --- | --- |
| 截断波长（m） | 182.77 | 177.92 | 178.38 | 154.54 |
| 输入的有效波高（m） | 1.40 | | | |
| 反演的有效波高（m） | 1.64 | | | 1.50 |
| 输入的平均波周期（s） | 5.15 | | | |
| 反演的平均波周期（s） | 4.25 | | | 4.47 |

综上，无论是两星还是三星虚拟组网情况下，谱信息融合和截断波长补偿后反演得到的海浪参数都要更接近真实值。因此，截断波长的补偿是有效的。

2.2.2.1.3 Sentinel-1 等效实测数据截断波长补偿效果浮标数据验证

在以上开展的等效实测数据验证中海浪参数的真实值来自风速的计算结果,与实际的海浪参数还存在一定的偏差。浮标获取的海浪参数是公认的最准确的测量值,可以用来作为反演结果验证的真实值。为此,开展了 Sentinel-1 等效实测数据截断波长补偿效果浮标数据验证,以进一步说明建立的截断波长补偿技术的有效性。

选取了 3 颗浮标中 3 组风速平均值为 9.02 m/s、有效波高平均值为 1.47 m 的浮标数据,并匹配浮标所在位置的 SAR 数据,观测日期分别为 2020-02-26、2020-04-21、2020-07-26。浮标数据信息如表 2-13 所示。

表 2-13　浮标数据信息

| 浮标类型 | SAR 成像时间(UTC) | 浮标经纬度 | 浮标名称 | 浮标风速(m/s) | 浮标风向 | 浮标波向 | 浮标有效波高(m) | 浮标平均波周期 |
|---|---|---|---|---|---|---|---|---|
| NDBC | 2020-07-26 02:06:05 | 34.265°N,120.477°W 565 | 46054 | 9.12 | 287° | 313.86° | 1.48 | 5.37 s |
| NDBC | 2020-02-26 02:16:21 | 41.852°N,124.380°W 491 | 46027 | 9.04 | 339° | 308.60° | 1.52 | 4.86 s |
| NDBC | 2020-04-21 02:06:25 | 35.774°N,121.905°W 288 | 46028 | 8.91 | 314° | 298.00° | 1.41 | 5.96 s |

和选取的浮标数据匹配的 SAR 数据信息如表 2-14 所示。

表 2-14　Sentinel −1B SAR 数据信息

| 卫星类型 | SAR 成像时间(UTC) | 浮标位置入射角 | SAR 方位角 | 浮标波向与 SAR 轨道方向夹角 | 反演有效波高(m) | 反演平均波周期(s) | 截断波长(m) |
|---|---|---|---|---|---|---|---|
| Sentinel-1B | 2020-07-26 02:06:05 | 44.57° | −12.93° | 327° | 1.96 | 5.15 | 209.77 |
| Sentinel-1B | 2020-02-26 02:16:21 | 42.53° | −13.67° | 322° | 1.92 | 5.04 | 209.88 |
| Sentinel-1B | 2020-04-21 02:06:25 | 37.73° | −13.05° | 311° | 1.86 | 5.10 | 193.05 |

选取与浮标位置点相匹配的 128×128 像素的 SAR 子图像,对其进行傅里叶变换,生成观测 SAR 谱,并用浮标的风速和风向输入 E 谱作为初猜谱,反演得到最适海浪谱和最适 SAR 谱。海浪谱反演结果如图 2-36 至图 2-38 所示。

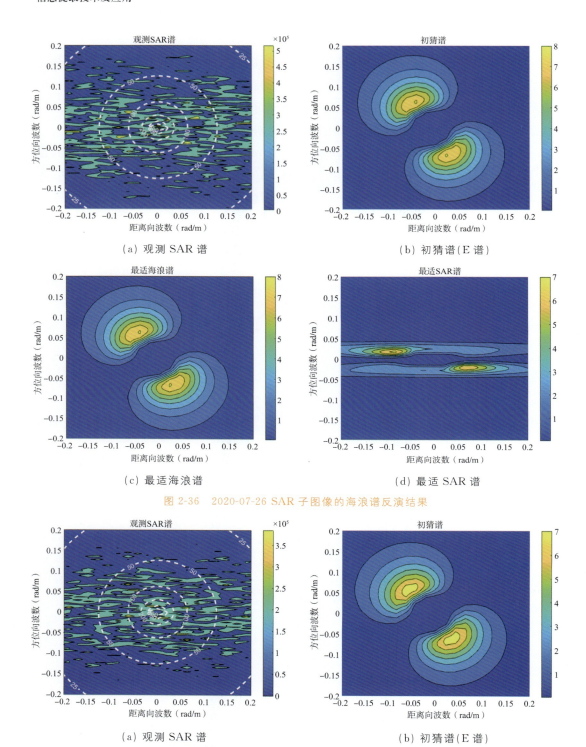

（a）观测 SAR 谱                    （b）初猜谱（E 谱）

（c）最适海浪谱                    （d）最适 SAR 谱

图 2-36　2020-07-26 SAR 子图像的海浪谱反演结果

（a）观测 SAR 谱                    （b）初猜谱（E 谱）

图 2-37　2020-02-26 SAR 子图像的海浪谱反演结果

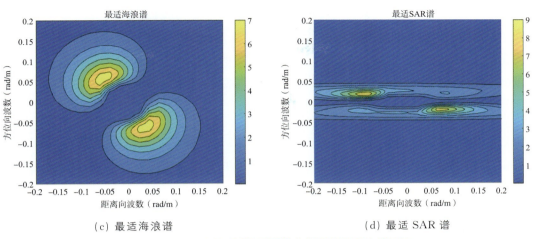

（c）最适海浪谱

（d）最适 SAR 谱

图 2-37　2020-02-26 SAR 子图像的海浪谱反演结果(续)

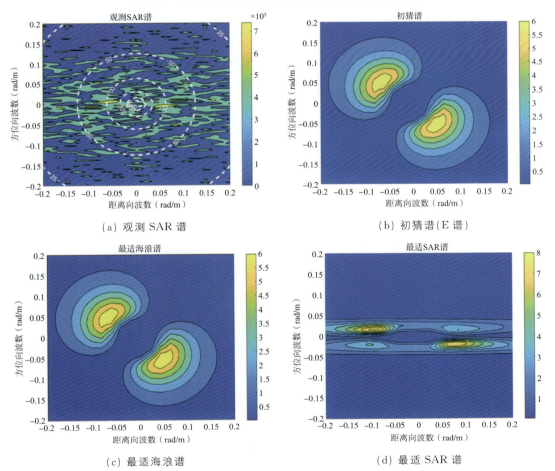

（a）观测 SAR 谱

（b）初猜谱（E 谱）

（c）最适海浪谱

（d）最适 SAR 谱

图 2-38　2020-04-21 SAR 子图像的海浪谱反演结果

根据建立的截断波长的补偿技术，3 组数据的方向角分别为 327°、322°、311°，方位角之和为 960°，将方向角换算为对应的锐角，分别为 33°、38°、49°，融合权值设定为各方向角与 180°的比值。融合的公式如下，融合前后的结果如图 2-39 所示。SAR 虚拟等效同步数据截断波长补偿前后反演海浪参数与浮标海浪参数的比对结果如表 2-15 所示。

$$\mathrm{WS}_{df1} = \frac{33}{180}\mathrm{WS}_1 + \frac{38}{180}\mathrm{WS}_2 + \frac{49}{180}\mathrm{WS}_3 \tag{2-9}$$

其中，$\mathrm{WS}_1$、$\mathrm{WS}_2$ 与 $\mathrm{WS}_3$ 分别代表各单星 SAR 数据的海浪谱，$\mathrm{WS}_{df1}$ 是融合后的海浪谱。

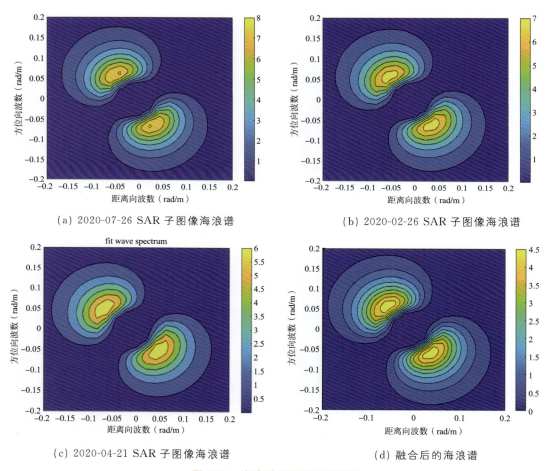

（a）2020-07-26 SAR 子图像海浪谱　　　　　　（b）2020-02-26 SAR 子图像海浪谱

（c）2020-04-21 SAR 子图像海浪谱　　　　　　（d）融合后的海浪谱

图 2-39　海浪谱融合前后结果图

表 2-15　SAR 虚拟等效同步数据截断波长补偿前后反演海浪参数与浮标海浪参数的比对

| | 2020-07-26 的最适海浪谱 | 2020-02-26 的最适海浪谱 | 2020-04-21 的最适海浪谱 | 数据融合后的最适海浪谱 |
|---|---|---|---|---|
| 截断波长（m） | 209.77 | 209.88 | 193.05 | 164.17 |
| 浮标的有效波高（m） | 1.47 | | | |
| 反演的有效波高（m） | 1.96 | 1.92 | 1.86 | 1.55 |
| 浮标的平均波周期（s） | 5.40 | | | |
| 反演的平均波周期（s） | 5.15 | 5.04 | 5.11 | 5.14 |

结果表明，融合后截断波长明显下降，有效波高和平均波周期的反演结果更接近浮标的观测结果。等效实测 SAR 海浪同步观测数据和浮标数据验证了截断波长补偿技术的有效性。

### 2.2.2.2 基于浮标数据的仿真等效实测数据构建及截断波长补偿技术验证

利用浮标的风速和风向信息作为输入构建仿真等效实测 SAR 海浪同步观测数据，然后通过建立的截断波长补偿技术进行数据处理，计算补偿后的海浪参数，并与浮标海浪参数进行比对，验证截断波长补偿技术的补偿效果。该方案也是一种等效实测数据的验证。浮标数据信息如表 2-16 所示。

表 2-16　浮标数据信息

| 浮标类型 | 浮标观测时间 | 浮标经纬度 | 浮标名称 | 浮标风速（m/s） | 浮标风向 | 浮标有效波高（m） | 浮标平均波周期（s） |
|---|---|---|---|---|---|---|---|
| NDBC | 2020-03-29 01:40:00 | 32.404°N,119.506°W | 46047 | 9.1 | 322° | 1.80 | 5.40 |

使用浮标的风速和风向信息建立仿真海面和仿真后向散射系数，然后获取仿真的回波和 SAR 图像。将海面分别旋转 10° 和 20°，获得旋转 10° 和 20° 的仿真 SAR 图像，如图 2-40 至图 2-45 所示。

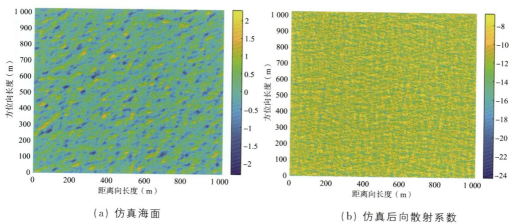

（a）仿真海面　　　　　　　　　　（b）仿真后向散射系数

图 2-40　风速为 9.0 m/s、风向为 322° 的仿真海面和后向散射系数

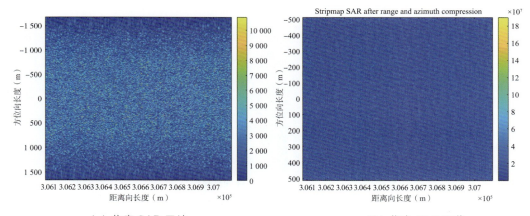

(a) 仿真 SAR 回波            (b) 仿真 SAR 图像

图 2-41   风速为 9.0 m/s、风向为 322°的仿真回波和 SAR 图像

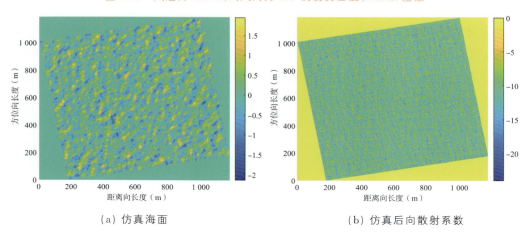

(a) 仿真海面            (b) 仿真后向散射系数

图 2-42   风速为 9.1 m/s、风向为 312°的仿真海面和后向散射系数

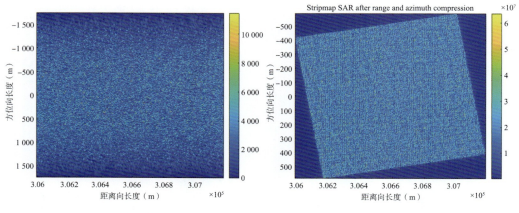

(a) 仿真 SAR 回波            (b) 仿真 SAR 图像

图 2-43   风速为 9.1 m/s、风向为 312°的仿真回波和 SAR 图像

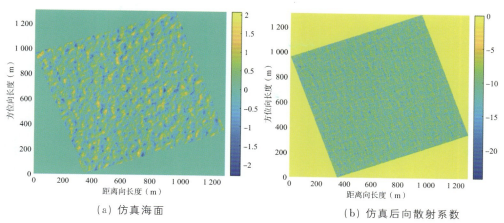

（a）仿真海面

（b）仿真后向散射系数

图 2-44 风速为 9.1 m/s、风向为 302°的仿真海面和后向散射系数

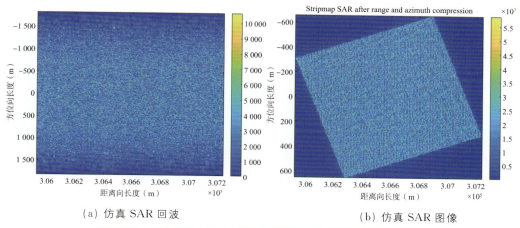

（a）仿真 SAR 回波

（b）仿真 SAR 图像

图 2-45 风速为 9.1 m/s、风向为 302°的仿真回波和 SAR 图像

　　选取与浮标位置点相匹配的 128×128 像素的 SAR 子图像，对其进行傅里叶变换，生成观测 SAR 谱，并用浮标的风速和风向输入 E 谱作为初猜谱，反演得到最适海浪谱和最适 SAR 谱。海浪谱反演结果如图 2-46 至图 2-48 所示。

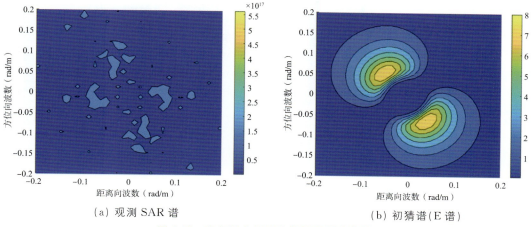

（a）观测 SAR 谱

（b）初猜谱（E 谱）

图 2-46 方向角为 322°的海浪谱反演结果

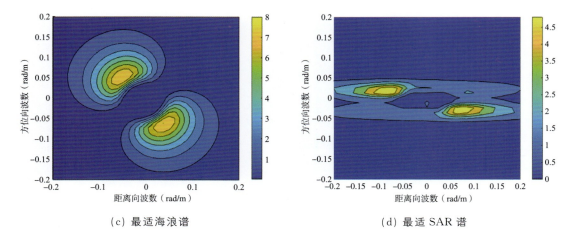

(c) 最适海浪谱　　　　　　　　　　　(d) 最适 SAR 谱

图 2-46　方向角为 322° 的海浪谱反演结果(续)

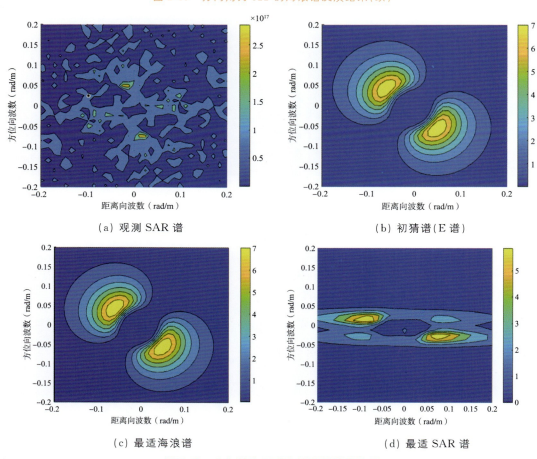

(a) 观测 SAR 谱　　　　　　　　　　(b) 初猜谱(E 谱)

(c) 最适海浪谱　　　　　　　　　　(d) 最适 SAR 谱

图 2-47　方向角为 312° 的海浪谱反演结果

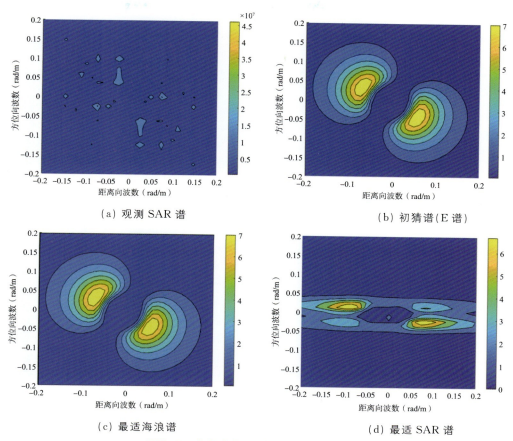

（a）观测 SAR 谱　　　　　　　　　　（b）初猜谱（E 谱）

（c）最适海浪谱　　　　　　　　　　　（d）最适 SAR 谱

图 2-48　方向角为 302°的海浪谱反演结果

利用建立的多星海浪谱数据融合技术对各单星海浪谱进行融合。3 组数据的方向角分别为 322°、312°、302°,方向角之和为 936°,换算为对应的锐角分别为 38°、48°、58°。融合权值设定为各方向角与 180°的比值。融合的公式如下,融合前后的结果如图 2-49 所示。

$$\mathrm{WS}_{df1} = \frac{38}{180}\mathrm{WS}_1 + \frac{48}{180}\mathrm{WS}_2 + \frac{58}{180}\mathrm{WS}_3 \tag{2-10}$$

其中,$\mathrm{WS}_1$、$\mathrm{WS}_2$ 与 $\mathrm{WS}_3$ 分别代表各单星 SAR 数据的海浪谱,$\mathrm{WS}_{df1}$ 是融合后的海浪谱。

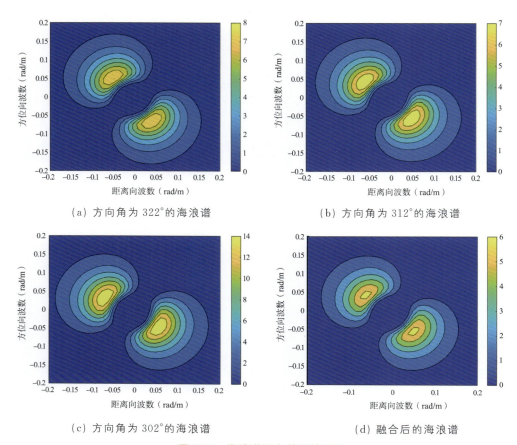

（a）方向角为 322°的海浪谱

（b）方向角为 312°的海浪谱

（c）方向角为 302°的海浪谱

（d）融合后的海浪谱

图 2-49　海浪谱融合前后结果图

　　最终，基于浮标数据的仿真等效实测数据的截断波长补偿技术验证结果如表 2-17
所示。结果表明，海浪谱融合后截断波长明显下降，有效波高和平均波周期的反演结果
更接近浮标真实值，验证了截断波长补偿技术的有效性。

表 2-17　基于浮标数据的仿真等效实测数据截断波长补偿技术验证结果

|  | SAR-1 的最适海浪谱 | SAR-2 的最适海浪谱 | SAR-3 的最适海浪谱 | 融合后的最适海浪谱 |
|---|---|---|---|---|
| 截断波长（m） | 148.11 | 149.69 | 151.19 | 128.27 |
| 浮标的有效波高（m） | 1.81 | | | |
| 反演的有效波高（m） | 2.02 | | | 1.79 |
| 浮标的平均波周期（s） | 5.37 | | | |
| 反演的平均波周期（s） | 5.01 | | | 5.19 |

### 2.2.3 卫星组网最优轨道交角和最优卫星数量的确定

#### 2.2.3.1 获得最佳补偿效果时的最优轨道交角的确定

本节使用风速为 10 m/s 时的各种不同轨道交角和不同方向角组合的仿真多视向 SAR 海浪同步数据,分析了各种情况下截断波长的补偿效果,以确定获得最佳截断波长补偿效果时的最优轨道交角和最优方向角组合。轨道交角依据小卫星 SAR 的实际运行轨道确定,不同轨道交角和不同方向角组合下截断波长补偿效果如表 2-18 所示。

表 2-18    不同轨道交角和不同方向角组合情况下截断波长补偿效果

| 方案编号 | 方向角组合 | 轨道交角组合 | SAR1 截断波长 | SAR2 截断波长 | SAR3 截断波长 | 融合后截断波长 | 融合后反演有效波高(m) | 融合后反演平均波周期(s) |
|---|---|---|---|---|---|---|---|---|
| 1 | 5,15,25 | 10,10 | 159.530 8 | 160.135 8 | 161.266 5 | 109.580 1 | 1.689 0 | 5.560 2 |
| 2 | 15,25,35 | 10,10 | 160.135 8 | 161.266 5 | 162.777 6 | 142.040 2 | 2.179 0 | 5.571 7 |
| 3 | 25,35,45 | 10,10 | 161.266 5 | 162.777 6 | 164.479 0 | 120.138 5 | 1.823 8 | 5.565 0 |
| 4 | 35,45,55 | 10,10 | 162.777 6 | 164.479 0 | 166.163 1 | 137.487 5 | 2.067 5 | 5.569 2 |
| 5 | 45,55,65 | 10,10 | 164.479 0 | 166.163 1 | 167.630 0 | 153.390 1 | 2.285 1 | 5.573 2 |
| 6 | 55,65,75 | 10,10 | 166.163 1 | 167.630 0 | 168.710 6 | 137.454 9 | 2.028 8 | 5.569 3 |
| 7 | 65,75,85 | 10,10 | 167.630 0 | 168.710 6 | 169.282 7 | 148.501 7 | 2.179 0 | 5.571 3 |
| 8 | 95,105,115 | 10,10 | 169.282 7 | 168.710 6 | 167.630 0 | 152.122 8 | 2.232 7 | 5.572 1 |
| 9 | 105,115,125 | 10,10 | 168.710 6 | 167.630 0 | 166.163 1 | 158.119 2 | 2.336 4 | 5.573 8 |
| 10 | 115,125,135 | 10,10 | 167.630 0 | 166.163 1 | 164.479 0 | 146.201 4 | 2.179 0 | 5.571 8 |
| 11 | −5,−15,−25 | 10,10 | 159.530 8 | 160.135 8 | 161.266 5 | 109.580 1 | 1.689 0 | 5.560 2 |
| 12 | −15,−25,−35 | 10,10 | 160.135 8 | 161.266 5 | 162.777 6 | 142.040 2 | 2.179 0 | 5.571 7 |
| 13 | −25,−35,−45 | 10,10 | 161.266 5 | 162.777 6 | 164.479 0 | 120.138 5 | 1.823 8 | 5.565 0 |
| 14 | −35,−45,−55 | 10,10 | 162.777 6 | 164.479 0 | 166.163 1 | 137.487 5 | 2.067 5 | 5.569 2 |
| 15 | −45,−55,−65 | 10,10 | 164.479 0 | 166.163 1 | 167.630 0 | 153.390 1 | 2.285 1 | 5.573 2 |
| 16 | −55,−65,−75 | 10,10 | 166.163 1 | 167.630 0 | 168.710 6 | 137.454 9 | 2.028 8 | 5.569 3 |
| 17 | −65,−75,−85 | 10,10 | 167.630 0 | 168.710 6 | 169.282 7 | 148.501 7 | 2.179 0 | 5.571 3 |
| 18 | −95,−105,−115 | 10,10 | 169.282 7 | 168.710 6 | 167.630 0 | 152.122 8 | 2.232 7 | 5.572 1 |
| 19 | −105,−115,−125 | 10,10 | 168.710 6 | 167.630 0 | 166.163 1 | 158.119 2 | 2.336 4 | 5.573 8 |
| 20 | −115,−125,−135 | 10,10 | 167.630 0 | 166.163 1 | 164.479 0 | 146.201 4 | 2.179 0 | 5.571 8 |

| 方案编号 | 方向角组合 | 轨道交角组合 | SAR1 截断波长 | SAR2 截断波长 | SAR3 截断波长 | 融合后截断波长 | 融合后反演有效波高(m) | 融合后反演平均波周期(s) |
|---|---|---|---|---|---|---|---|---|
| 21 | 75,85,95 | 10,10 | 168.710 6 | 169.282 7 | 169.282 7 | 158.522 7 | 2.319 5 | 5.573 3 |
| 22 | −75,−85,−95 | 10,10 | 168.710 6 | 169.282 7 | 169.282 7 | 158.522 7 | 2.319 5 | 5.573 3 |
| 23 | 5,25,45 | 20,20 | 159.530 8 | 161.266 5 | 164.479 0 | 143.700 0 | 2.180 5 | 5.560 2 |
| 24 | 15,35,55 | 20,20 | 160.135 8 | 162.777 6 | 166.163 1 | 121.514 3 | 1.825 9 | 5.545 9 |
| 25 | 25,45,65 | 20,20 | 161.266 5 | 164.479 0 | 167.630 0 | 138.545 0 | 2.069 1 | 5.555 3 |
| 26 | 35,55,75 | 20,20 | 162.777 6 | 166.163 1 | 168.710 6 | 154.080 5 | 2.286 6 | 5.562 6 |
| 27 | 45,65,85 | 20,20 | 164.479 0 | 167.630 0 | 169.282 7 | 137.877 6 | 2.030 5 | 5.555 2 |
| 28 | 95,115,135 | 20,20 | 169.282 7 | 167.630 0 | 164.479 0 | 158.289 4 | 2.337 7 | 5.564 3 |
| 29 | −5,−25,−45 | 20,20 | 159.530 8 | 161.266 5 | 164.479 0 | 143.700 0 | 2.180 5 | 5.560 2 |
| 30 | −15,−35,−55 | 20,20 | 160.135 8 | 162.777 6 | 166.163 1 | 121.514 3 | 1.825 9 | 5.542 9 |
| 31 | −25,−45,−65 | 20,20 | 161.266 5 | 164.479 0 | 167.630 0 | 138.545 0 | 2.069 1 | 5.555 3 |
| 32 | −35,−55,−75 | 20,20 | 162.777 6 | 166.163 1 | 168.710 6 | 154.080 5 | 2.286 6 | 5.562 6 |
| 33 | −45,−65,−85 | 20,20 | 164.479 0 | 167.630 0 | 169.282 7 | 137.877 6 | 2.030 5 | 5.555 2 |
| 34 | −95,−115,−135 | 20,20 | 169.282 7 | 167.630 0 | 164.479 0 | 158.289 4 | 2.337 7 | 5.564 3 |
| 35 | 55,75,95 | 20,20 | 166.163 1 | 168.710 6 | 169.282 7 | 148.608 7 | 2.180 5 | 5.559 6 |
| 36 | −55,−75,−95 | 20,20 | 166.163 1 | 168.710 6 | 169.282 7 | 148.608 7 | 2.180 5 | 5.559 6 |
| 37 | 5,35,65 | 30,30 | 159.530 8 | 162.777 6 | 167.630 0 | 123.111 4 | 1.827 6 | 5.529 8 |
| 38 | 15,45,75 | 30,30 | 160.135 8 | 164.479 0 | 168.710 6 | 139.736 1 | 2.070 4 | 5.544 2 |
| 39 | 25,55,85 | 30,30 | 161.266 5 | 166.163 1 | 169.282 7 | 154.807 0 | 2.287 7 | 5.553 6 |
| 40 | −5,−35,−65 | 30,30 | 159.530 8 | 162.777 6 | 167.630 0 | 123.111 4 | 1.827 6 | 5.529 8 |
| 41 | −15,−45,−75 | 30,30 | 160.135 8 | 164.479 0 | 168.710 6 | 139.736 1 | 2.070 4 | 5.544 2 |
| 42 | −25,−55,−85 | 30,30 | 161.266 5 | 166.163 1 | 169.282 7 | 154.807 0 | 2.287 7 | 5.553 6 |
| 43 | 35,65,95 | 30,30 | 162.777 6 | 167.630 0 | 169.282 7 | 138.204 1 | 2.031 9 | 5.542 7 |
| 44 | −35,−65,−95 | 30,30 | 162.777 6 | 167.630 0 | 169.282 7 | 138.204 1 | 2.031 9 | 5.542 7 |
| 45 | 5,45,85 | 40,40 | 159.530 8 | 164.479 0 | 169.282 7 | 140.859 6 | 2.071 4 | 5.535 4 |
| 46 | 15,55,95 | 40,40 | 160.135 8 | 166.163 1 | 169.282 7 | 155.365 8 | 2.288 4 | 5.547 9 |
| 47 | −5,−45,−85 | 40,40 | 159.530 8 | 164.479 0 | 169.282 7 | 140.859 6 | 2.071 4 | 5.535 4 |
| 48 | −15,−55,−95 | 40,40 | 160.135 8 | 166.163 1 | 169.282 7 | 155.365 8 | 2.288 4 | 5.547 9 |
| 49 | 5,55,105 | 50,50 | 159.530 8 | 166.163 1 | 168.710 6 | 155.630 0 | 2.288 7 | 5.544 6 |

| 方案编号 | 方向角组合 | 轨道交角组合 | SAR1截断波长 | SAR2截断波长 | SAR3截断波长 | 融合后截断波长 | 融合后反演有效波高(m) | 融合后反演平均波周期(s) |
|---|---|---|---|---|---|---|---|---|
| 50 | 15,65,115 | 50,50 | 160.138 5 | 167.630 0 | 167.630 0 | 138.153 5 | 2.033 2 | 5.529 6 |
| 51 | −5,−55,−105 | 50,50 | 159.530 8 | 166.163 1 | 168.710 6 | 155.630 0 | 2.288 7 | 5.544 6 |
| 52 | −15,−65,−115 | 50,50 | 160.138 5 | 167.630 0 | 167.630 0 | 138.153 5 | 2.033 2 | 5.529 6 |
| 53 | 25,75,125 | 50,50 | 161.266 5 | 168.710 6 | 166.163 1 | 147.541 1 | 2.182 9 | 5.539 1 |
| 54 | −25,−75,−125 | 50,50 | 161.266 5 | 168.710 6 | 166.163 1 | 147.541 1 | 2.182 9 | 5.539 1 |
| 55 | 35,85,135 | 50,50 | 162.777 6 | 169.282 7 | 164.479 0 | 156.223 8 | 2.322 9 | 5.545 8 |
| 56 | −35,−85,−135 | 50,50 | 162.777 6 | 169.282 7 | 164.479 0 | 146.530 4 | 2.182 8 | 5.539 6 |
| 57 | 5,65,125 | 60,60 | 159.530 8 | 167.630 0 | 166.163 1 | 137.721 1 | 2.033 3 | 5.528 1 |
| 58 | 15,75,135 | 60,60 | 160.135 8 | 168.710 6 | 164.479 0 | 146.798 2 | 2.183 0 | 5.538 0 |
| 59 | −5,−65,−125 | 60,60 | 159.530 8 | 167.630 0 | 166.163 1 | 137.721 1 | 2.033 3 | 5.528 1 |
| 60 | −15,−75,−135 | 60,60 | 160.135 8 | 168.710 6 | 164.479 0 | 146.798 2 | 2.183 0 | 5.538 0 |

注：初猜海浪谱有效波高的反演结果为 2.41 m，平均波周期的反演结果为 5.40 s，此时的海浪参数作为准确值。

由结果可见，在不同轨道交角和不同方向角组合下，经过截断波长补偿后截断波长都有不同程度的下降，截断波长的补偿有明显的效果。

不同轨道交角组合（0°～60°）和不同方向角组合时融合前后的海浪谱结果图如图 2-50 至图 2-55 所示（每组轨道交角选取一组方向角组合为例）：

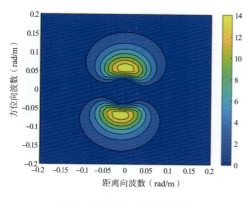

（a）方向角为 5°的海浪谱

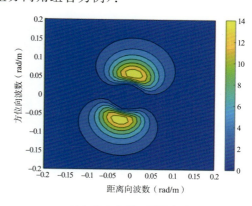

（b）方向角为 15°的海浪谱

图 2-50　轨道交角组合(10°,10°)融合前后海浪谱图

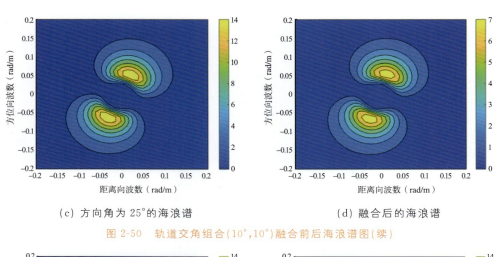

（c）方向角为 25°的海浪谱          （d）融合后的海浪谱

图 2-50　轨道交角组合(10°,10°)融合前后海浪谱图(续)

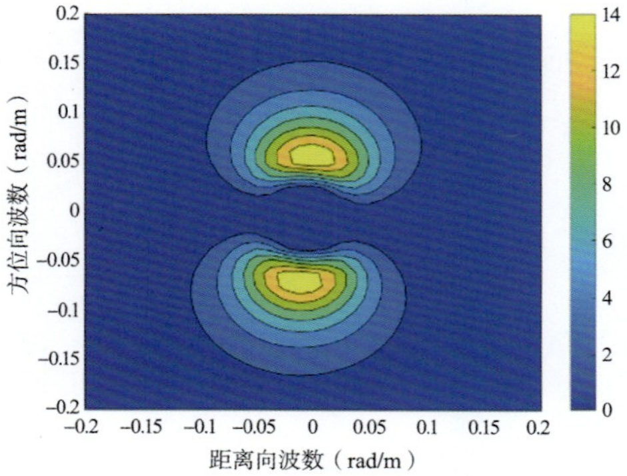

（a）方向角为 5°的海浪谱 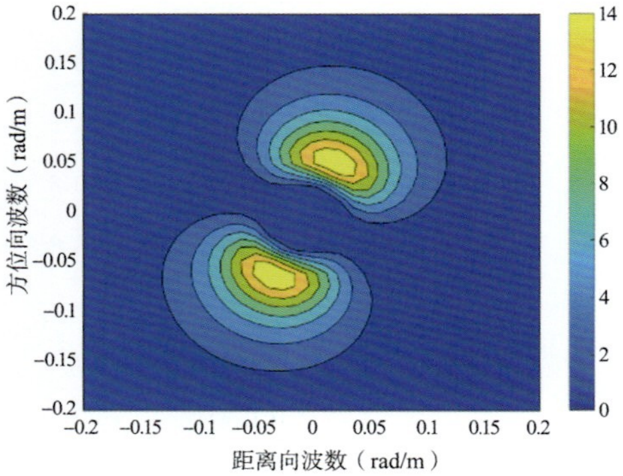          （b）方向角为 25°的海浪谱

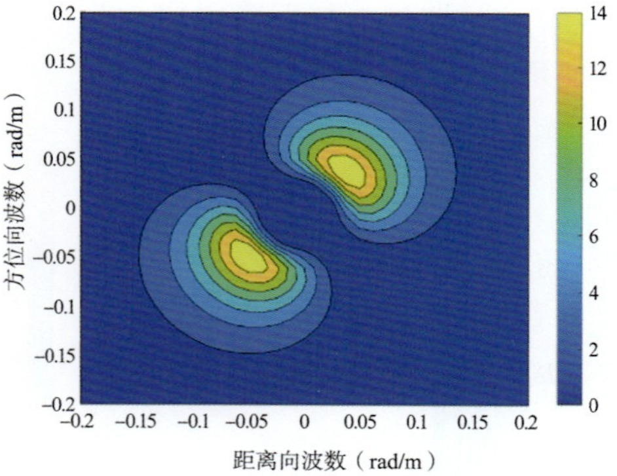

（c）方向角为 45°的海浪谱 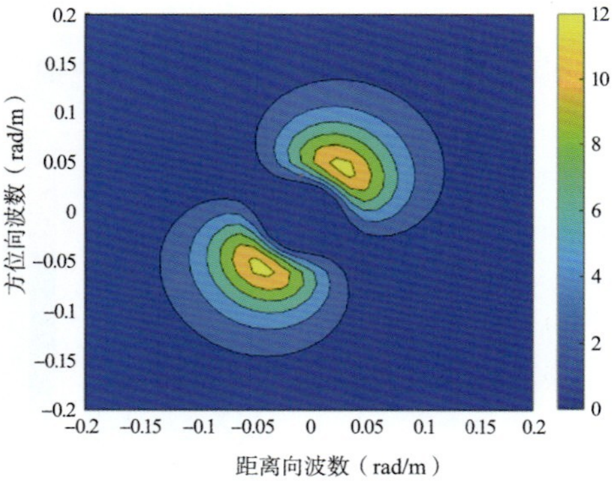          （d）融合后的海浪谱

图 2-51　轨道交角组合(20°,20°)融合前后海浪谱图

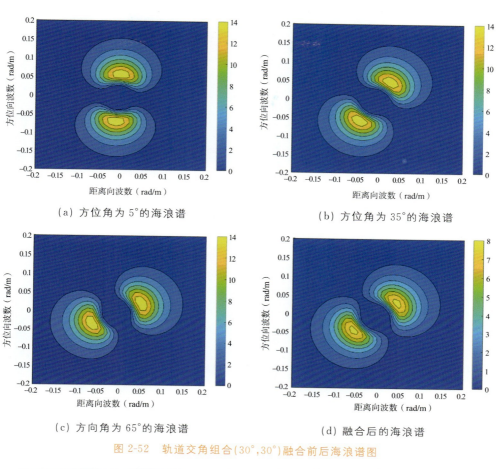

（a）方位角为5°的海浪谱 （b）方位角为35°的海浪谱

（c）方向角为65°的海浪谱 （d）融合后的海浪谱

图 2-52 轨道交角组合(30°,30°)融合前后海浪谱图

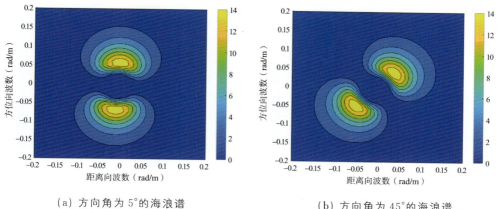

（a）方向角为5°的海浪谱 （b）方向角为45°的海浪谱

图 2-53 轨道交角组合(40°,40°)融合前后海浪谱图

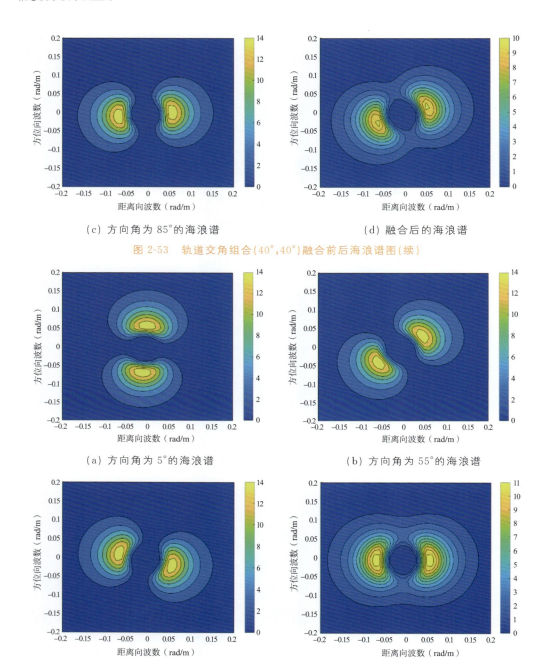

（c）方向角为 85° 的海浪谱 　　　　　　　（d）融合后的海浪谱

图 2-53　轨道交角组合(40°,40°)融合前后海浪谱图(续)

（a）方向角为 5° 的海浪谱 　　　　　　　（b）方向角为 55° 的海浪谱

（c）方向角为 105° 的海浪谱 　　　　　　　（d）融合后的海浪谱

图 2-54　轨道交角组合(50°,50°)融合前后海浪谱图

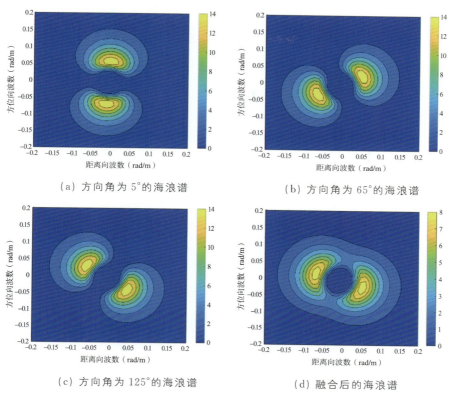

（a）方向角为 5°的海浪谱

（b）方向角为 65°的海浪谱

（c）方向角为 125°的海浪谱

（d）融合后的海浪谱

图 2-55　轨道交角组合(60°,60°)融合前后海浪谱图

　　不同轨道交角组合下的截断波长补偿及参数反演结果如表 2-19 所示。每组轨道交角中全部方向角组合截断波长补偿结果的平均值作为该轨道交角组合下的截断波长补偿结果。求取每组轨道交角中的全部方向角组合的有效波高和平均波周期反演结果与初猜海浪谱有效波高和平均波周期之间的差值,计算均方根误差,分析不同轨道交角下的截断波长补偿效果。

表 2-19　不同轨道交角组合下的截断波长平均补偿效果

| 轨道交角组合 | 融合后平均截断波长值(m) | 截断波长平均减小百分比 | 融合后的反演有效波高(m) | 融合后的反演平均波周期(s) | 融合后的反演有效波高 RMSE | 融合后的反演平均波周期 RMSE |
|---|---|---|---|---|---|---|
| 10°,10° | 142.141 7 | 14.30% | 2.120 0 | 5.570 1 | 0.345 5 | 0.164 1 |
| 20°,20° | 143.230 8 | 13.41% | 2.130 1 | 5.557 4 | 0.317 7 | 0.151 5 |
| 30°,30° | 138.964 7 | 15.79% | 2.054 4 | 5.542 6 | 0.386 5 | 0.136 8 |
| 40°,40° | 148.112 7 | 10.14% | 2.179 9 | 5.541 7 | 0.249 6 | 0.135 8 |
| 50°,50° | 148.175 4 | 10.31% | 2.189 4 | 5.539 0 | 0.239 1 | 0.133 1 |
| 60°,60° | 142.259 7 | 13.49% | 2.108 2 | 5.533 1 | 0.305 9 | 0.127 1 |

注:初猜海浪谱有效波高的反演结果为 2.41 m,平均波周期的反演结果为 5.40 s,此时的海浪参数作为准确值。

在对不同轨道交角组合下的多视向同步数据进行多星海浪谱融合和截断波长补偿处理后,截断波长都有不同程度的下降。从有效波高和平均波周期的反演精度来看(以有效波高为主),(50°,50°)轨道交角组合下的反演精度最佳。因此,(50°,50°)轨道交角组合为最优轨道交角组合。

### 2.2.3.2 获得最佳补偿效果时的最优组网卫星数量的确定

本节对截断波长补偿技术在不同数量卫星组网观测情况下的补偿效果进行了分析和验证,确定了实现最佳截断波长补偿效果时的最优组网卫星数量,具体结果如下。

#### 2.2.3.2.1 两星组网观测

以方向角是 45°和 55°组合的仿真同步数据为例进行截断波长的补偿,谱融合的关系式如下:

$$WS = \frac{45}{180}WS_1 + \frac{55}{180}WS_2 \tag{2-11}$$

融合前后海浪谱结果如图 2-56 所示,融合后海浪参数与真实值的对比结果如表 2-20 所示。

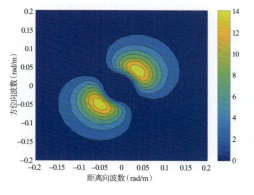

（a）方向角为 45°的海浪谱

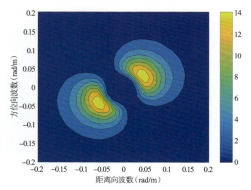

（b）方向角为 55°的海浪谱

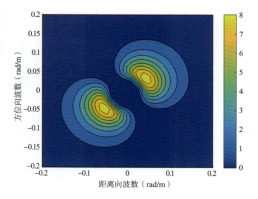

（c）融合后的海浪谱

图 2-56　45°和 55°方向角组合融合前后海浪谱结果图

表 2-20 45°和55°方向角组合融合后海浪参数与真实值的对比

| | SAR-2 | SAR-3 | 融合后 |
|---|---|---|---|
| 截断波长（m） | 158.56 | 159.96 | 125.08 |
| 输入有效波高（m） | 2.41 | | |
| 反演有效波高（m） | | | 1.95 |
| 输入平均波周期（s） | 5.40 | | |
| 反演平均波周期（s） | | | 5.58 |

#### 2.2.3.2.2 三星组网观测

以方向角是 45°、55°和65°组合的仿真同步数据为例进行截断波长的补偿，谱融合关系式如下：

$$\mathbf{WS}_{df2} = \frac{65}{270}\mathbf{WS}_3 + \frac{75}{270}\mathbf{WS}_4 + \frac{85}{270}\mathbf{WS}_5 \tag{2-12}$$

融合前后海浪谱结果如图 2-57 所示，融合后海浪参数与真实值的对比结果如表 2-21所示。

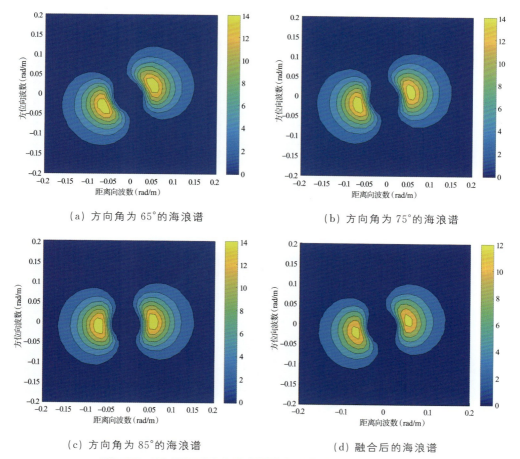

（a）方向角为 65°的海浪谱　　　　（b）方向角为 75°的海浪谱

（c）方向角为 85°的海浪谱　　　　（d）融合后的海浪谱

图 2-57 65°、75°、85°方向角组合信息融合前后海浪谱结果图

表 2-21  65°、75°、85°方向角组合融合后海浪参数与真实值的对比

|  | SAR-3 | SAR-4 | SAR-5 | 融合后 |
|---|---|---|---|---|
| 截断波长（m） | 159.96 | 160.99 | 161.54 | 141.71 |
| 输入的有效波高（m） | 2.27 | | | |
| 反演的有效波高（m） | | | | 2.18 |
| 输入的平均波周期（s） | 6.35 | | | |
| 反演的平均波周期（s） | | | | 5.57 |

#### 2.2.3.2.3 四星组网观测

以方向角是 45°、55°、65° 和 75°组合的仿真同步数据为例进行截断波长的补偿，谱融合关系式如下：

$$WS=\frac{45}{270}WS_1+\frac{55}{270}WS_2+\frac{65}{270}WS_3+\frac{75}{270}WS_4 \tag{2-13}$$

融合前后海浪谱结果如图 2-58 所示，融合后海浪参数与真实值的对比结果如表 2-22所示。

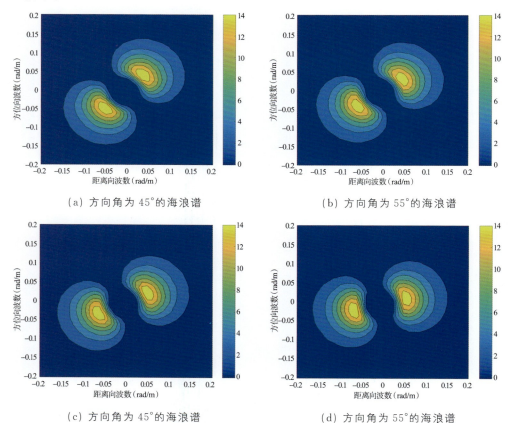

（a）方向角为 45°的海浪谱　　　　　　（b）方向角为 55°的海浪谱

（c）方向角为 45°的海浪谱　　　　　　（d）方向角为 55°的海浪谱

图 2-58  45°、55°、65° 和 75°方向角组合融合前后海浪谱结果图

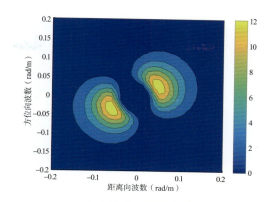

（e）融合后的海浪谱

图 2-58 45°、55°、65°和75°方向角组合融合前后海浪谱结果图（续）

表 2-22 45°、55°、65°和75°方向角组合融合后海浪参数与真实值的对比

| | SAR-1 | SAR-2 | SAR-3 | SAR-4 | 融合后 |
|---|---|---|---|---|---|
| 截断波长（m） | 158.56 | 159.96 | 160.99 | 161.54 | 152.56 |
| 输入有效波高（m） | 2.41 | | | | |
| 反演有效波高（m） | | | | | 2.36 |
| 输入平均波周期（s） | 5.40 | | | | |
| 反演平均波周期（s） | | | | | 5.58 |

#### 2.2.3.2.4 五星组网观测

以方向角是 45°、55°、65°、75°和85°组合的仿真同步数据为例进行截断波长的补偿，谱融合关系式如下：

$$WS = \frac{45}{360}WS_1 + \frac{55}{360}WS_2 + \frac{65}{360}WS_3 + \frac{75}{360}WS_4 + \frac{85}{360}WS_5 \tag{2-14}$$

融合前后海浪谱结果如图 2-59 所示，融合后海浪参数与真实值的对比结果如表 2-23所示。

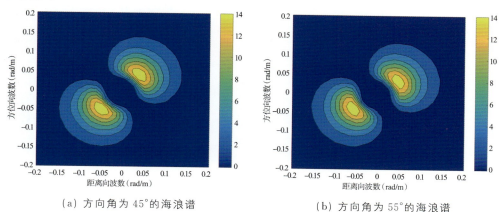

（a）方向角为 45°的海浪谱　　　　　　（b）方向角为 55°的海浪谱

图 2-59 45°、55°、65°、75°和85°方向角组合融合前后海浪谱结果图

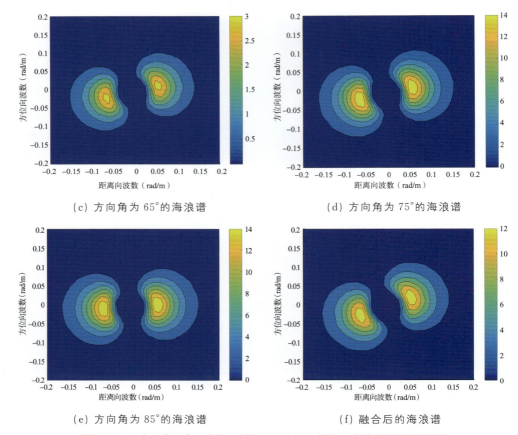

（c）方向角为 65°的海浪谱　　　　　　　　（d）方向角为 75°的海浪谱

（e）方向角为 85°的海浪谱　　　　　　　　（f）融合后的海浪谱

图 2-59　45°、55°、65°、75°和 85°方向角组合融合前后海浪谱结果图（续）

表 2-23　45°、55°、65°、75°和 85°方向角组合融合后海浪参数与真实值的对比

| | SAR-1 | SAR-2 | SAR-3 | SAR-4 | SAR-5 | 融合后 |
|---|---|---|---|---|---|---|
| 截断波长（m） | 156.95 | 158.56 | 159.96 | 160.99 | 161.54 | 146.16 |
| 输入有效波高（m） | 2.41 | | | | | |
| 反演有效波高（m） | | | | | | 2.26 |
| 输入平均波周期（s） | 5.40 | | | | | |
| 反演平均波周期（s） | | | | | | 5.58 |

方向角是 95°、105°、115°、125°和 135°组合的情况，谱融合关系式如下：

$$WS = \frac{135}{630}WS_1 + \frac{125}{630}WS_2 + \frac{115}{630}WS_3 + \frac{105}{630}WS_4 + \frac{95}{630}WS_5 \tag{2-15}$$

融合前后海浪谱结果如图 2-60 所示，融合后海浪参数与真实值的对比结果如表 2-24 所示。

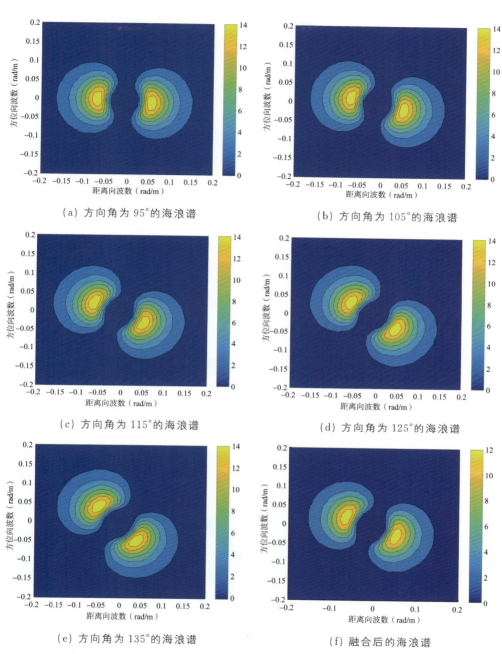

（a）方向角为 95°的海浪谱

（b）方向角为 105°的海浪谱

（c）方向角为 115°的海浪谱

（d）方向角为 125°的海浪谱

（e）方向角为 135°的海浪谱

（f）融合后的海浪谱

图 2-60　95°、105°、115°、125°和 135°方向角组合融合前后海浪谱结果图

表 2-24　95°、105°、115°、125°和 135°方向角组合融合后海浪参数与真实值的对比

| | SAR-6 | SAR-7 | SAR-8 | SAR-9 | SAR-10 | 融合后 |
|---|---|---|---|---|---|---|
| 截断波长（m） | 161.54 | 160.99 | 159.96 | 158.56 | 156.95 | 146.83 |
| 输入有效波高（m） | 2.41 | | | | | |
| 反演有效波高（m） | | | | | | 2.28 |
| 输入平均波周期（s） | 5.40 | | | | | |
| 反演平均波周期（s） | | | | | | 5.58 |

　　由以上各不同数量卫星组网观测时谱信息融合和截断波长补偿后的海浪参数反演结果可见：随着卫星数量的增多，融合补偿的效果越好，但系统成本也随之增加。所以综合考虑成本的要求，卫星数量不宜过多，以 3－4 星为获得最佳截断波长补偿效果时的最优卫星数量。

## 2.3　在轨运行 SAR 卫星虚拟组网海浪反演技术

　　本书依托的重点研发计划项目课题的目标之一是研究适用于在轨的 Radarsat-2 卫星、Sentinel-1 卫星、Gaofen-3 卫星 SAR 数据的海浪反演技术。基于 MPI 反演方法，研究了 E 谱作为初猜谱进行海浪谱和海浪参数反演的效果，通过对 MPI 方法进行优化与调整以同时适用三颗星（Sentinel-1、Radarsat-2、Gaofen-3）的海浪参数反演，建立了基于虚拟组网 SAR 卫星实测数据的海浪谱和海浪参数反演技术（Multi-Satellite-WAVE），并使用 Sentinel-1A、Radarsat-2 和 Gaofen-3 SAR 数据验证了该方法的适用性。

### 2.3.1　海浪反演技术

　　MPI 方法是最早出现的一种海浪谱反演方法，也是后续其他反演方法的基础，具有较高的反演精度。MPI 方法需要提供初猜谱，本节研究了 PM 谱和 E 谱作为初猜谱的适用性，确定了 E 谱是比较合适的初猜谱，E 谱是一种非经验海谱，是在全波数域上的海浪谱。

　　MPI 方法的反演流程如图 2-61 所示。MPI 反演海浪谱需要输入 SAR 图像谱和初猜谱，然后利用前向映射从初猜谱计算得到仿真 SAR 图像谱，再利用仿真的 SAR 图像谱与观测的 SAR 图像谱来计算价值函数，由反演海浪谱和初猜谱的差与仿真 SAR 谱和观测 SAR 谱的差进行迭代，最后用价值函数来判断迭代过程是否收敛。MPI 方法将初猜谱引入到价值函数中，在迭代计算中，当价值函数最小时反演得到的海浪谱和初猜谱最接近，此时得到的即为最优海浪谱。

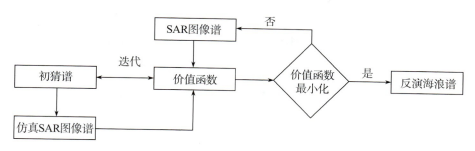

图 2-61　MPI 反演方法流程

利用 MPI 方法反演得到的最优海浪谱可以计算有效波高和平均波周期等海浪参数。将海浪谱 $F(\omega,\theta)$ 对方向进行积分可以获得海浪频谱 $S(\omega)$。海浪参数可以由频谱的一阶矩、二阶矩以及更高阶矩来计算。

反演有效波高的计算公式如下：

$$H_s = 4\sqrt{m_0} = 4\sqrt{\int S(\omega)\mathrm{d}\omega} \qquad (2\text{-}16)$$

反演平均波周期的计算公式如下（由 0 阶矩和 2 阶矩计算得到）：

$$T_m = 2\pi\sqrt{\frac{m_0}{m_2}} = 2\pi\sqrt{\frac{\int S(\omega)\mathrm{d}\omega}{\int \omega^2 S(\omega)\mathrm{d}\omega}} \qquad (2\text{-}17)$$

### 2.3.2 海浪反演实例

分别处理了 1 景 Sentinel-1A SAR、Radarsat-2 SAR 和 Gaofen-3 SAR 卫星数据，使用 Multi-Satellite-WAVE 方法（E 谱作为初猜谱，ERA-Interim 风场数据提供 E 谱所需的风速和风向）反演了海浪谱和海浪参数，作为反演方法的个例展示反演的结果。此外，为了验证反演海浪参数的准确性，将反演结果与 ERA-Interim 海浪数据进行了比对。具体如下。

将 Sentinel-1A、Radarsat-2 和 Gaofen-3 SAR 数据分割成 20×20（或者 25×25）的子图像，对每个子图像进行海浪谱反演。海浪谱反演结果个例如图 2-62 至图 2-64 所示（一个子图像的结果）。

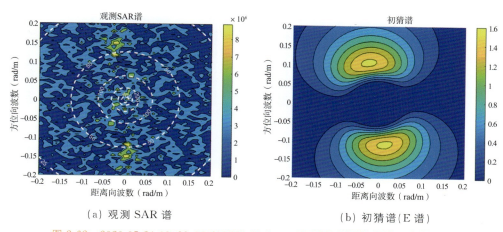

(a) 观测 SAR 谱　　　　　　　　　　(b) 初猜谱（E 谱）

图 2-62　2020-05-24 09：28：57（UTC）Radarsat-2 SAR 数据海浪谱反演结果图

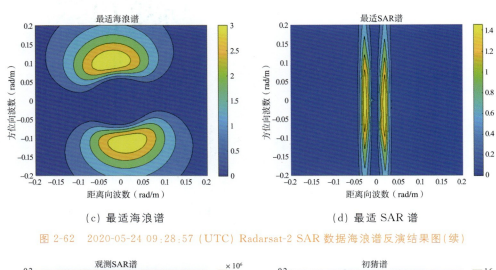

（c）最适海浪谱  （d）最适 SAR 谱

图 2-62　2020-05-24 09：28：57（UTC）Radarsat-2 SAR 数据海浪谱反演结果图(续)

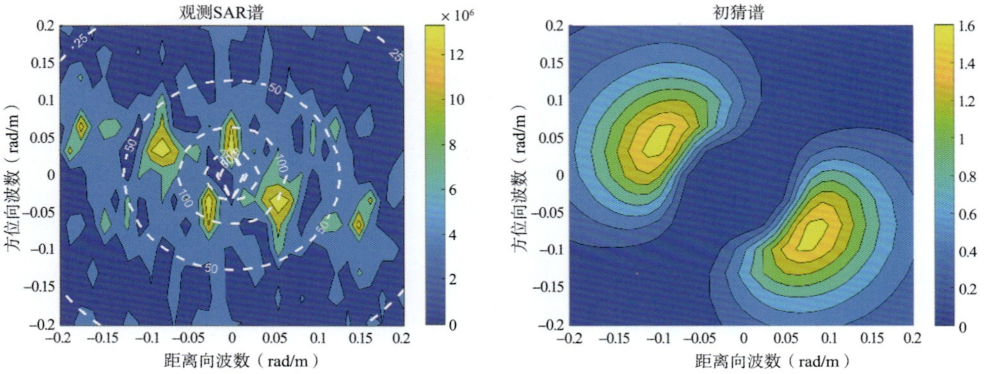

（a）观测 SAR 谱  （b）初猜谱（E 谱）

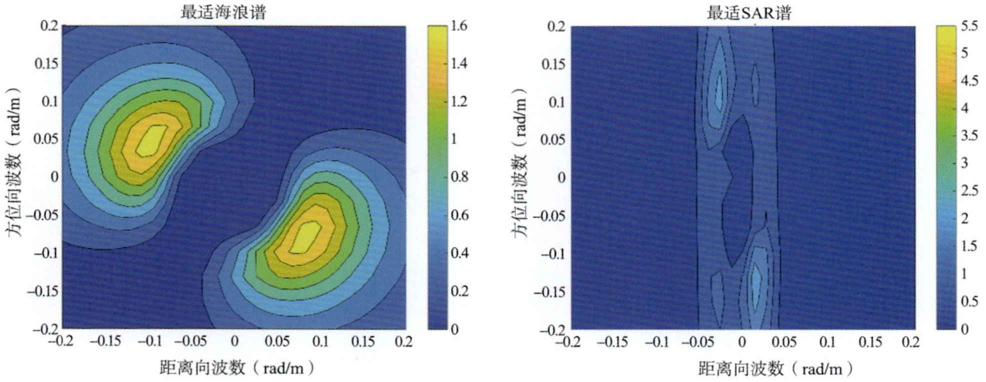

（c）最适海浪谱  （d）最适 SAR 谱

图 2-63　2019-07-09 11：45：39（UTC）Sentinel-1A SAR 数据海浪谱反演结果图

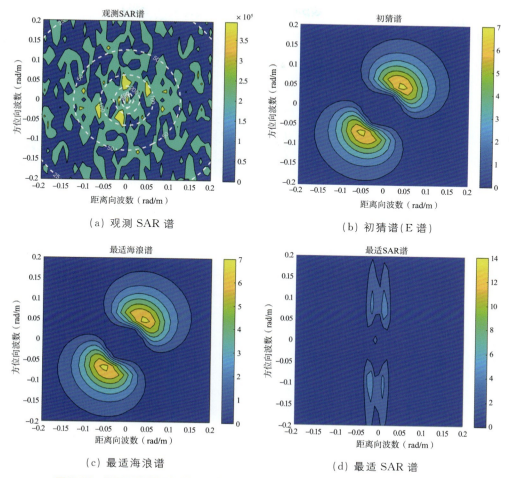

（a）观测 SAR 谱

（b）初猜谱（E 谱）

（c）最适海浪谱

（d）最适 SAR 谱

图 2-64　2020-07-21 01：57：47（UTC）Gaofen-3 SAR 数据海浪谱反演结果图

在得到了每个小图像的海浪谱之后，利用海浪谱的谱矩计算得到了海浪参数，将反演结果与 ECMWF 的海浪参数进行了比对，每景 SAR 数据反演海浪参数比对的均方根误差（RMSE）如表 2-25 所示，比对结果如图 2-65 至图 2-67 所示。

表 2-25　SAR 数据信息及 SAR 反演海浪参数与 ERA-Interim 海浪参数的比对

| 卫星类型 | 成像模式 | SAR 成像<br>时间（UTC） | 空间分辨率<br>［距离向（m）×方位向（m）］ | 反演波高<br>RMSE（m） | 反演波周期<br>RMSE（s） |
|---|---|---|---|---|---|
| Radarsat-2 | STD | 2020-05-24<br>09：28：57 | 7.98×5.26 | 0.29 | 0.46 |
| Sentinel-1A | SM | 2019-07-09<br>11：45：39 | 1.49×3.65 | 0.16 | 0.88 |
| Gaofen-3 | QPSI | 2020-07-21<br>01：57：47 | 2.24×5.30 | 0.31 | 0.72 |

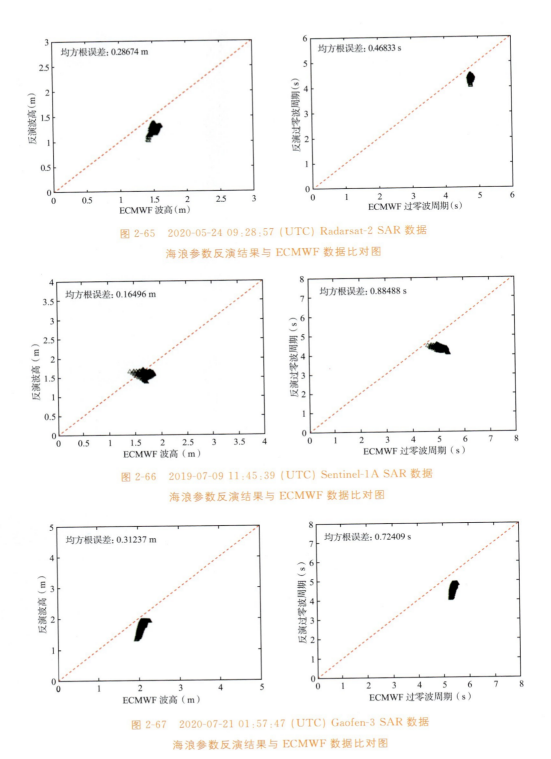

图 2-65　2020-05-24 09：28：57（UTC）Radarsat-2 SAR 数据
海浪参数反演结果与 ECMWF 数据比对图

图 2-66　2019-07-09 11：45：39（UTC）Sentinel-1A SAR 数据
海浪参数反演结果与 ECMWF 数据比对图

图 2-67　2020-07-21 01：57：47（UTC）Gaofen-3 SAR 数据
海浪参数反演结果与 ECMWF 数据比对图

结果表明，建立的海浪参数反演技术适用于 Sentinel-1、Radarsat-2 和 Gaofen-3

SAR 卫星虚拟组网的海浪参数反演,海浪参数反演精度满足本领域技术指标的要求。

图 2-68 至图 2-70 是以上 3 景 SAR 数据反演有效波高和平均波周期的分布图。

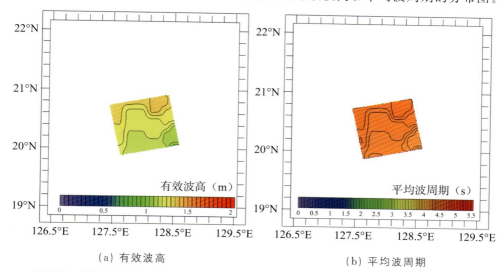

（a）有效波高      （b）平均波周期

图 2-68 2020-05-24 09:28:57 (UTC) Radarsat-2 SAR 数据海浪参数反演结果分布图

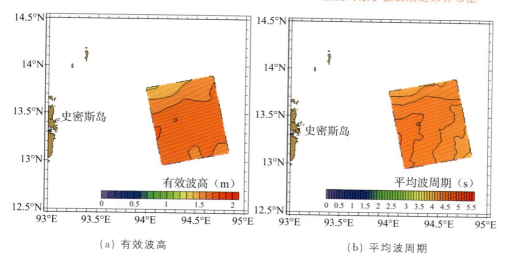

（a）有效波高      （b）平均波周期

图 2-69 2019-07-09 11:45:39 (UTC) Sentinel-1A SAR 数据海浪参数反演结果分布图

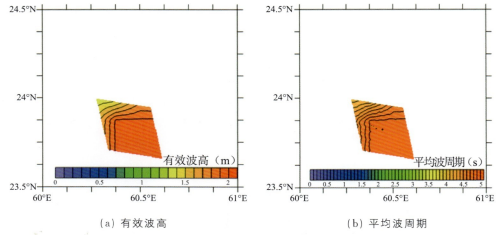

（a）有效波高 　　　　　　　　　（b）平均波周期

图 2-70　2020-07-21 01:57:47（UTC）Gaofen-3 SAR 数据海浪参数反演结果分布图

### 2.3.3 海浪反演结果验证

使用 NDBC 浮标（大西洋美国东西海岸）和 Copernicus 浮标（印度洋）数据对建立的 SAR 海浪参数反演技术（Multi-Satellite-WAVE）的反演精度进行了验证，验证结果可为 SAR 海浪反演技术的应用以及海浪数据产品的精度保障提供支撑。

#### 2.3.3.1 NDBC 浮标验证（针对 Sentinel-1、Gaofen-3 SAR 数据）

所使用的浮标数据由 NDBC 提供，NDBC 提供了美国东西海岸和太平洋中部海域的实测浮标数据（https://www.ndbc.noaa.gov/），所使用的 SAR 数据为 Sentinel-1 和 Gaofen-3 SAR 卫星数据。

使用 Multi-Satellite-WAVE 技术处理了 30 景 SAR 数据进行了海浪参数反演（其中，Sentinel-1 卫星 20 景，GF-3 卫星 10 景），并与 NDBC 浮标数据进行了时空匹配，获得了匹配的海浪观测结果。将 SAR 反演的海浪参数与 NDBC 浮标观测的海浪参数进行了比对，有效波高的均方根误差为 0.40 m，平均波周期的均方根误差为 1.12 s。

#### 2.3.3.2 Copernicus 浮标验证（针对 Sentinel-1、Gaofen-3 SAR 数据）

Copernicus Marine in situ-Global Ocean Wave Observations Reanalysis（https://marine.copernicus.eu/）提供了印度洋的浮标数据，所使用的 SAR 数据为 Sentinel-1 和 Gaofen-3 SAR 卫星数据。

使用 Multi-Satellite-WAVE 技术处理了 4 景 Sentinel-1 SAR 卫星数据进行了海浪参数反演。并与 Copernicus 浮标数据进行了时空匹配，获得了匹配的海浪观测结果。将 SAR 反演的海浪参数与 Copernicus 浮标观测的海浪参数进行了比对，有效波高的均方根误差为 0.40 m，平均波周期的均方根误差为 0.37 s。

### 2.3.3.3 海试实验和中国近海海洋观测站浮标验证（针对 Radarsat-2、Sentinel-1 SAR 数据）

利用 2019 年和 2020 年在中国南海和西太平洋开展的海试实验时获得的浮标观测数据以及温州海洋观测站的浮标数据，匹配了 Radarsat-2、COSMO、Sentinel-1 SAR 数据，处理 SAR 数据反演得到海浪参数，和浮标观测结果进行比对。有效波高反演结果与浮标数据比对的均方根误差为 0.40 m，平均波周期反演结果与浮标数据比对的均方根误差为 0.61 s。

## 2.4 战略通道示范区海浪数据产品专题地图集

针对斯里兰卡附近海域、马六甲海峡及霍尔木兹海峡 3 个示范区，共生产了 Sentinel-1 SAR卫星海浪数据产品 85 景，Gaofen-3 SAR 卫星海浪数据产品 25 景。所用的反演技术即本章建立的适用于多 SAR 卫星的反演技术（Multi-Satellite-WAVE）。

### 2.4.1 斯里兰卡示范区海浪数据产品专题地图集

在斯里兰卡示范区，共生产了 Sentinel-1 卫星海浪数据产品 30 景。Gaofen-3 卫星在此处无数据，因此无斯里兰卡示范区 Gaofen-3 卫星的数据产品。

以各季节 6 景数据产品为例展示斯里兰卡示范区海浪数据产品分布图，如图 2-71 至图 2-76 所示：

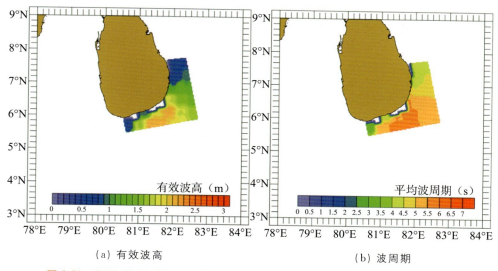

(a) 有效波高          (b) 波周期

图 2-71  2012-01-09 12:49:06(UTC) Sentinel-1 SAR 卫星海浪数据产品分布图

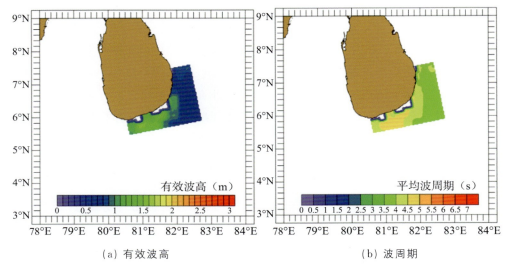

（a）有效波高 　　　　　　　　　　　（b）波周期

图 2-72　2020-03-09 12：49：04（UTC）Sentinel-1 SAR 卫星海浪数据产品分布图

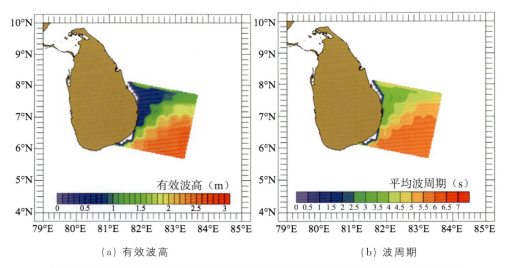

（a）有效波高 　　　　　　　　　　　（b）波周期

图 2-73　2020-05-15 00：17：00（UTC）Sentinel-1 SAR 卫星海浪数据产品分布图

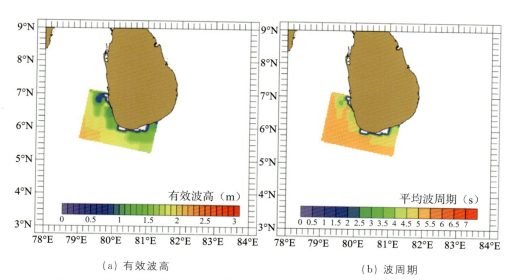

（a）有效波高　　　　　　　　　　　　（b）波周期

图 2-74　2020-06-25 00：25：32（UTC）Sentinel-1 SAR 卫星海浪数据产品分布图

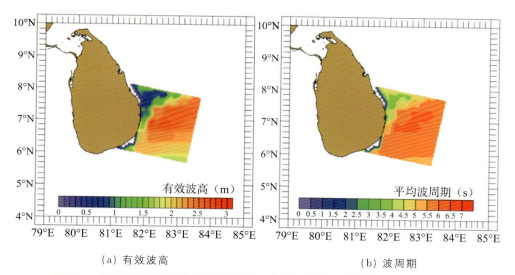

（a）有效波高　　　　　　　　　　　　（b）波周期

图 2-75　2020-09-12 00：17：06（UTC）Sentinel-1 SAR 卫星海浪数据产品分布图

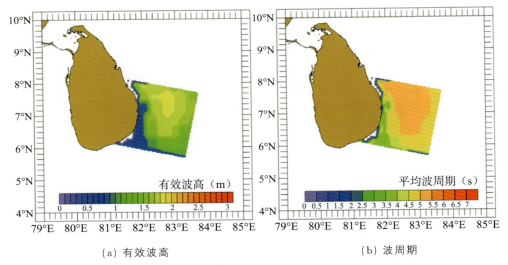

(a) 有效波高  (b) 波周期

图 2-76  2020-11-23 00:17:07(UTC) Sentinel-1 SAR 卫星海浪数据产品分布图

### 2.4.2 马六甲海峡示范区海浪数据产品专题地图集

在马六甲海峡示范区,共生产了 Sentinel-1 卫星海浪数据产品 28 景,Gaofen-3 卫星海浪数据产品 10 景。

#### 2.4.2.1 Sentinel-1 卫星海浪数据产品分布图

以各季节 6 景数据产品为例展示马六甲海峡示范区 Sentinel-1 卫星海浪数据产品分布图,如图 2-77~图 2-82 所示。

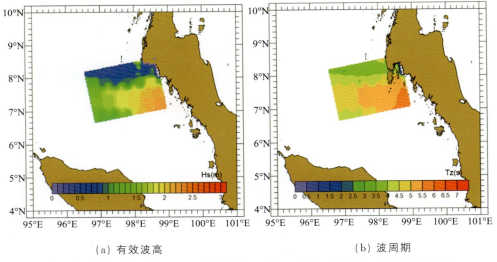

(a) 有效波高  (b) 波周期

图 2-77  2020-02-22 11:43:34(UTC) Sentinel-1 SAR 卫星海浪数据产品分布图

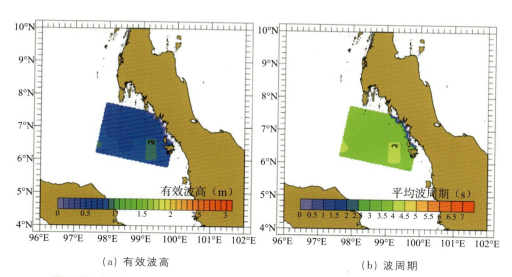

（a）有效波高

（b）波周期

图 2-78 2020-04-04 23：11：15（UTC）Sentinel-1 SAR 卫星海浪数据产品分布图

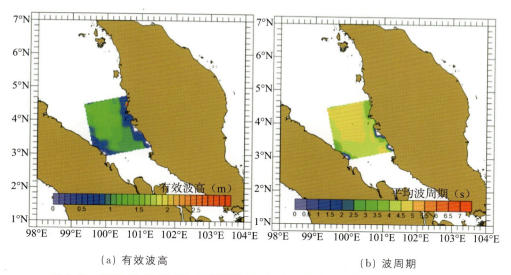

（a）有效波高

（b）波周期

图 2-79 2020-06-28 11：34：23（UTC）Sentinel-1 SAR 卫星海浪数据产品分布图

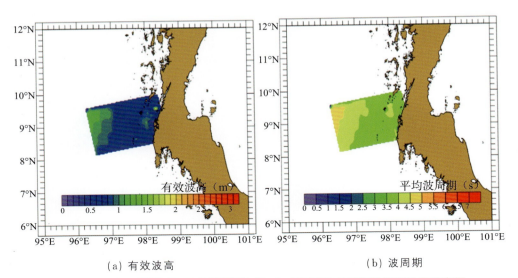

(a) 有效波高　　　　　　　　　　(b) 波周期

图 2-80　2020-07-27 11:44:06(UTC) Sentinel-1 SAR 卫星海浪数据产品分布图

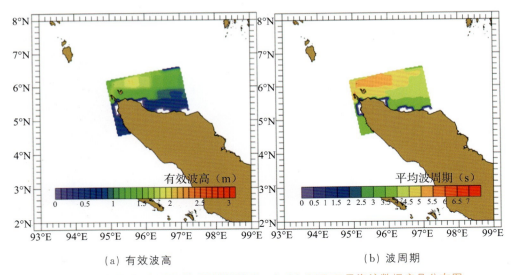

(a) 有效波高　　　　　　　　　　(b) 波周期

图 2-81　2020-10-24 11:51:23(UTC) Sentinel-1 SAR 卫星海浪数据产品分布图

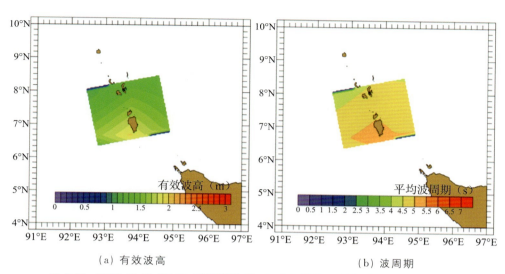

(a) 有效波高                                          (b) 波周期

图 2-82    2020-12-04 12：00：06(UTC) Sentinel-1 SAR 卫星海浪数据产品分布图

### 2.4.2.2 Gaofen-3 卫星海浪数据产品分布图

以各季节 4 景数据产品为例展示马六甲海峡示范区 Gaofen-3 卫星海浪数据产品分布图，如图 2-83 至图 2-86 所示。

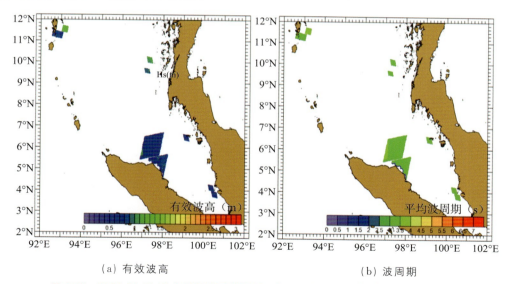

(a) 有效波高                                          (b) 波周期

图 2-83    2020-12-04 马六甲海峡示范区 Gaofen-3 SAR 卫星海浪数据产品分布图

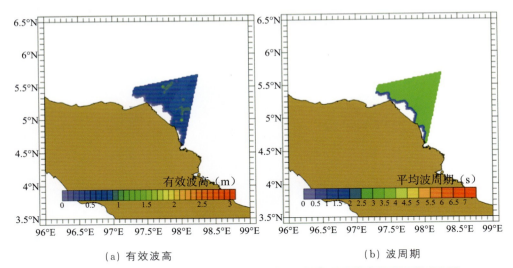

（a）有效波高　　　　　　　　　　（b）波周期

图 2-84　2020-01-04 11:48:53(UTC) Gaofen-3 SAR 卫星海浪数据产品分布图

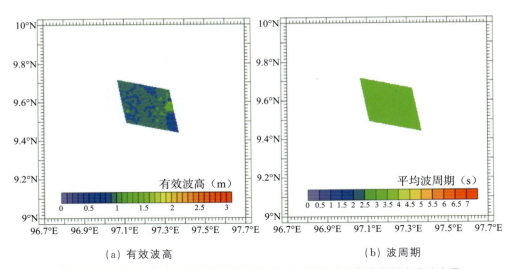

（a）有效波高　　　　　　　　　　（b）波周期

图 2-85　2020-03-23 23:22:57(UTC) Gaofen-3 SAR 卫星海浪数据产品分布图

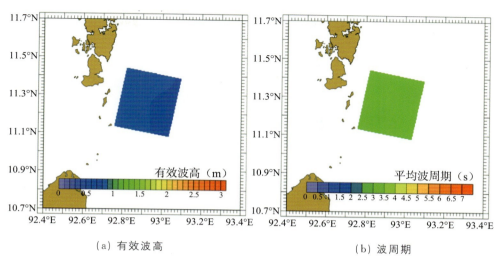

(a) 有效波高                   (b) 波周期

图 2-86   2020-11-14 23:33:22(UTC) Gaofen-3 SAR 卫星海浪数据产品分布图

### 2.4.3 霍尔木兹海峡示范区海浪数据产品专题地图集

在霍尔木兹海峡示范区,共生产了 Sentinel-1 卫星海浪数据产品 27 景,Gaofen-3 卫星海浪数据产品 15 景。

#### 2.4.3.1 Sentinel-1 卫星海浪数据产品分布图

以各季节 6 景数据产品为例展示霍尔木兹海峡示范区 Sentinel-1 卫星海浪数据产品分布图,如图 2-87 至图 2-92 所示。

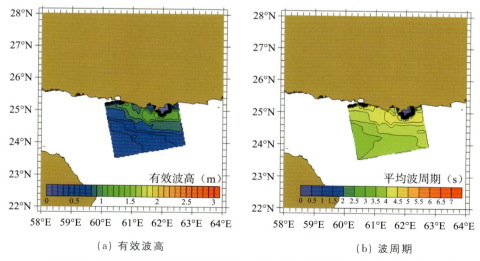

(a) 有效波高                   (b) 波周期

图 2-87   2020-02-06 13:59:53(UTC) Sentinel-1 SAR 卫星海浪数据产品分布图

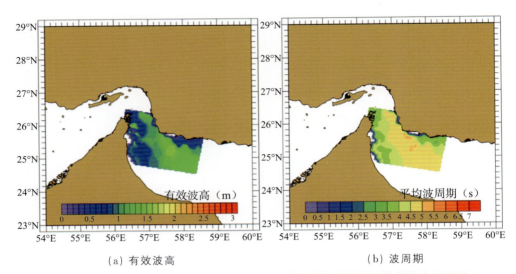

（a）有效波高　　　　　　　　　　　（b）波周期

图 2-88　2020-04-07 02:07:05(UTC) Sentinel-1 SAR 卫星海浪数据产品分布图

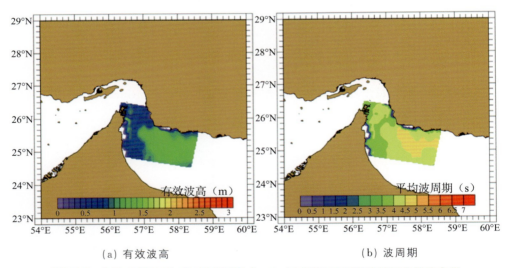

（a）有效波高　　　　　　　　　　　（b）波周期

图 2-89　2020-06-30 02:07:10(UTC) Sentinel-1 SAR 卫星海浪数据产品分布图

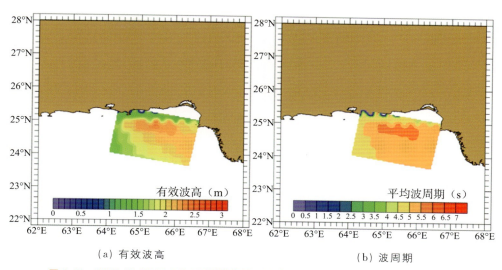

（a）有效波高

（b）波周期

图 2-90　2020-09-26 01:34:38(UTC) Sentinel-1 SAR 卫星海浪数据产品分布图

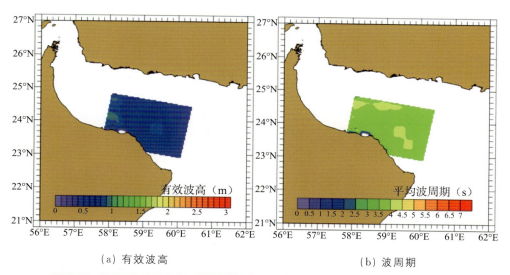

（a）有效波高

（b）波周期

图 2-91　2020-10-23 01:59:29(UTC) Sentinel-1 SAR 卫星海浪数据产品分布图

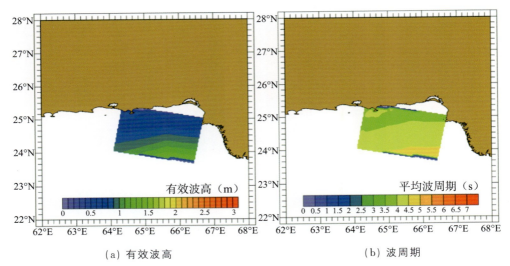

（a）有效波高　　　　　　　　　　　　　　（b）波周期

图 2-92　31-Dec-2020 01:34:36（UTC）Sentinel-1 SAR 卫星海浪数据产品分布图

### 2.4.3.2 Gaofen-3 卫星海浪数据产品分布图

以各季节 3 景数据产品为例展示霍尔木兹海峡示范区 Gaofen-3 卫星海浪数据产品分布图，如图 2-93 至图 2-95 所示。

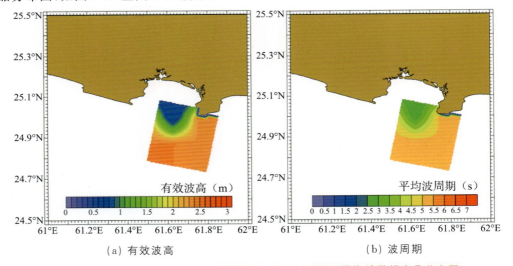

（a）有效波高　　　　　　　　　　　　　　（b）波周期

图 2-93　2020-01-12 02:00:27（UTC）Gaofen-3 SAR 卫星海浪数据产品分布图

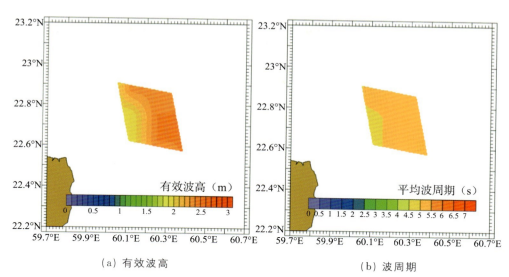

（a）有效波高　　　　　　　　　　　（b）波周期

图 2-94　2020-07-21 01:58:05(UTC) Gaofen-3 SAR 卫星海浪数据产品分布图

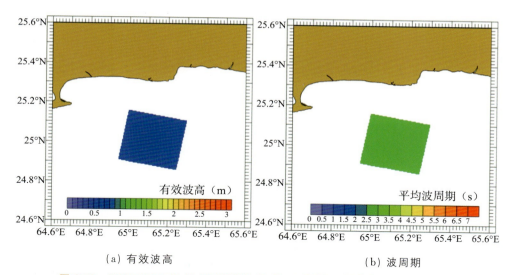

（a）有效波高　　　　　　　　　　　（b）波周期

图 2-95　2020-12-11 01:40:21(UTC) Gaofen-3 SAR 卫星海浪数据产品分布图

# 3

## SAR 海浪风场联合反演技术

目前,SAR 海浪谱反演技术大多需要第三方数据提供初猜信息,SAR 风速反演技术大多需要第三方数据提供风向信息。针对 SAR 海浪、风场反演依赖第三方数据的问题,本章开展了 SAR 海浪风场联合反演技术的研究。卫星组网可以使时间分辨率和空间覆盖度大幅度提高,从而形成遥感大数据。本章建立了基于遥感大数据和机器学习方法的海浪风场参数联合反演技术。另外,结合 SAR 交叉谱方法、SAR 风速反演 CMOD5.N 方法和 SAR 海浪谱反演 MPI 方法,本章还建立了基于谱信息的 SAR 海浪风场联合反演技术。

目前,SAR 和海浪波谱仪是唯一可以实现海浪方向谱测量的星载微波主动式传感器。星载海浪波谱仪是测量海浪方向谱的真实孔径雷达设备,不存在方位向截断现象,可以为 SAR 海浪反演提供初猜谱。同时,SAR 反演结果也可以为海浪波谱仪反演海浪谱确定波陡谱和调制谱之间的比例因子服务。两种传感器取长补短,可以有效提高海浪反演的精度。基于此,本章建立了一种 SAR 和波谱仪的联合反演技术。

本章将详细介绍基于神经网络的 SAR 海浪风场联合反演技术、机理驱动的 SAR 海浪风场联合反演技术、SAR 和波谱仪海面风浪场联合反演技术。

## 3.1 基于神经网络的 SAR 海浪风场联合反演技术

### 3.1.1 海浪风场联合反演技术

本节建立一种风场、海浪联合反演技术,该技术可以将海面的风速、有效波高、平均波周期与 SAR 数据中的一些基础信息联系在一起。将 SAR 数据的某些信息输入联合反演模型后,模型可以同步输出风速、有效波高、平均波周期等信息。

在建模过程中,要确定输入特征量。在选取 SAR 数据中与风速有关的输入特征量时,参考了目前已有的基于数据驱动的 SAR 风速反演方法。地球物理模型函数是一种经典的 SAR 风速反演的经验方法,该方法有具体的函数形式,将海面风速与 SAR 的后向散射系数、入射角、相对风向建立了联系。选定 SAR 后向散射系数、入射角作为与风速直接相关的输入特征量。在选取 SAR 数据中与海浪有关的输入特征量时,参考了目前已有的基于数据驱动的 SAR 海浪反演方法。CWAVE 方法是一个系列的 SAR 海浪参数反演的经验方法,该方法使用了一些与海浪信息相关的输入特征量。后向散射系数与归一化方差(CVAR)是 2 个与海浪信息相关的 SAR 空间域特征参数,可以反映 SAR 图像中的能量大小。空间域的后向散射系数与归一化方差无法充分体现海浪的信息,因此,从频域中寻找 SAR 图像中的特征量可以进一步补充相关信息。频率域的特征参数是通过一组正交函数对选定的 SAR 图像谱区域进行分解提取的,通过正交分解提取的 20 个参数与 SAR 波模式图像的长波与短波具有密切的联系。

### 3.1.2 海浪风场联合反演技术精度验证

在确定了模型的输入特征量后,本节基于 2020 年 1~10 月印度洋 Sentinel-1A 波模式数据构建了输入数据集,基于和 SAR 数据匹配的 ECMWF 风场和海浪数据构建了输出数据集。基于输入和输出数据集建立了建模数据集和验证数据集(共 1 200 组数据)。通过 BP 神经网络方法,输入建模数据集进行训练,建立了海浪风场的联合反演模型(CWAVE-WIND),并分别通过建模数据集与验证数据集验证了所建立模型的反演精度。

首先,使用建模数据集验证了联合反演技术的反演精度,在此将反演的结果和 EC-MWF 数据进行了比对,具体结果如图 3-1 至图 3-3 所示。

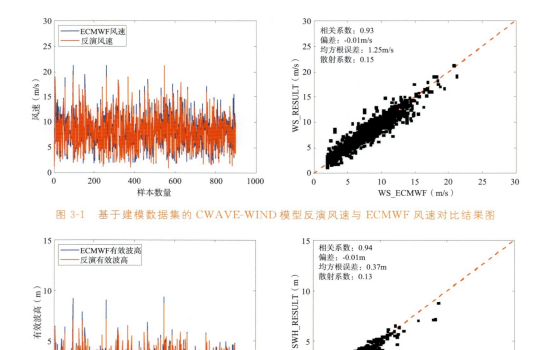

图 3-1　基于建模数据集的 CWAVE-WIND 模型反演风速与 ECMWF 风速对比结果图

图 3-2　基于建模数据集的 CWAVE-WIND 模型反演有效波高与 ECMWF 有效波高对比结果图

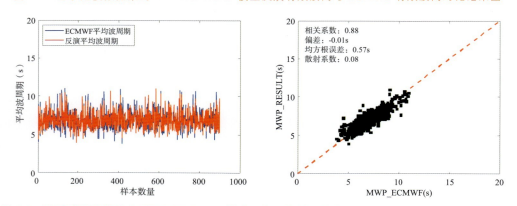

图 3-3　基于建模数据集的 CWAVE-WIND 模型反演平均波周期与 ECMWF 平均波周期对比结果图

　　然后,使用验证数据集进一步验证了联合反演技术的反演精度,在此将反演的结果和 ECMWF 数据进行了比对,具体结果如图 3-4 至图 3-6 所示。

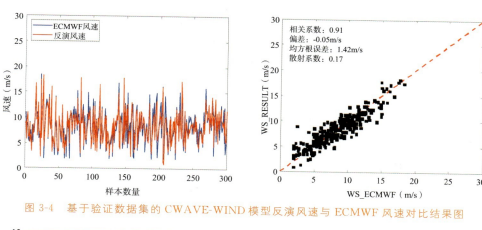

图 3-4  基于验证数据集的 CWAVE-WIND 模型反演风速与 ECMWF 风速对比结果图

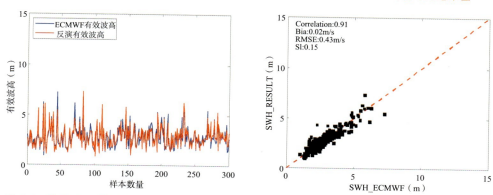

图 3-5  基于验证数据集的 CWAVE-WIND 模型反演有效波高与 ECMWF 有效波高对比结果图

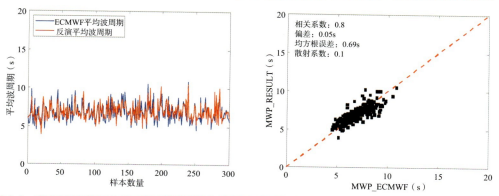

图 3-6  基于验证数据集的 CWAVE-WIND 模型反演平均波周期与 ECMWF 平均波周期对比结果图

由结果可见,反演风速与 ECMWF 风速对比的均方根误差小于 2 m/s;反演有效波高与 ECMWF 有效波高对比的均方根误差小于 0.5 m;反演平均波周期与 ECMWF 平均波周期对比的均方根误差小于 1.2 s。

此外,还使用浮标观测数据对 CWAVE-WIND 方法的反演精度进行了进一步验证。首先,在美国西海岸选择了两颗 NDBC 浮标,浮标编号分别为 46001 与 46054;然后,下载了 35 景与浮标匹配的 2019 年 1 月~2020 年 10 月的 Sentinel-1 卫星 SAR 波模式数据,使用 CWAVE-WIND 方法提取了 SAR 数据中的风速、有效波高、平均波周期信息;最后,将反演结果与两颗浮标的结果进行了对比,结果如图 3-7 所示。

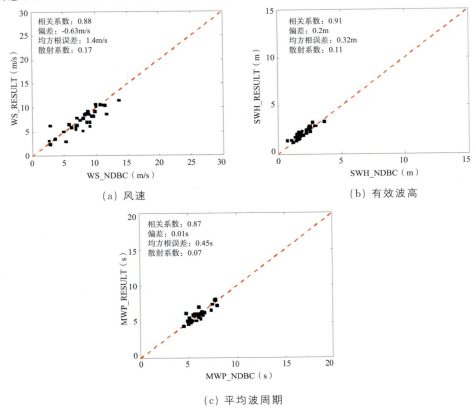

(a) 风速 (b) 有效波高

(c) 平均波周期

图 3-7 反演风场、海浪参数与 NDBC 浮标数据的对比结果

由结果可见:测试数据集的风速范围为 3~15 m/s,反演风速与 NDBC 风速对比的均方根误差为 1.4 m/s,小于 2 m/s;有效波高范围为 0~5 m,反演有效波高与 NDBC 有效波高对比的均方根误差为 0.32 m,小于 0.5 m;平均波周期范围为 4~9 s,反演平均波周期与 NDBC 平均波周期对比的均方根误差为 0.45 s,小于 1.2 s。

综上,CWAVE_WIND 方法能实现海浪和风场参数的联合高精度反演。

## 3.2 机理驱动的 SAR 海浪风场联合反演技术

本节建立了一种机理驱动的不依赖于第三方数据的 SAR 海浪风场联合反演技术;结合了 SAR 交叉谱方法、SAR 风速反演的 CMOD5.N 方法和 SAR 海浪谱反演的 MPI 方法,建立了基于谱信息的 SAR 海浪风场联合反演技术。

### 3.2.1 海浪风场联合反演技术

机理驱动的 SAR 海浪风场联合反演技术的流程如图 3-8 所示。

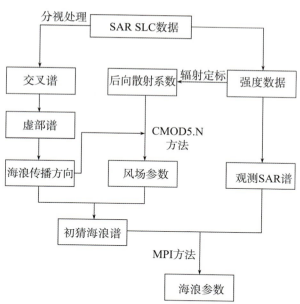

图 3-8　机理驱动的 SAR 海浪风场联合反演技术的流程图

具体实现过程如下：从 SAR SLC 数据中提取图像强度信息，并进行辐射定标，得到后向散射系数；利用分视技术，得到 SLC 数据交叉谱，提取交叉谱虚部谱中的海浪传播方向；将交叉谱估计的海浪传播方向作为参考风向，与入射角、后向散射系数一起作为 CMOD5.N 的输入，提取区域的风速信息；将强度数据生成观测 SAR 谱，将海浪传播方向和反演风速作为输入，生成 E 谱作为初猜谱；将观测的 SAR 谱和 E 谱用于 MPI 方法，反演得到最优海浪谱和最优 SAR 谱，并通过谱积分计算海浪参数（有效波高和平均波周期）。

### 3.2.2 海浪风场联合反演精度验证

选取了 1 景 Sentinel-1A SAR 卫星 SM 模式 SLC 数据，该数据位于缅甸西南部安达曼海。SAR 数据基本信息如表 3-1 所示。

表 3-1　SAR 数据基本信息

| 卫星类型 | 数据类型 | 成像模式 | 成像时间（UTC） | 经纬度范围 | 空间分辨率〔距离向（m）×方位向（m）〕 | SAR 图像快视图 |
|---|---|---|---|---|---|---|
| Sentinel-1A | SLC | SM | 2019/07/09 11:45:22 | 12.92°N—13.93°N 93.95°E—94.86°E | 1.49×3.65 | |

SAR SLC 是单视复数据。分视技术可以把这些单视数据再分为两个或者更多个

子视图像。对子视图像进行交叉谱估计即可得到 SAR 图像交叉谱。海浪交叉谱中虚部谱正值所对应的方向即为海浪传播的方向。

以 128×128 像素的子图像为例，交叉谱的结果如图 3-9 所示。海浪传播方向为沿距离向的反方向向左下方传播，经计算海浪传播方向为 250°。

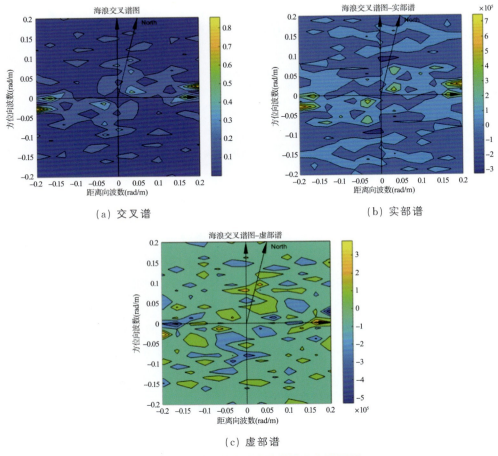

（a）交叉谱　　　　　　　　　　　　　（b）实部谱

（c）虚部谱

图 3-9　交叉谱方法估计海浪传播方向结果图

风场反演仍然基于地球物理模型函数，将获取的海浪传播方向视为参考风向，仅提取风速信息，选用的地球物理模型函数是 CMOD5. N，具体函数形式如下所示。

$$\sigma^0 = B_0(1 + B_1 \cos \phi + B_2 \cos 2 \phi)^{1.6} \tag{3-1}$$

其中，$\sigma^0$ 为后向散射系数，$\phi$ 为相对风向，$B_0$、$B_1$ 和 $B_2$ 为风速 $v$ 和入射角 $\theta$ 的函数。将后向散射系数、参考风向、入射角输入 CMOD5. N 模型，即可得到风速信息。

海浪参数反演采用 MPI 方法，E 谱作为初猜谱，将通过 CMOD5. N 反演的风速与通过交叉谱法得到的海浪传播方向作为 E 谱的输入，生成初猜谱。通过迭代得到的最适海浪谱如图 3-10 所示。对最适海浪谱进行积分计算得到有效波高和平均波周期等海浪参数。

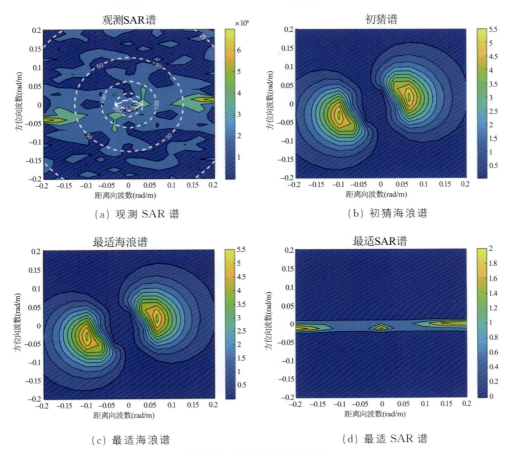

（a）观测 SAR 谱      （b）初猜海浪谱

（c）最适海浪谱      （d）最适 SAR 谱

图 3-10 海浪谱反演结果图

按照相同的方法处理整景 SAR 图像（将 SAR 图像分割成若干子图像），将所得风速、有效波高、平均波周期、海浪传播方向反演结果与匹配的 ECMWF ERA5 数据进行对比，计算均方根误差，结果如表 3-2 所示。

表 3-2 风浪联合反演结果与 ERA5 数据比较结果

| 参数 | 海浪传播方向 | 风速（m/s） | 有效波高（m） | 平均波周期（s） |
|---|---|---|---|---|
| 与 ERA5 数据比对的均方根误差（RMSE） | 21.37° | 1.33 | 0.35 | 0.58 |

结果显示，风浪联合反演结果全部满足本领域技术指标的要求。

## 3.3 SAR 和波谱仪海面风浪场联合反演技术

### 3.3.1 海面风浪场联合反演技术

SAR 和波谱仪是目前仅有的用于测量海浪场方向特性的星载雷达，两者使用不同的测量尺度和原理。星载 SAR 基于布拉格散射理论对二维海浪场进行成像,在数千米的尺度测量海浪,在方位向具有较好的分辨率。SAR 对海浪的观测容易受到斑点噪声、方位向高波数截断以及海浪传播方向 180°模糊的限制。波谱仪的方位向空间分辨率远低于 SAR。通过横向积分穿过波束点的雷达回波,增强了海浪谱的方向分辨率;通过波束的旋转,可以测量各个方向的海浪。通过 SAR 和波谱仪的联合反演,可以克服 SAR 和波谱仪数据反演的局限性。从 SAR 数据中提取有效波高 SWH 来估计调制系数,然后将其与波谱仪数据一起用于在大空间尺度上海浪谱的反演。波谱仪反演的海浪谱被用作 SAR 中的初猜谱,以检索小空间尺度下的全向谱。此外,SAR 和波谱仪联合还可以获取海面风场的信息,实现海面风浪场的联合反演。具体的反演技术路线如图 3-11 所示。

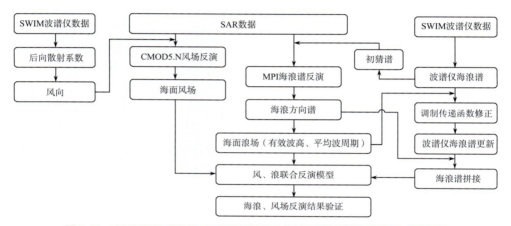

图 3-11　SAR 和波谱仪准同步观测数据的海面风浪场联合反演技术路线图

### 3.3.2 海面风浪场联合反演精度验证

选用 Sentinel-1 SAR 卫星的成像数据和 CFOSAT SWIM 波谱仪的数据构造准同步观测数据集,进行风浪的联合反演验证。

#### 3.3.2.1 SAR 和波谱仪准同步观测数据匹配

波谱仪是一个高度计和小入射角多波束真实孔径成像雷达相结合的海浪信息探测雷达,能提供全球全天时、近全天候的海浪测量。波谱仪观测原理如图 3-12 所示。入射角范围的选择是它与目前其他微波传感器的主要区别之一。海浪波谱仪的星下点即 0°入射角波束相当于一个雷达高度计,可测量卫星星下点的海面高度、有效波高和风速;非星下点的小入射角波束从雷达的后向散射测量获得该方向的海浪一维谱,通过方位向的 360°扫描获得二维海浪谱,从而提取出波长、波向和周期等参数。

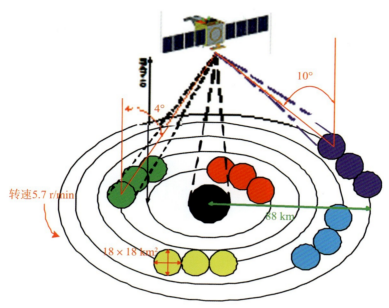

图 3-12　波谱仪扫描示意图

通过时空匹配,在 27.3920°N,112.0340°W 的位置,SAR 成像区域与波谱仪轨迹相交。具体选取的 SAR 图像成像时间为 2019-08-06 13:29:24,波谱仪在该点的扫描时间为 2019-08-06 14:50:16。选取的 SAR 和波谱仪同步数据信息如表 3-3 和表 3-4 所示。

表 3-3　SAR 数据信息

| 卫星类型 | 数据类型 | 成像模式 | SAR 成像时间（UTC） | 经纬度范围 | 空间分辨率〔距离向(m)×方位向(m)〕 | SAR 图像快视图 |
|---|---|---|---|---|---|---|
| Sentinel-1A | SLC | IW | 2019-08-06 13:29:24 | 26.64°N —28.95°N 111.42°W —114.35°W | 2.32×13.96 | |

表 3-4　波谱仪数据信息

| 波谱仪 | 数据类型 | 时间（UTC） | 2D 频谱覆盖范围平均经纬度 | 方位角采样间隔 | 2D 频谱覆盖范围 |
|---|---|---|---|---|---|
| SWIM | nc | 2019-08-06 14:50:16 | 27.39°N 112.03°W | 7.5° | 70 km×85 km |

### 3.3.2.2 波谱仪的海浪谱转换为 SAR 反演初猜谱

波谱仪的海浪谱需要转换后作为 SAR 反演的初猜谱,实现 SAR 和波谱仪的联合反演。波谱仪的二维海浪谱如图 3-13 所示。

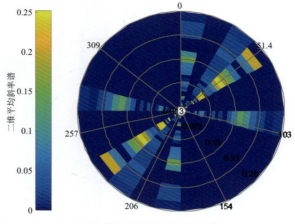

图 3-13　波谱仪二维海浪谱

SAR 海浪反演使用的初猜谱为波数波数谱,波谱仪提供的海浪谱是波数方向谱,所以需要进行转换。首先需要把波谱仪输出的波数方向谱转换为波数波数谱,然后再将波数波数谱转换到 SAR 的方位向和距离向波数上,生成 SAR 方位向距离向波数谱。SAR 方位向距离向波数谱即可用作 SAR 海浪谱反演的初猜谱。波数方向谱与波数波数谱的转换关系如下:

$$\iint S(k,\phi)\mathrm{d}k\mathrm{d}\phi = \iint S(kx,ky)\mathrm{d}kx\mathrm{d}ky = \iint S(k,\theta)\frac{\mathrm{d}k\mathrm{d}\phi}{\mathrm{d}kx\mathrm{d}ky}\mathrm{d}kx\mathrm{d}ky$$

$$S(kx,ky) = S(k,\phi)\frac{\mathrm{d}k\mathrm{d}\phi}{\mathrm{d}kx\mathrm{d}ky} \tag{3-2}$$

其中,$kx$ 和 $ky$ 分别为 $x$ 和 $y$ 向波数,$\phi$ 为方位角。

根据极坐标到直角坐标的转换关系 $k\mathrm{d}k\mathrm{d}\theta = \mathrm{d}kx\mathrm{d}ky$,即可得波数波数谱 $S(kx,ky)$ 如下:

$$S(kx,ky) = S(k,\theta)\frac{1}{k} \tag{3-3}$$

其中,$k$ 为波数,$kx = k\sin\phi$,$ky = k\cos\phi$。

波数方向谱转换而来的波数波数谱的 $kx$ 是东向,$ky$ 是北向。SAR 波数波数谱一般水平方向是距离向波数,垂直方向是方位向波数,需要按照 SAR 方位向和距离向与北向的夹角对原始的波数波数谱进行旋转,同时旋转矩阵。最终得到的 SAR 方位向距离向波数波数谱如图 3-14 所示。

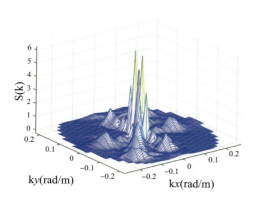
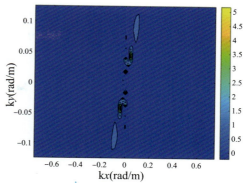

图 3-14　SAR 方位向距离向波数谱

### 3.3.2.3 SAR 海浪谱和海浪参数反演

SAR 采用 MPI 方法反演海浪谱。MPI 方法需要初猜谱，将波谱仪的海浪谱作为初猜谱输入进行海浪谱反演。

选取了 SAR 与波谱仪同步数据交点区域的 128×128 像素的 SAR 图像，通过二维傅里叶变换生成观测 SAR 谱。将观测 SAR 谱与初猜谱（转换为波数谱的波谱仪海浪谱）一同输入 MPI 反演程序，输出最适海浪谱和最适 SAR 谱。海浪谱反演结果如图 3-15 所示。

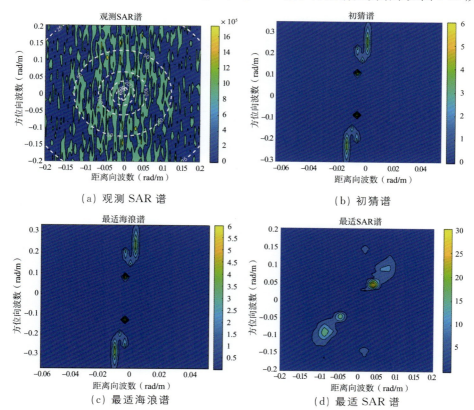

（a）观测 SAR 谱　　　　　　　　（b）初猜谱

（c）最适海浪谱　　　　　　　　（d）最适 SAR 谱

图 3-15　SAR 海浪谱反演结果

通过 MPI 方法计算得到的最优海浪谱可以计算有效波高 $H_S$ 和平均波周期等海浪参数。有效波高 $H_S$ 的计算公式如下：

$$H_S = 4\sqrt{m_0} = 4\sqrt{\int S(\omega)\,\mathrm{d}\omega} \tag{3-4}$$

其中，$m_0$ 为 0 阶矩。

反演平均波周期的计算公式如下，是由 0 阶矩 $m_0$ 和 2 阶矩 $m_2$ 计算得到的，如下：

$$T_m = 2\pi\sqrt{\frac{m_0}{m_2}} = 2\pi\sqrt{\frac{\int S(\omega)\,\mathrm{d}\omega}{\int \omega^2 S(\omega)\,\mathrm{d}\omega}} \tag{3-5}$$

### 3.3.2.4 调制传递函数（MTF）修正

SAR 的海浪波长测量范围为 $150\sim800$ m，而波谱仪的海浪波长测量范围是 $70\sim500$ m。但是在 500 m 波长附近，波谱仪的海浪谱可能有伪峰，此伪峰会对有效波高的计算产生不小的影响。因此不考虑波谱仪 500 m 波长附近的海浪谱数据。为此，选择二者波长测量范围的交集 $150\sim400$ m，在此范围内认为 SAR 的测量结果更准确。用此范围内 SAR 海浪谱计算的有效波高 $H_{S0}$，校正波谱仪海浪谱，即得到新的 MTF0，将 MTF0 应用于整个波数范围（$70\sim500$ m），生成新的斜率谱。

与 SAR 不同，波谱仪的信号调制谱 $P_m$ 和海浪斜率谱 $k^2 F(k,\phi)$ 之间的传递函数是线性的，没有方位向波数截断。传递函数由下式给出：

$$P_m(k,\phi) = \frac{\sqrt{2}\pi}{L_y}\alpha^2(\theta) \cdot k^2 F(k,\phi) \tag{3-6}$$

其中，$\theta$ 是波束入射角，$\phi$ 是观测方向，$\alpha$ 是调制系数。令波谱仪调制传递函数为：

$$\mathrm{MTF1}(\theta,\phi) = \frac{\sqrt{2}\pi}{L_y}\alpha^2(\theta) \tag{3-7}$$

其中，$L_y$ 是雷达足印的方位向宽度，表示为：

$$L_y = r\,\frac{\beta_\phi}{2\sqrt{2\ln 2}} \tag{3-8}$$

其中，$r$ 为波束中心的径向距离，$\beta_\phi$ 为天线方位向 3 dB 波束宽度（单向）。

由于可由斜率谱计算得到有效波高 $H_S$：

$$H_S = 4\sqrt{\int\!\int k F(k,\phi)\,\mathrm{d}k\,\mathrm{d}\phi} \tag{3-9}$$

所以，MTF1 与有效波高的关系可以表示为：

$$\mathrm{MTF1} = \frac{16\sqrt{\dfrac{\int\!\int P_m(k,\phi)}{k}\,\mathrm{d}k\,\mathrm{d}\phi}}{H_S^2} \tag{3-10}$$

如上所示，为了反演海浪的斜率谱或波高谱，$\alpha$ 值的估计十分重要。该系数与斜率概率密度函数 $P$ 紧密相关，可以被估计为：

$$\alpha(\theta) = \cot\theta - 4\tan\theta - \frac{1}{\cos^2\theta}\frac{\partial\ln P}{\partial(\tan\theta)} \tag{3-11}$$

然而,斜率概率密度函数 $P$ 是与风相关的,很难直接测量。

假设波面斜率的概率密度函数 $P$ 为高斯分布,

$$P(\tan\theta,0)=\frac{1}{2\pi\sigma_u\sigma_v}\exp\left(-\frac{\tan^2\theta}{\mathrm{mss}}\right) \tag{3-12}$$

调制系数 $\alpha$ 可以表示为:

$$\alpha(\theta)=\cot\theta-4\tan\theta+\frac{1}{\mathrm{mss}}\cdot\frac{2\tan\theta}{\cos^2(\theta)} \tag{3-13}$$

其中,mss(mean square slope)均方斜率是影响后向散射的海面斜率(即雷达波长二倍或三倍长度的波长)的方差,主要取决于风速。

对于星载波谱仪,采用天底点波数测量的有效波高估计 $\alpha$ 值:

$$\alpha(\theta)=\frac{\sqrt{2\pi}}{L_y}\left(\frac{4}{H_S}\right)^2\iint\frac{P_m(k,\phi)}{k^2}k\mathrm{d}k\mathrm{d}\phi \tag{3-14}$$

其中,$H_S$ 表示有效波高,$k$ 为波数。

采用 SAR 海浪谱计算的有效波高 $H_{S0}$,校正波谱仪海浪谱,即得到新的 MTF0。将 MTF0 应用于整个波数范围,生成新的斜率谱。令实测斜率谱计算的 $H_S=H_{S0}$,求出满足等式的 MTF0:

$$\mathrm{MTF0}=\frac{16\sqrt{\iint\frac{P_m(k,\phi)}{k}\mathrm{d}k\mathrm{d}\phi}}{H_{S0}^2}=\frac{H_S^2}{H_{S0}^2}\mathrm{MTF1} \tag{3-15}$$

将 MTF0 替换 MTF1,即可求得更新后的斜率谱 $S_{new}(k,\phi)=\frac{H_{S0}^2}{H_S^2}S_{meas}(k,\phi)$,此时 $k$ 的范围是 $50\sim500$ m。截取 $50\sim150$ m 的斜率谱,将与 SAR 150 m 以上的海浪谱拼接。

##### 3.3.2.5 海浪谱拼接融合

截取波谱仪更新后的 $50\sim150$ m 的斜率谱,与 SAR 原有的海浪谱(150 m 以上)进行拼接,形成融合的海浪谱。由融合的海浪谱计算出的海浪参数与 ECMWF 海浪参数比对的结果如下表所示,由结果可见,联合反演海浪参数的精度较高。

表 3-5　SAR 与波谱仪联合反演海浪参数与 ECMWF 海浪参数的比对结果

| 数据 | 有效波高(m) | 平均波周期(s) |
|---|---|---|
| SAR 与波谱仪联合反演海浪参数结果 | 0.72 | 2.85 |
| ECMWF 数据 | 0.61 | 2.7 |

##### 3.3.2.6 SAR 与波谱仪联合反演风场参数

SAR 和波谱仪联合反演风场参数的基本思想是先通过波谱仪获取风向信息,再根据波谱仪反演的风向,作为 SAR 反演风速的输入,运用 CMOD5.N 方法反演风速。

### 3.3.2.6.1 波谱仪风向获取

波谱仪可以得到后向散射系数随方位角 0°～360° 范围内的变化规律。根据后向散射系数寻找最大值,最大值对应的方位角就是风向。处理匹配的波谱仪数据,提取的波谱仪后向散射系数如图 3-16 所示,最大值所在位置的角度为 307.5°,则风向为 307.5°。

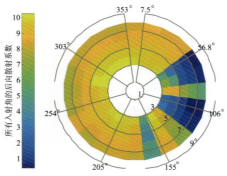

图 3-16　波谱仪后向散射系数二维图

### 3.3.2.6.2 SAR 风速反演

SAR 风速反演方法采用的是基于地球物理模型函数的 CMOD5.N 方法,将波谱仪提供的风向作为参考风向,根据 SAR 的后向散射系数提取风速信息。

将海面区域的后向散射系数、参考风向、入射角作为 CMOD5.N 方法的输入,可得到观测区域的风速信息。

选取了 SAR 与波谱仪同步数据交点区域的 128×128 像素的 SAR 图像,求取该区域 SAR 图像的后向散射系数,将其与参考风向、入射角一同作为 CMOD5.N 的输入反演得到风速。所得 SAR 反演风速与 ECMWF 风场对比的结果如表 3-6 所示。由结果可见,联合反演的风场参数具有较高的准确性。

表 3-6　SAR 与波谱仪联合反演风场与 ECMWF 风场比对结果

| 数据 | 风速(m/s) | 风向 |
| --- | --- | --- |
| SAR 与波谱仪联合反演风场参数结果 | 6.70 | 307.50° |
| ECMWF 数据 | 5.80 | 321.87° |

# 参 考 文 献

[1] Vachon P，Krogstad H，Scottpaterson J. Airborne and spaceborne synthetic aperture radar observations of ocean waves［J］. Atmosphere，1994，32（1）：83—112.

[2] Sun J，Kawamura H. Extraction of surface wave parameters in coastal areas using spaceborne synthetic aperture radar images［C］// Synthetic Aperture Radar，2007. Apsar 2007. Asian and Pacific Conference on. IEEE，2007：449—452.

[3] Li X M，Lehner S，Bruns T. Ocean wave lntegral parameter measurements using envisat ASAR wave mode data［J］. IEEE Transactions on Geoscience & Remote Sensing，2010，49(1)：155—174.

[4] Beal R C，Tilley D G，Monaldo F M. Large-and small-scale spatial evolution of digitally processed ocean wave spectra from SEASAT synthetic aperture radar ［J］. Journal of Geophysical Research Oceans，1983，88(C3)：1761—1778.

[5] Hasselmann K，Hasselmann S. On the nonlinear mapping of an ocean wave spectrum into a synthetic aperture radar image spectrum［J］. Journal of Geophysical Research Oceans，1991，96(C6)：10713—10729.

[6] Hasselmann S. C，Hasselmann K，et al. An improved algorithm for retrieval of ocean wave spectra from synthetic aperture radar image spectra［J］. Journal of Geophysical Research Oceans，1996，101(C7)：16615—16629.

[7] Engen G，Johnsen H. SAR-ocean wave inversion using image cross spectra［J］. Geoscience & Remote Sensing IEEE Transactions on，1995，33(4)：1047—1056.

[8] Mastenbroek C，De Valk C F. A semiparametric algorithm to retrieve ocean wave spectra from synthetic aperture radar［J］. Journal of Geophysical Research，2000，105(C2)：3497.

[9] Schulz-Stellenfleth，J，Lehner S，Hoja D. A parametric scheme for the retrieval of two-dimensional ocean wave spectra from synthetic aperture radar look cross spectra［J］. Journal of Geophysical Research Oceans，2005，110(C5).

[10] Kerbaol V，Chapron B，Vachon P W. Analysis of ERS-1/2 synthetic aperture radar wave mode imagettes［J］. Journal of Geophysical Research Oceans，1998，

103(C4):7833—7846.

[11] 任林，杨劲松，郑罡，等. 利用 C 波段 Radarsat-2 单极化 SAR 图像的方位向截断
波长估计有效波高[J]. 海洋学报(中文版)，2014，34(12).

[12] Stopa J E，Ardhuin F，Chapron B，et al. Estimating wave orbital velocity
through the azimuth cutoff from space-borne satellites[J]. Journal of Geophysi-
cal Research Oceans，2016，120(11):7616—7634.

[13] Marghany M，Ibrahim Z，Genderen J V. Azimuth cut-off model for significant
wave height investigation along coastal water of Kuala Terengganu, Malaysia
[J]. International Journal of Applied Earth Observation & Geoinformation，
2003，4(2):147—160.

[14] Kerbaol V，Chapron B，El Fouhaily T，et al. Fetch and wind dependence of
SAR azimuth cutoff and higher order statistics in a mistral wind case[M].
IEEE，1996.

[15] 姜祝辉，黄思训，何然，等. 合成孔径雷达资料反演海面风场的正则化方法研究
[J]. 物理学报，2011，60(6)：068401-1—068401-7.

[16] 郭乔影，黄敬峰，李正泉，张康宇. 基于 SAR 影像的高分辨率近海风速反演[J]. 科
技通报，2016，32(2):61—65.

[17] 王铁. 合成孔径雷达反演黄海海面风场[A]. 海洋湖沼通报，2007，(4):10—13.

[18] 艾未华，严卫，赵现斌，等. C 波段机载合成孔径雷达海面风场反演新方法[J]. 物
理学报，2013，62(6)：068401-1—068401-8.

[19] 王欣，邵伟增，沙远红，等. 降雨对 SAR 后向散射截面的影响[J]. 海洋湖沼通报，
2014，(2):15—21.

[20] 张毅，蒋兴伟，林明森，等. 合成孔径雷达海面风场反演研究进展[J]. 遥感技术与
应用，2010，25(3):423—427.

[21] Vachon P W，Dobson F W，Vachon P W，Dobson F W. Validation of wind vec-
tor retrieval from ERS—1 SAR images over the ocean[J]. Global Atmosphere &
Ocean System，1996，(5)：177—187

[22] 张雷，石汉青，龙智勇，等. 星载合成孔径雷达图像反演海面风场方法综述[J]. 海
洋通报，2012，31(6)：713—720.

[23] Kim D J，Moon W M. Estimation of sea surface wind vector using Radarsat data
[J]. Remote Sensing of Environment，2002，80(1)：55—64.

[24] 任永政. 从卫星 TerraSAR-X 图像反演海面风场和海表流场方法研究[D]. 青岛：
中国海洋大学，2009.

[25] Li X M，Lehner S. Algorithm for sea surface wind retrieval from TerraSAR-X

and TanDEM-X data[J]. IEEE Transactions on Geoscience & Remote Sensing,
2013, 52(5): 2928—2939.

[26] Horstmann J, Lehner S, Schiller H. Global wind speed retrieval from complex
SAR data using scatterometer models and neural networks[J]. IEEE International Geoscience and Remote Sensing Symposium, 2002, 43: 1553—1555.

[27] Vachon P W, Wolfe J. C-Band Cross-Polarization Wind Speed Retrieval [J].
IEEE Geoscience & Remote Sensing Letters, 2011, 8(3): 456—459.

[28] Zhang B, Perrie W, Vachon P W, et al. Ocean Vector Winds Retrieval From C-Band Fully Polarimetric SAR Measurements[J]. IEEE Transactions on Geoscience & Remote Sensing, 2012, 50(11): 4252—4261.

[29] 韩冰. 基于Radarsat-2雷达数据的海面风速反演方法研究[D]. 浙江:浙江大学,2016.

# 4

## SAR 海面流场反演技术

海流是由海水的密度或温盐差异、地球自转偏向力、海面风应力以及引潮力等因素引起的，水体沿着一定方向大范围流动的现象。海流是重要的海洋动力学参数，不仅是海洋内部及海洋与大气之间物质、能量交换的重要途径，还对海洋中各种物理、化学及生物过程有重要影响。海流测量与监测对气候研究、海洋航运、海洋渔业、海洋工程以及海洋能量的利用等都有十分重要的意义。

传统的海表面流场信息获取手段主要有浮标、海流观测仪器等现场观测以及利用水文资料进行海洋数值模式模拟等间接测量。现场直接测量精度很高，但无法获得较高空间分辨率的海表流场。海洋数值模式无法保证大范围流场的精度，且受水文资料缺乏的限制。随着遥感观测技术的发展，海洋遥感成为海洋表面流场测量的重要手段，它可以获得大范围、高精度、高时间同一性的表面流场，是现场测量的有效补充。近年来，岸基高频地波雷达被广泛应用于近岸区域海洋表层流场的监测。

随着空间对地遥感观测技术的发展，利用卫星遥感技术提取海表流场被广泛关注，通过这种技术可以获得大面积、高重复频率的海表流场数据。利用卫星遥感观测获取海表流速的方法主要有 3 种：第一种方法是利用卫星高度计对海面高度进行测量，采用地转流计算方法对表层海水的流动进行估计。卫星高度计数据具有覆盖范围广而空间分辨率低的特点，仅适用于对大范围海洋变化的研究。在近岸地区，由于受到电磁环境污染因素的制约，此方法不再适用。第二种方法是利用时间序列卫星光学图像，通过特征跟踪等方法提取海表流场，而该方法的使用受到天气因素以及图像特征是否明显的限制。第三种方法是利用星载合成孔径雷达（Synthetic Aperture Radar，SAR）数据获取海表流场，其具有不受昼夜及天气变化影响、图像分辨率高的优势，能够对海表流场实施准确有效的探测，是一种应用前景广阔的海表流场测量手段。

利用SAR进行海表流速探测主要有两种方法。一种是SAR信号的多普勒质心分析（Doppler centroid analysis，DCA）方法，该方法获得海表流场空间分辨率较低，误差较大，且仅能反演海表一维流速场。另一种是SAR顺轨干涉（Along-Track InSAR，ATI）方法，通过计算沿轨方向短时间间隔成像的两幅SAR图像之间的相位差反演海表一维流场。该方法获得的视向流速空间分辨率高、误差较小，是被广泛认可的直接获取海表流场的最佳方法。目前正侧视SAR仅能反演海面一维流场，而组网卫星SAR和双波束ATI-SAR能够提供海面同一区域多视向的观测数据，从而使海面二维流场的反演成为可能。基于SAR的海面矢量流场反演方法的研究还处于起步阶段，需要更深入地开展。精确反演海面矢量流场，将为海洋航运、海洋渔业、海洋工程和海洋科学研究等提供基础数据，对我国海洋科学和海洋监测发展具有十分重要的意义。

本章基于SAR开展了海面流速反演技术以及海面矢量流场反演技术研究。建立了完整的ATI-SAR海面径向流场高精度反演技术，包括高精度图像配准技术、相位解缠技术和海浪轨道速度与海面流速分离技术等；改进了基于多普勒质心偏移法（DCA）的海面径向流速反演技术，实现了海面一维流速的高精度反演。建立了完整的双波束ATI-SAR海面流场成像模拟技术，包括海面建模与后向散射模拟、斜视SAR回波与海面成像模拟、双波束ATI-SAR海面成像模拟等；海面矢量流场反演方面，利用模拟的卫星组网SAR数据，开展了基于多普勒质心偏移法的海面矢量流场反演技术研究；基于模拟数据开展了双波束ATI-SAR海面流场矢量反演技术研究。基于Sentinel-1 IW数据，采用DCA方法生产了马六甲海峡、霍尔木兹海峡和斯里兰卡岛3个战略通道示范区的海面径向流场产品近100景。

## 4.1　顺轨干涉 SAR 海面径向流速反演技术

基于 TerraSAR-X/TenDEM-X 双星编队 ATI-SAR 干涉数据，开展顺轨干涉海面流场反演技术研究。这里选取的干涉数据成像时间为 2012 年 3 月 19 日 06：41（UTC），成像区域位于苏格兰北部的奥克尼群岛附近。为了减小计算量，这里只截取了整幅数据中的一部分进行处理。数据采用条带（Stripmap）成像模式以及垂直（VV）极化方式。标称入射角为 31°，空间分辨率分别为 1.7 m×2.1 m（距离向×方位向），有效的顺轨基线长度为 40.27 m，有效交轨基线长度为 24 m。

基于顺轨干涉 SAR 的海面流速反演技术主要包括顺轨干涉处理技术、海面多普勒速度提取、海浪速度贡献去除等内容，流程如图 4-1 所示。

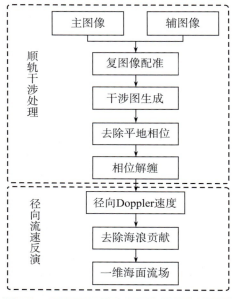

图 4-1　顺轨干涉 SAR 海面流场反演流程图

### 4.1.1　顺轨干涉处理技术

顺轨干涉技术主要包括复图像配准、干涉图生成、去除平地相位、相位解缠等步骤，通过顺轨干涉处理可以获得能直接反映海面速度信息的干涉相位。

InSAR 获取的同一区域两幅图像在距离向和方位向都存在一定的偏移错位，必须将两景图像配准后才能由其提取呈条纹状的干涉相位。SAR 图像的配准就是计算主图像与辅图像的对应点（同名像点）之间的坐标映射关系，再利用这个关系对辅图像进行坐标变换和重采样。配准步骤一般由粗配准、精配准和重采样等构成，配准精度需要达到亚像素量级才能满足干涉处理的需要。常用的方法有最大相关系数法、干涉相位频谱法等，这里采用的干涉复数据已经进行了精确配准处理。配准后的两幅复图像做

复数共轭相乘,生成干涉图,其数学表达式为:

$$I = M \cdot S^*$$ 
(4-1)

其中,$M$表示主图像复数据,$S^*$为辅图像复数据$S$的共轭复数。复乘结果$I$表示生成的复数形式的干涉图,对$I$取辐角$\arg(I)$即为干涉相位图。为了减少干涉相位的随机噪声,提高干涉相位的信噪比,可以对干涉复图像进行多视处理,即对复数形式的干涉图,选择一定大小的窗口(我们采用的窗口大小是$4 \times 4$),把窗口内的复数加和处理,数学公式为,

$$v = \sum_{i=1}^{N} M_i \cdot S_i^*$$
(4-2)

多视后的干涉相位如图4-2a所示。

两幅干涉复图像通过共轭复乘获得的干涉相位包含了两个部分:一部分由目标斜距位移(通过除以时间可以得到斜距速度)引起;另一部分则由相对地球参考椭球面高度不变的"平地"引起。平地效应引起的干涉相位是原始干涉相位中的主要部分,它一定程度上掩盖了陆地、海洋表面的高程、速度等有用信息。这里我们基于TerraSAR-X精确的轨道和地理参考信息,采用轨道参数法去除平地相位,结果如图4-2b所示。

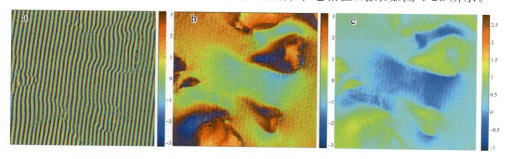

a. 多视处理(单位:rad);b. 去除平地效应(单位:rad);c. 相位解缠(单位:π)。

图4-2 干涉相位:

去除平地效应后的干涉相位通常缠绕在$(-\pi, \pi]$范围内,与实际的相位有$2n\pi$(n为整数)的偏差,需要将其恢复为真实值。相位解缠就是把折叠的干涉相位恢复为真实相位的过程。这里采用枝切线法进行解缠处理,包括搜索残差点、连接枝切线、积分解缠等步骤。解缠后的干涉相位如图4-2c所示。

### 4.1.2 径向流速反演技术

解缠的顺轨干涉相位已经能够直观反映海面视向流速的基本特征,但是还不能直接用于反演海面视向流速。由于交轨基线的存在,解缠的干涉相位中存在交轨分量,导致其偏离真实值。另外,因为相位解缠起算点具有一定随机性,起算点的相位误差会引入解缠的相位中,因此称解缠的相位为相对相位。通过相位校准去除相位偏移后,干涉相位才能用于计算视向多普勒速度,相位校准的效果直接影响流速反演的精度。

相位校准一般借助于相位图中海岛陆地及其周边海域的干涉相位实现。顺轨干涉相位反映了地球表面的视向速度信息。一般认为陆地海岛区域的运动速度为零,在垂

直于视向的海岸线附近,视向流速也为零。因此,这些区域的顺轨干涉相位应为零。这里我们取陆地海岛区域的相位平均值近似相位偏移,并通过减去相位偏移量实现相位校准,结果如图 4-3a 所示。为了减小相位校准的误差,处理中还去除了陆地区域的高度起伏对相位的影响。

地距多普勒速度 $U_{hrz}$ 与干涉相位 $\varphi_{ATI}$ 的关系如下式:

$$U_{hrz} = -\frac{\lambda V}{4\pi B \sin \theta} \varphi_{ATI} \tag{4-3}$$

式中,$B$ 为顺轨有效基线长度,$\lambda$ 为电磁波波长,$V$ 为卫星平台速度,$\theta$ 为入射角。地距多普勒速度反演结果如图 4-3b 所示。

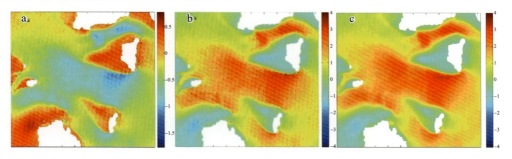

a. 相位校准结果(单位:$\pi$);b. 地距径向多普勒速度(单位:m/s);c. 最终的海面径向流速。
图 4-3　海面径向流速反演结果

按照重力波相关理论,海浪表面的水质点围绕其平衡位置做圆周运动或椭圆运动,因而大尺度海浪的轨道速度沿传播方向具有周期性,均值为零。因此,可利用空间平均或者低通滤波的方法来去除大尺度海浪的轨道速度分量。这里采用窗口大小为 33×33 的空间加权平均方法去除大尺度海浪轨道速度的贡献。

Bragg 理论认为雷达回波能量正比于径向 Bragg 波的谱密度,而径向的 Bragg 波有两个分支,一个是沿着径向传播的 Bragg 波,另一个是逆着径向传播的 Bragg 波。顺轨干涉 Doppler 速度中所包含的 Bragg 波的贡献本质上就是这两个方向传播的 Bragg 波相速度的加权矢量和:

$$
\begin{aligned}
v_b(\theta_w) &= \alpha(\theta_w) v_p - [1 - \alpha(\theta_w)] v_p \\
&= \frac{G(\theta_w) - G(\theta_w + \pi)}{G(\theta_w) + G(\theta_w + \pi)} v_p
\end{aligned}
\tag{4-4}
$$

其中,$\alpha$ 和 $1-\alpha$ 分别表示沿着和逆着径向传播的 Bragg 波的权重,$\theta_w$ 表示径向与风向的夹角,$v_p$ 表示 Bragg 波的相速度。获得最终的海面径向流速如图 4-3c 所示。

### 4.1.3　基于模拟数据对 ATI-SAR 海面流速反演算法的验证

为了验证海面径向流速反演算法,这里基于海面流场模拟顺轨干涉主辅图像,然后对模拟的顺轨干涉主辅图像进行干涉处理反演流速,最后把反演的流速与输入流场进行比对验证。

海面径向流场及干涉辅图像的模拟流程如图 4-4 所示。模拟仿真主要包括海面长波轨道速度模拟、Bragg 速度模拟、平地相位模拟、相位噪声模拟等。

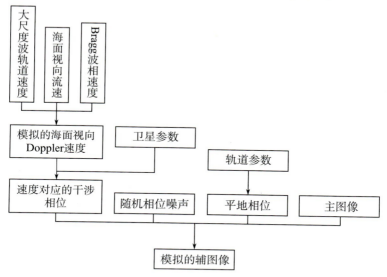

图 4-4　顺轨干涉辅图像模拟流程图

对模拟的顺轨干涉主辅图像进行干涉处理并反演径向流速,结果如图 4-5b 所示。反演获得的海面径向流场结果与原始海面径向流场进行比对,发现当流速平均窗口为 $40\times40$(对应的地距分辨率约为 320 m × 320 m)时,流速的均方根误差(RMSE)为 0.04 m/s。这表明干涉处理和海面流速反演算法与程序能够较高精度地反演海面径向流速。

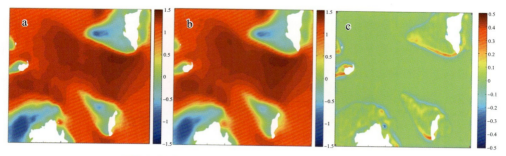

a. 原始径向海面流场;b. 反演的径向流场;c. 误差分布。

图 4-5　海面流场比对图(单位:m/s)

## 4.2　多普勒质心偏移法海面径向流速反演技术

在 SAR 系统中,由于雷达对于目标的相对运动,使得接收到的回波信号频率相对发射信号频率产生的变化,即多普勒频移效应。导致多普勒频移效应的相对运动既包含由卫星运动和地球自转导致的卫星相对于静止地球表面的相对运动,又包含目标自身相对于静止地表的相对运动。基于多普勒频移效应反演目标自身相对于静止地表的相对运动（如流速），需要在准确估算 SAR 回波的多普勒中心频率实测值的基础上，去除卫星相对于静止地球表面的相对运动导致的多普勒中心频率预测值。这里我们基于ENVSAT ASAR 条带数据开展了 DCA 算法研究，算法流程如图 4-6 所示，主要包括多普勒中心频率异常估计技术、风场贡献去除与海面径向流速反演技术。

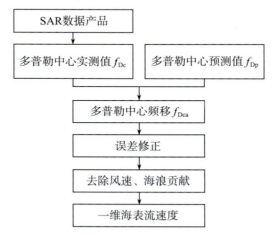

图 4-6　SAR 多普勒质心频移法海面流速反演流程图

### 4.2.1 多普勒中心频率异常估计技术

多普勒中心频率异常估计技术包括实测多普勒中心频率估计、预测多普勒中心频率估计、多普勒质心异常与海面多普勒速度提取等步骤。

#### 4.2.1.1 实测多普勒中心频率

从回波数据中估计多普勒中心频率的方法可以归为两类：基于幅度的方法和基于相位的方法。本小节中采用基于幅度的方法估计实测多普勒中心频率。这类方法中，通过对SAR 回波的频谱能量进行拟合，可以得到幅度谱峰值处的多普勒频率，在峰值对称谱的前提下，峰值处的频率即为基带多普勒中心的估计值，这种方法也称"频谱拟合"法。

因为频谱幅度是关于峰值对称的，可以通过能量均衡来确定含噪频谱中的多普勒中心。该方法就把功率谱直接分成左右两部分，使左右两部分的能量均衡对称，则能量等分点处的频率即为多普勒中心。能量均衡可以通过将接收到的平均功率谱与滤波器进行圆卷积来实现，滤波器为：

$$R(f)=\begin{cases}+1 & 0\leqslant f\leqslant F_a/2 \\ -1 & -F_a/2\leqslant f<0\end{cases} \tag{4-5}$$

其中，$F_a$ 为 PRF。平均功率谱与 $R(f)$ 卷积结果中降交零点即为功率等分频点。

基于上述理论，实际处理中首先在影像中选局部窗口沿方位向进行 FFT 变换，获得方位向的能量谱，并沿距离向平均获得平均功率谱 $S(f)$。然后，将平均功率谱 $S(f)$

与能量均衡滤波器 $R(f)$ 进行圆卷积。最后,通过寻找零点获得多普勒中心频率。需要注意的是,因为这里进行的是圆卷积运算,结果会有两个零点,可根据平均功率谱的形状确定所需的过零点。图4-7为平均功率谱 $S(f)$ 与能量均衡滤波器 $R(f)$ 进行圆卷积的输出结果,可以看出有两个零点。这里通过比较两个零点处的平均功率谱大小获得最终的多普勒质心频率为410.18 Hz。然后,通过滑动窗口,得到整幅影像的多普勒中心频率分布图,如图4-8(a)所示。

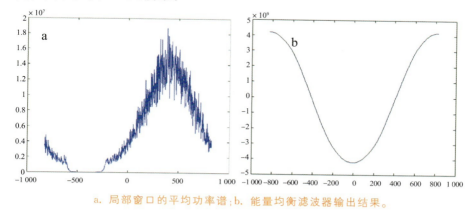

a. 局部窗口的平均功率谱;b. 能量均衡滤波器输出结果。

图4-7 能量均衡法提取的多普勒信息

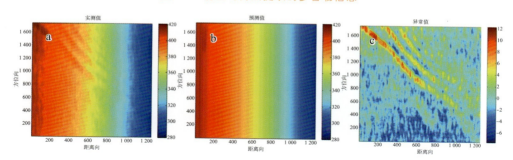

a. 实测多普勒中心频率;b. 预测多普勒中心频率;c. 多普勒中心频率异常。

图4-8 多普勒中心分布图

#### 4.2.1.2 预测多普勒中心频率

多普勒中心频移的预测值 $f_{sat}$ 主要由SAR卫星与地球间的相对速度引起,与SAR卫星轨道和天线指向等参数有关:

$$f_{sat} = \frac{k_e V_{sc}}{\pi} \sin \gamma \cos \alpha \times [1 - (\omega_e/\omega)(\varepsilon \cos \beta \sin \Psi \tan \alpha + \cos \Psi)] \quad (4\text{-}6)$$

其中,$V_{sc}$ 为SAR卫星沿轨道方向的速度大小;$\gamma$ 为雷达波束的高度角;$\alpha$ 为偏航角;$\omega_e$ 为地球自转角速度;$\omega$ 为SAR卫星角速度;$\varepsilon$ 表示雷达侧视成像方向;$\beta$ 为升交点与SAR轨道平面的夹角;$\Psi$ 为SAR卫星轨道平面的倾角。

目前,很多卫星SAR数据(ENVSAT ASAR、RADARSAT-2、Sentinel-1等)都在头文件中给出了多普勒中心系数,因此实际数据处理中利用多普勒中心系数所确定的拟合多项式和斜距时间 $t$ 可以方便地计算 $f_{sat}$，表达式为：

$$f_{sat}=dop\_coef(1)+dop\_coef(2) \cdot (t-t_0)+dop\_coef(3) \cdot (t-t_0)^2$$
$$+dop\_coef(4) \cdot (t-t_0)^3+dop\_coef(5) \cdot (t-t_0)^4 \tag{4-7}$$

其中，$dop\_coef(1)$ 至 $dop\_coef(5)$ 为多普勒中心系数，$t_0$ 为标准斜距时间。本小节采用多普勒中心拟合多项式(4-7)估算多普勒质心预测值，结果如图 4-8(b)所示。

### 4.2.1.3 多普勒质心异常与海面多普勒速度

去除卫星与地球相对运动产生的频移，即可得到多普勒质心异常 $f_{Dca}$。

$$f_{Dca}=f_{DC}-f_{sat} \tag{4-8}$$

多普勒质心异常与海表径视向速度之间存在线性关系，由此获得雷达视线向的多普勒速度 $V$ 为：

$$V=-\frac{\pi f_{Dca}}{k} \tag{4-9}$$

其中，$k$ 是雷达的电磁波波数，这里 ASAR 为 C 波段，波数为 $112~m^{-1}$。经空间投影，把速度从斜距投影到地距，得到海表面径向多普勒速度 $V'$，结果如图 4-9 所示。

$$V'=V/\sin \theta \tag{4-10}$$

其中，$\theta$ 为雷达电磁波入射角。

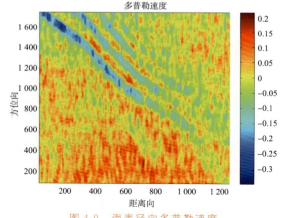

图 4-9　海表径向多普勒速度

上述海表径向多普勒速度并不是海面流速，它实际上是海表径向流速与 Bragg 波、风速的贡献之和。因此，从海表径向多普勒速度中提取海面流速需要计算并去除 Bragg 波、风速的贡献。

### 4.2.2 风场贡献去除与海面流场反演技术

上述海表径向多普勒速度并不是海面流速，它实际上是海面径向流速与风速的贡献之和，风速的贡献甚至大于海面流场的贡献。因此，从海面径向多普勒速度中提取海面流速需要精确去除风速的贡献。这里我们开发了基于 M4S 模型的风场贡献去除与海面流场流迭代反演算法。

通过 M4S 模型获得海面真实流场，就是求解以下关于海面流场 $U_c$ 的方程：

$$f(U_C) = \text{M4S}(U_C, U_W) - V_{dop\_sar} = 0 \tag{4-11}$$

其中，$V_{dop\_sar}$ 为真实 SAR 图像反演的多普勒速度。这里采用弦截法并结合下山法的迭代方法(称弦截下山法)进行求解。弦截下山法求解上述方程的公式如下：

$$U_{k+1} = U_k - \lambda \frac{f(U_k)}{f(U_k) - f(U_{k-1})}(U_k - U_{k-1}) \tag{4-12}$$

其中，$U_{k-1}$、$U_k$ 和 $U_{k+1}$ 分别表示第 $k-1$、$k$ 和 $k+1$ 次迭代的流速近似解，$\lambda$ 为下山因子。

由于 M4S 模拟仿真过程的计算量较大，弦截下山法一般只适用于 SAR 图像局部区域的流场反演。对于整幅 SAR 图像，可以通过迭代计算局部海面流场，估算每块局部区域的风贡献因子 $\gamma$，进而估算整幅 SAR 图像的 $\gamma$。这里将各局部区域的风贡献因子 $\gamma$ 的平均值作为整幅 SAR 图像的 $\gamma$。最后把整幅 SAR 图像的风贡献因子 $\gamma$ 代入下式，计算整幅 SAR 图像的海面流场分布：

$$U_D \approx \gamma U_{10} + U_C \tag{4-13}$$

### 4.2.3 基于实测数据对 DCA 海面流速反演算法的验证

作者于 2019 年 5 月 30 日至 7 月 1 日搭载"东方红 3"号海洋科考船出海试验期间，分别于 6 月 24 日 5 点 54 分和 6 月 25 日 18 点 12 分完成了两次星、地匹配实验，采集了两景 RADARSAT-2 SAR 图像和与之匹配的海面实测流、浪数据。

将星、地匹配实验中安德拉海流计测得的流速、流向数据在卫星过境时刻前后 10 分钟内取平均值，并投影到对应 SAR 径向，得到流速分别为 0.23 m/s、−0.14 m/s。以 SAR 反演的径向流速分布图中实测数据的匹配位置(图 4-10a、b 中黑色五角星处)为中心 1 km ×1 km 范围内，对 SAR 反演的流速取平均，得到两幅 SAR 图像 DCA 方法反演的流速分别为 0.19 m/s、−0.29 m/s。将 DCA 法反演的流速与安德拉海流计测得的流速进行比较，得到两幅 SAR 图像在实测点处的反演误差分别为 0.04 m/s 和 0.15 m/s，如表 4-1 所示。上述结果表明，基于 RADARSAT-2 SAR 复数据反演的流速与安德拉海流计现场实测流速之间误差小于 0.2 m/s，较高精度地反演了 SAR 径向海面流速。

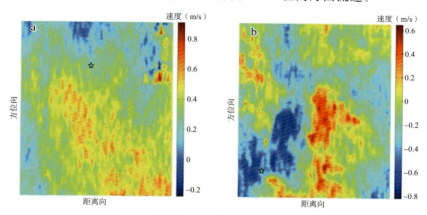

a. 图为 6 月 23 日 SAR 数据流场反演结果；

b. 图为 6 月 25 日 SRA 数据流场反演结果；五角星表示实测数据的位置。

图 4-10  RADARSAT−2 SAR 实验匹配数据反演的表面流场

在另一次南海出海实验中获取了海流计实测海流数据并与两景 Sentinel-1A IW 数据匹配,采用上述相同方法获得的径向流速反演结果如图 4-11 所示,径向流速误差分别为 0.15 m/s、0.06 m/s(表 4-1)。上述结果表明,基于 Sentinel-1A IW 数据反演的流速与安德拉海流计现场实测流速之间误差小于 0.2 m/s,较高精度地反演了 SAR 径向海面流速。

表 4-1　SAR 反演的径向流速与实测流速比对

| 实测点 | SAR 数据源 | 实测数据源 | SAR 反演的径向流速(m/s) | 实测流速径向分量(m/s) | 流速误差(m/s) |
|---|---|---|---|---|---|
| 118.51°E 21.30°N 2019.06.24 5:54 | RADASAT-2 | 海流计 | 0.19 | 0.23 | 0.04 |
| 118.29°E 21.80°N 2019.06.25 18:12 | | | −0.29 | −0.14 | 0.15 |
| 113.60°E 21.30°N 2020.11.27 18:30 | Sentinel-1A | 海流计 | 0.15 | 0.30 | 0.15 |
| 113.60°E 21.30°N 2020.12.09 18:30 | | | 0.14 | 0.20 | 0.06 |

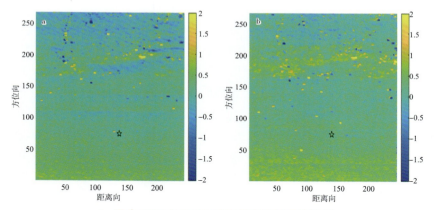

a. 图为 2020 年 11 月 27 日数据流场反演结果;

b. 图为 2020 年 12 月 9 日数据流场反演结果;五角星表示实测数据的位置。

图 4-11　Sentinel-1A 实验匹配数据反演的表面流场

## 4.3　斜视双波束 ATI-SAR 海面流场成像仿真技术

斜视双波束 ATI-SAR 海面流场成像仿真技术主要包括大斜视角 SAR 海面回波模拟、大斜视角 SAR 成像模拟、斜视 ATI-SAR 海面成像模拟三方面的研究内容,本研究为海面矢量流场反演技术的研究提供仿真数据。

### 4.3.1　波流相互作用

为了模拟海流对 SAR 成像的影响,这里探讨海流对海面微尺度波的影响。海流对海面微尺度波的调制主要通过波流相互作用实现,在弱流场的作用下,虽然海面波包的能量不再守恒,但其作用量守恒。

#### 4.3.1.1 波作用量基本方程

波的作用量 $N$ 被定义为 $N=E/\omega_0$,即波能密度 $E$ 与波固有频率 $\omega_0$ 的比值。根据水动力学弱相互作用理论,在缓慢变化的海面流场中传播的海浪波列的作用量变化可以通过波作用量方程描述:

$$\frac{dN}{dt}=(\frac{\partial}{\partial t}+\frac{d\,\vec{x}}{dt}\frac{\partial}{\partial\,\vec{x}}+\frac{d\,\vec{k}}{dt}\frac{\partial}{\partial\,\vec{k}})N=S(N) \tag{4-14}$$

其中,$t$ 为时间变量;$N$ 为波作用量谱密度;$S$ 为波作用量的源函数,是波作用量随时间变化的原因;$\vec{x}$、$\vec{k}$ 分别表示海浪波包的空间位置和波数,其随时间的变化由射线方程确定。波作用量谱 $N$ 与能量谱 $E$ 及海浪波高谱之 $F$ 间存在如下关系:

$$N(t,\vec{x},\vec{k})=\frac{E(t,\vec{x},\vec{k})}{\omega_0(k)}=\rho\omega_0(k)\frac{F(t,\vec{x},\vec{k})}{k} \tag{4-15}$$

其中,$\omega_0$ 是海浪的时间本征频率,$k$ 为波数的大小,$\rho$ 为海水密度。在无限水深条件下,固有频率 $\omega_0$ 和波数 $k$ 之间由色散关系联系:

$$\omega_0(k)=\sqrt{gk+\frac{\tau}{\rho}k^3} \tag{4-16}$$

其中,$g$ 为重力加速度,$\tau$ 为海水表面张力。

波作用量谱密度 $N$ 随时间的变化由以下射线方程决定,射线方程是波包空间位置和波数关于时间变量的微分方程组,描述了波包的传播规律。

$$\frac{d\,\vec{x}}{dt}=\frac{\partial\omega}{\partial\,\vec{k}}=\vec{c}_g(\vec{k})+\vec{U}(\vec{x})$$

$$\frac{d\,\vec{k}}{dt}=-\frac{\partial\omega}{\partial\,\vec{x}}=-\frac{\partial}{\partial\,\vec{x}}(\vec{k}\cdot\vec{U}(\vec{x})) \tag{4-17}$$

其中,$\vec{c}_g=\partial\omega_0/\partial\vec{k}$ 表示波包的群速度,而 $\omega$ 表示海浪的表观频率。在运动介质中表观频率包含两项:海浪的固有频率和多普勒频移。

$$\omega=\omega_0+\vec{k}\cdot\vec{U}(\vec{x}) \tag{4-18}$$

在时域和频域变化的波作用量谱可以通过求解波作用量谱方程得到,但由于该方程是一个一阶非线性双曲偏微分方程,直接进行数值求解存在较大困难。目前,一阶双曲偏微分方程常用的求解方法有两种:特征线方法和能量积分法,在这里我们采用特征线方法求解波作用量方程,这种方法也称射线追踪法。

沿着求解射线方程获得射线轨迹,波作用量方程简化为一常微分方程:

$$\frac{dN}{dt}=S(N,\vec{k},\vec{x},t) \tag{4-19}$$

基于上式,沿射线轨迹积分即可获得最终的波作用量谱密度。

#### 4.3.1.2 源函数

理想情况下,源函数应该是风输入、非线性波－波相互作用、波破碎等耗散因素的作用之和。作用量的通量依赖于很多参数和变量,其中包含了非常复杂的关系和反馈机制。例如,波－波相互作用将导致不同波数的作用量之间的耦合,风输入是局部摩擦系数的函数,而局部摩擦系数随表面粗糙度变化。假设海底地形变化平缓,平衡谱所受的扰动通常不是很大。在近平衡条件下,通过假设一个给定波包的作用量谱密度独立于其他波包,源函数可以进行合理近似。最简化的源函数具有线性形式:

$$S = -\mu(N - N_0) \tag{4-20}$$

其中,$N_0$ 和 $N$ 分别表示平衡态和非平衡态的作用量谱密度,$\mu$ 表示弛豫率。这个形式的源函数可以看成是全源函数在 $N = N_0$ 处泰勒展开的线性项,弛豫率 $\mu$ 则是线性项系数。

弛豫率 $\mu$ 表征了海浪作用量谱密度受扰动后向平衡状态恢复趋势的强弱,目前尚无统一表达式。这里我们取弛豫率等价于风成长率。弛豫率的具体形式写成半径和方向变化因子乘积的形式:

$$\mu = 0.043 \frac{(u_* k)^2}{\omega_0} \cdot |\cos(\varphi - \varphi_w)| \tag{4-21}$$

其中,$u_*$ 表示摩擦风速,$\varphi - \varphi_w$ 是波向和风向的夹角。

#### 4.3.1.3 数值求解及模拟结果

为了便于开展计算,在海面二维平面坐标系中,射线方程展开为沿 $x$、$y$ 轴的标量形式:

$$
\begin{aligned}
\frac{\mathrm{d}x}{\mathrm{d}t} &= c_{gx} + u_x = \frac{\partial \omega_0}{\partial k_x} + u_x \\
\frac{\mathrm{d}y}{\mathrm{d}t} &= c_{gy} + u_y = \frac{\partial \omega_0}{\partial k_y} + u_y \\
\frac{\mathrm{d}k_x}{\mathrm{d}t} &= -(k_x \frac{\partial u_x}{\partial x} + k_y \frac{\partial u_y}{\partial x}) \\
\frac{\mathrm{d}k_y}{\mathrm{d}t} &= -(k_x \frac{\partial u_x}{\partial y} + k_y \frac{\partial u_y}{\partial y})
\end{aligned}
\tag{4-22}
$$

其中,$x$、$y$ 与 $k_x$、$k_y$ 分别是位置矢量 $\vec{x}$、波数矢量 $\vec{k}$ 在二维坐标轴方向的分量,$u_x$、$u_y$ 是已知的初始海面流场 $\vec{U}$ 在坐标轴方向的分量,$c_{gx}$、$c_{gy}$ 是波包群速度在 $x$、$y$ 轴的分量,$\frac{\partial u_x}{\partial x}$、$\frac{\partial u_x}{\partial y}$、$\frac{\partial u_y}{\partial x}$ 和 $\frac{\partial u_y}{\partial y}$ 是流场梯度分量,可以经由初始流场的差商获得。

上述射线方程是一阶常微分方程组,由四个方程组成的,数值求解的方法通常采用龙格-库塔法(R-K 方法)。为了提高求解过程的自适应性,可以采用变步长的 R-K 方法。获得射线轨迹后,沿射线轨迹波作用量方程简化为一个常微分方程,其求解方法可以采用 R-K 方法或预报-校正法。这里我们采用预报-校正法沿射线轨迹对其进行积分求解。

在风速为 5 m/s、风向与 $x$ 轴的夹角为 30° 的条件下,我们初步模拟了流场对海浪谱的调制作用。海浪二维波矢的采样中,我们对波数大小和方向角分别采样,图 4-12 给出了四个波矢方向角下的被海流调制和未调制的海浪谱的对比图,图中实线为未被调制的海浪谱,而虚线为被海流调制的海浪谱。可以看出:① 在海流的调制下,海浪谱偏离了原值;② 不同波矢方向角下,海浪谱偏离原值程度不同。

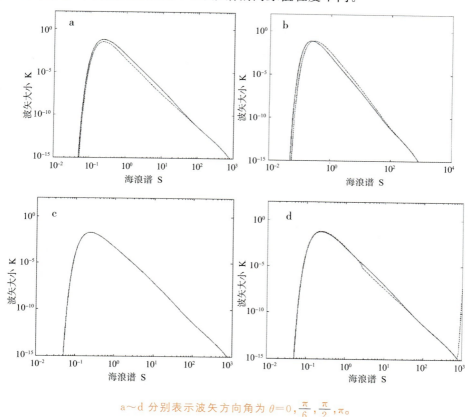

a~d 分别表示波矢方向角为 $\theta=0,\dfrac{\pi}{6},\dfrac{\pi}{2},\pi$。

图 4-12 被海流调制和未调制的海浪谱对比图

## 4.3.2 海面建模与后向散射模拟

时变二维海面的建模及海面后向散射计算是 SAR 海面成像的基础,这里首先开展了二维海面的建模及海面后向散射计算的模拟工作。

### 4.3.2.1 时变二维海面模拟

常用的线性海面生成方法主要有线性滤波法和双线性叠加法,两者都是基于线性海浪理论,同时引入随机变量,可以较好地反映海浪的随机性。在此基础上通过色散关系引入时间因子,生成随时间变化的粗糙海面。线性滤波法主要基于快速傅里叶变换(FFT),具有两方面的优点:一是计算速度块、效率高;二是生成的海面细节特征更明显。因此，线性滤波法在海洋动力学和海面电磁散射计算中被广泛应用。我们采用此方法，基于 Elfouhaily 谱模拟了时变海面。

采用线性滤波法模拟海面高度和斜率分布的具体方法是，首先在频域产生符合高斯统计分布的随机噪声，随后用海谱对噪声进行滤波，再作逆傅里叶变换，得到匹配海谱的随机海面高度分布。流程如图 4-13 所示。

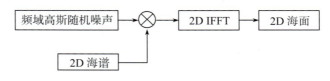

图 4-13　线性滤波法海面模拟流程图

时变海面模拟时，海面的时变特性可以通过重力波的色散关系来建模。对于稳态的、满足深水条件的海面，把海面高度起伏看作多个幅度为高斯分布的相互独立的谐波的叠加，每个谐波分量独立传播，则海面波的传播频率 $\omega$ 和空间波数大小 $q$ 满足色散关系：

$$\omega^2(q) = gq[1+(q/k_m)^2]$$
(4-23)

其中，g 是重力加速度；$k_m = \sqrt{\rho_w g / T} = 370 \text{ rad/m}$，为海面最慢波的波数。

时变二维线性海面的建立可以通过对海谱进行逆傅里叶变化实现。任意 $t$ 时刻，频域的傅里叶变换分量 $A_L(\vec{q}, t)$ 可以用海谱表示为：

$$A_L(\vec{q}, t) = \pi G(\vec{q}) \cdot \sqrt{2L_x L_y W(q, \varphi)} e^{j\omega(q) \cdot t} + \pi G^*(-\vec{q}) \cdot \sqrt{2L_x L_y W(q, \pi - \varphi)} e^{-j\omega(q) \cdot t}$$
(4-24)

其中，$\vec{q} = (q_x, q_y)$ 表示海面波数矢量且 $q = |\vec{q}|$，$L_x$、$L_y$ 分别为二维海面在 $x$、$y$ 轴方向的长度，$W(q, \varphi)$ 为海浪方向谱，$j$ 为虚数单位。$G(\vec{q})$ 是符合均值为 0，方差为 1 的复高斯分布的二维随机数，$G^*(-\vec{q})$ 为 $G(\vec{q})$ 的逆序共轭复数。

对频域的傅里叶变换分量 $A_L(\vec{q}, t)$ 进行逆傅里叶变换可以生成线性海面，即

$$\eta_L(\vec{r}, t) = \frac{1}{L_x L_y} \sum \sum A_L(\vec{q}, t) \exp(j \vec{q} \cdot \vec{r})$$
(4-25)

其中，$\eta_L(\vec{r}, t)$ 表示时刻 $t$、位置 $\vec{r}$ 处的海面高度（由大尺度波导致的波高）。为了保证通过上述逆傅里叶变换得到的海面高度 $\eta_L$ 为实数，需要确保 $A_L$ 满足以下关系：

$$A_L(q_x, q_y) = A_L^*(-q_x, -q_y)$$
$$A_L(q_x, -q_y) = A_L^*(-q_x, q_y)$$
(4-26)

在风速为 5 m/s、风向与 $x$ 轴的夹角为 30° 的条件下，我们采用 $E$ 谱模拟的时变海面如图 4-14 所示，图中依次给出了 0 ms、40 ms、140 ms、340 ms 时刻的海面高度分布，模拟海面的分辨率为 1 m。

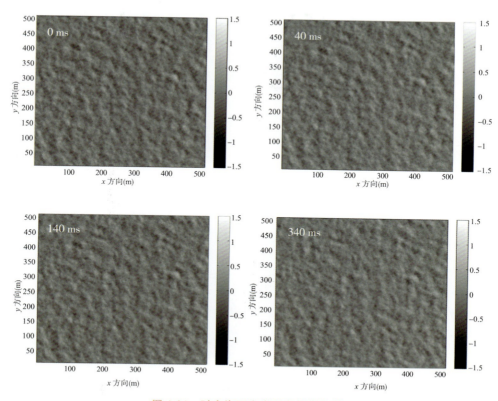

图 4-14 时变海面高度分布模拟结果

#### 4.3.2.2 基于二尺度复合表面模型海面散射系数计算

本小节将采用复合表面模型计算海面后向散射系数。在中等入射角下,海面后向散射机制主要是布拉格共振散射机制。布拉格散射主要来自波长与入射电磁波同一量级的海面小尺度波,而大尺度波通过对小尺度波的倾斜调制、水动力学调制等影响后向散射系数。海面波浪的布拉格共振波矢为:

$$\vec{k}_{res} = 2(\vec{k}_H + k_z \nabla \eta_L) \tag{4-27}$$

其中,$\vec{k}_H$、$k_z$ 分别是后向散射的电磁波矢 $\vec{k}$ 的水平分矢量和竖直分量大小,$\eta_L$ 是长波海面高度,$\nabla \eta_L$ 表示海面长波的斜率。$k_z \nabla \eta_L$ 项体现了海面长波对布拉格波波矢的倾斜调制。

二尺度复合表面模型基于频率或波长把海面分为大尺度重力波和小尺度张力波,小尺度张力波骑行在大尺度重力波上组成完整的海面。海面波浪尺度划分的标准为

$$
\begin{aligned}
W_s(\vec{q}) &= W(\vec{q}) && q \geqslant q_{cut} \\
&= 0 && q < q_{cut} \\
W_L(\vec{q}) &= W(\vec{q}) && q < q_{cut} \\
&= 0 && q \geqslant q_{cut}
\end{aligned}
\tag{4-28}
$$

$q_{cut}$ 为海浪的截断波数，一般取其为入射电磁波波矢或布拉格波矢的几分之一。

基于模拟的海面，对海面高度沿 $x$、$y$ 方向求导得到海面斜率二维分布：

$$\nabla \eta_L(x,y) = \vec{e}_x \frac{\partial \eta_L(x,y)}{\partial x} + \vec{e}_y \frac{\partial \eta_L(x,y)}{\partial y} = \vec{e}_x \eta_{L,x}(\vec{x}) + \vec{e}_y \eta_{L,y}(\vec{x}) \quad (4\text{-}29)$$

倾斜面元的法向单位矢量：

$$\vec{n}(\vec{x}) = \vec{n}(x,y,\eta(x,y)) = \frac{\vec{e}_z - \nabla \eta_L(x,y)}{\sqrt{1 + |\nabla \eta_L(x,y)|^2}} \quad (4\text{-}30)$$

局地入射角：

$$\cos \theta_{loc} = -\frac{\vec{k} \cdot \vec{n}(\nabla \eta)}{k} \quad (4\text{-}31)$$

其中，$k = |\vec{k}|$，是电磁波波矢大小。

近似旋转角：

$$\cos\varphi = \frac{\vec{n} \cdot \vec{e}_z \cdot \vec{i} \cdot \vec{e}_z \vec{i} \cdot \vec{n}}{\sqrt{[1-(\vec{n} \cdot \vec{i})^2][1-(\vec{e}_z \cdot \vec{i})^2]}} \qquad \vec{i} = -\frac{\vec{k}}{k} \quad (4\text{-}32)$$

最后，把上述变量代入二度复合表面模型，可以计算后向散射系数。

$$\sigma^0_{HH}(\nabla \eta_L) = 8\pi k^4 \cos^4 \theta_{loc} [W_S(-\vec{k}_{res}) + W_S(\vec{k}_{res})] \cdot |g_{HH}\cos^2 \varphi + g_{VV}\sin^2 \varphi|^2$$

$$\sigma^0_{VV}(\nabla \eta_L) = 8\pi k^4 \cos^4 \theta_{loc} [W_S(-\vec{k}_{res}) + W_S(\vec{k}_{res})] \cdot |g_{HH}\sin^2 \varphi + g_{VV}\cos^2 \varphi|^2$$

$$\sigma^0_{HV}(\nabla \eta_L) = 8\pi k^4 \cos^4 \theta_{loc} [W_S(-\vec{k}_{res}) + W_S(\vec{k}_{res})] \cdot |(g_{HH}-g_{VV})\sin\varphi \cos \varphi|^2$$

$$(4\text{-}33)$$

其中，几何散射系数：

$$g_{HH} = \frac{\varepsilon - 1}{\cos \theta_{loc} + \sqrt{(\varepsilon - 1 + \cos^2 \theta_{loc})^2}} \quad (4\text{-}34)$$

$$g_{VV} = \frac{(\varepsilon - 1)(\varepsilon(1 + \sin^2 \theta_{loc}) - \sin^2 \theta_{loc})}{(\varepsilon \cos \theta_{loc} + \sqrt{\varepsilon - 1 + \cos^2 \theta_{loc}})^2} \quad (4\text{-}35)$$

基于上一小节模拟的 0 ms 时刻的海面，我们计算的 VV、HH、HV 三种极化的海面雷达后向散射系数，结果如图 4-15 所示。从图中可以看出，VV 极化雷达后向散射系数主要分布在 $-11 \sim -15$ dB 之间，高出 HH 极化约 4 dB。而 HV 极化雷达后向散射系数主要分布在 $-35 \sim -55$ dB 之间，远远小于 VV、HH 两种同极化方式。这样的结果与文献基本一致。另外，我们基于不同时刻的海面建模，模拟了不同时刻的海面雷达后向散射系数，结果如图 4-16 所示。

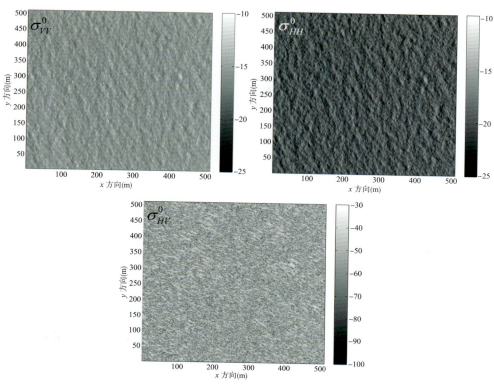

图 4-15　不同极化方式的归一化雷达后向散射系数（单位 dB）

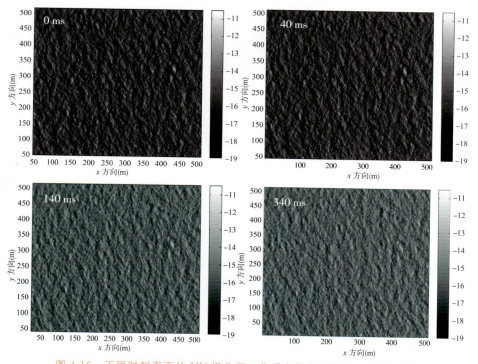

图 4-16　不同时刻海面的 VV 极化归一化后向散射系数 $\sigma_{VV}^0$（单位 dB）

### 4.3.3 大斜视角 SAR 海面回波模拟

在斜距坐标系 $(x, r)$ 中讨论大斜视 SAR 的无近似瞬时斜距方程。设 SAR 天线沿 $x$ 轴（方位向）以速度 $v$ 运动，天线到地面的高度为 $h$，波束射线指向斜视角为 $\theta_S$，场点 $(x_p, y_p)$ 在波束方位中心穿越时刻的斜距为 $r_0$，场点 $(x_p, y_p)$ 在斜距坐标系中的坐标为 $(x_p, r_0)$。对于陆地静止目标，场点 $(x_p, y_p)$ 斜距方程为：

$$r(t_a, r_0) = \sqrt{r_0^2 + (vt_a - x_p)^2 - 2r_0(vt_a - x_p)\sin\theta_s}$$
$$= \sqrt{r_0^2 + v^2(t_a - t_p)^2 - 2r_0 v(t_a - t_p)\sin\theta_s} \tag{4-36}$$

其中，$t_a$ 为方位时间（慢时间），$v$ 为平台速度，$\theta_S$ 为斜视角，$r_0 = \sqrt{h^2 + x_0^2 + y_p^2}$ 为场点 $(x_p, y_p)$ 在波束方位中心穿越时刻的斜距，$t_p = \dfrac{x_p}{v}$ 为场点 $(x_p, y_p)$ 的波束中心穿越时刻。

假设雷达发射的信号为线性调频信号，则来自目标点 $(x_p, r_0)$ 并解调后的 SAR 回波信号为：

$$ss(t_a, \tau; r_0) = w_r\left[\tau - \frac{2r(t_a; r_0)}{c}\right]w_a(t_a)$$
$$\times \exp\left[-j\frac{4\pi f_c}{c}r(t_a; r_0)\right]\exp\left[j\pi\gamma\left(\tau - \frac{2r(t_a; r_0)}{c}\right)^2\right] \tag{4-37}$$

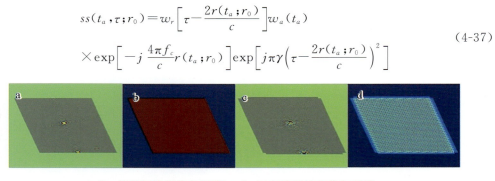

a、b. 单点回波相位与强度；c、d. 五点阵回波相位与强度。

图 4-17　回波模拟结果

上述方法可以对陆地场景的静止目标进行模拟，但海面的目标点处于时刻地运动中，已有研究表明海面长波轨道运动是 SAR 图像中海浪条纹形成的主要原因，因此在对海面目标进行回波模拟时需要准确考虑海面运动效应。对于动态海面，考虑了海面运动和海面高度起伏后，斜距方程有如下三方面的变化：首先，引入海面高度 $z_0$，则 $r_0 = \sqrt{h^2 + x_0^2 + y_p^2}$ 变为 $r_0' = \sqrt{(h - z_0)^2 + x_0^2 + y_p^2}$。其次，海面在方位向的运动导致 SAR 相对海面质点的运动速度为 $\tilde{v} = v - v_x^{curr}$。最后，海面在斜距方向的运动 $\hat{v}_r$ 会引起"额外斜距位移" $\hat{v}_r \cdot (t_a - t_p')$。

### 4.3.4 大斜视角 SAR 成像模拟

采用扩展非线性变标算法（ENLCS）对大斜视角 SAR 进行成像模拟，该方法包括距离向压缩处理和方位向压缩处理两部分，流程如图 4-18 所示。

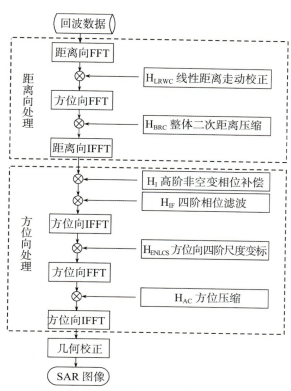

图 4-18 斜视 SAR ENLCS 成像算法流程图

斜视 SAR 的距离向聚焦算法包括一次距离脉冲压缩、线性距离走动校正和二次距离压缩。斜视 SAR 存在较大的线性距离走动，导致距离向与方位向之间具有较强耦合，因此在第一次距离脉冲压缩后，需对信号进行距离走动校正。二次距离压缩（BSRC）需要考虑到至少四阶相位。二次距离压缩后的信号在 R−D 域内表示为：

$$Ss_3(f_a,\tau;r_{LRWC})=W(f_a)\mathrm{sinc}\left[B_r\left(\tau-\frac{2r_{LRWC}}{c}\right)\right]\times\exp\left(-+j\,\frac{4\pi}{\lambda}vt_p\sin\theta_s\right)$$

$$\times\exp(-j2\pi f_a t_p)\exp\left[-j\,\frac{4\pi r_0}{\lambda}D(f_a)\right]\exp\left[j\,\frac{\pi r_0}{\lambda}\frac{\chi(f_a)}{D(f_a)^3}\right]$$

(4-38)

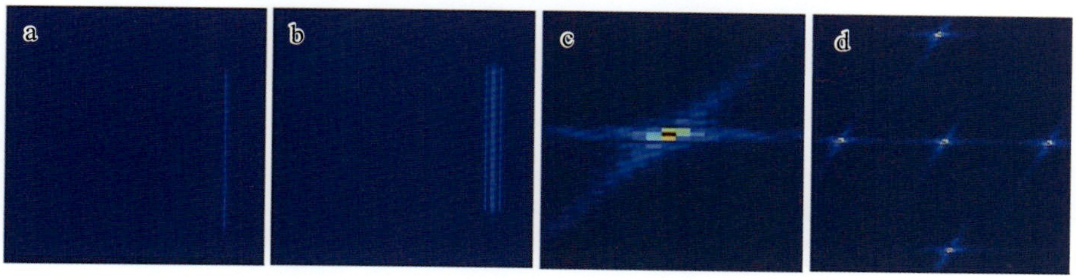

a、c. 单点；b、d. 五点阵回波距离压缩结果与成像结果（斜视角为 30°）

图 4-19 回波成像结果

方位向的聚焦处理包括高阶非空变相位补偿、四阶相位滤波、方位向非线性尺度变标和方位压缩，最终聚焦后的 SAR 图像在二维时域内表示为（图 4-20）：

$$ss_7(t_a,\tau;r_{LRWC})=\mathrm{sin}c\left[\tau-\frac{2r_{LRWC}}{c}\right]\cdot\mathrm{sin}c\left[t_a-\frac{t_p}{2\alpha}\right]\cdot\exp\left(j\frac{q_2t_p}{K_a+q_2}t_a\right)\quad(4\text{-}39)$$

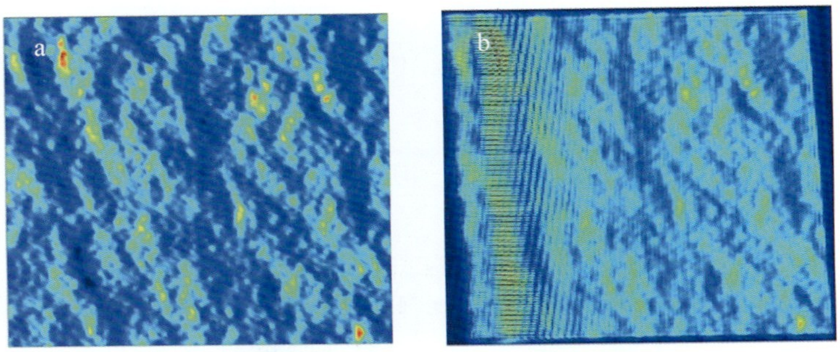

a. 与斜视 SAR 静态海面成像模拟结果；b. 模拟条件：风速 5 m/s、风向 30°、斜视角 30°。

图 4-20　海面后向散射模拟结果

ATI-SAR 回波模拟的关键在于前后两天线到目标场点的瞬时斜距及其相互关联。设 $t_a$ 时刻（慢时间）后天线（aft antenna）的方位位置为 $vt_a$，则前天线（fore antenna）的位置为 $vt_a+2B$。对于静止目标，后天线到场点的瞬时斜距为：

$$r_-(t_a,r_0)=\sqrt{r_0^2+(vt_a-x_p)^2-2r_0(vt_a-x_p)\sin\theta_s}\quad(4\text{-}40)$$

前天线到场点的瞬时斜距为：

$$r_+(t_a,r_0)=\sqrt{r_0^2+(vt_a+2B_a-x_p)^2-2r_0(vt_a+2B-x_p)\sin\theta_s}\quad(4\text{-}41)$$

在回波模拟中需考虑来回双程（round-trip）。假设后天线发射电磁波，而前后两天线接收电磁波，则后天线的双程斜距为：

$$r_{aft}=2r_-(t_a,r_0)\quad(4\text{-}42)$$

前天线的双程斜距为：

$$r_{fore}=r_-(t_a,r_0)+r_+(t_a,r_0)\quad(4\text{-}43)$$

将海面运动引入 ATI-SAR 的斜距方程。按照前述回波、成像模拟方法，获得的斜视 ATI-SAR 海面成像如图 4-21 所示。

a. 主图像；b. 辅图像；c. 干涉相位。

图 4-21　斜视角 20° 的 ATI-SAR 海面成像

## 4.4　海面矢量流场反演技术

分别基于模拟的斜视双波束 ATI-SAR 数据和组网 SAR 数据开展了海面矢量流

场反演技术研究。

### 4.4.1 基于双波束 ATI-SAR 仿真数据的海面矢量流场反演

采用 4.3 节中建立的斜视双波束 ATI-SAR 海面流场成像仿真技术,模拟了双波束 ATI-SAR 斜视角分别为 ±20°、±30° 的两组仿真数据。海面后向散射模拟时采用了 E 谱,二维风场设定为常数矢量,$x$ 风速为 5.0 m/s,风向为 $\pi/4$。SAR 参数设置为入射角 40°、VV 极化、载频 10.0 GHz。

针对模拟的双波束 ATI-SAR 仿真数据,采用 4.1 节中建立的顺轨干涉 SAR 的海面径向流速高精度提取技术,反演海面径向流速,把两个方向的一维流速,合成为二维流场,获得矢量流场的流速与流向。

为了验证基于双波束 ATI-SAR 图像数据反演的海面矢量流场的精度,这里把反演的二维流场与仿真双波束 ATI-SAR 图像时的初始二维流场作比对验证,比对散点图如图 4-22 所示。反演的二维流场与输入流场统计对比的相关系数、平均误差、均方根误差如表 4-2 所示。散点图及比对统计量表明,模拟反演的二维流场的流速、流向与输入流场的一致性非常好,流速相关系数优于 0.98,流向相关系数优于 0.92;模拟反演的二维流场的流速、流向与输入流场之间的误差较小,流速均方根误差优于 0.04 m/s,流向误差优于 5.3°。

表 4-2　反演的二维流场与输入流场统计对比

| 反演流场 | 流速/流向 | 相关系数 | 平均误差 | 均方根误差 |
|---|---|---|---|---|
| 斜视角 ±20° 反演的二维流场 | 流速 | 0.988 | 0.039 m/s | 0.04 m/s |
| | 流向 | 0.927 | −5.273° | 5.288° |
| 斜视角 ±30° 反演的二维流场 | 流速 | 0.987 | 0.001 m/s | 0.01 m/s |
| | 流向 | 0.948 | 0.052° | 0.317° |

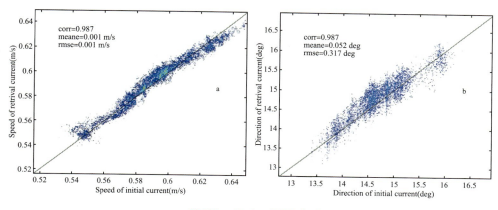

a. 流速(m/s);b. 流向(deg)。

图 4-22　斜视角为 ±30° 的仿真数据反演的二维流场与输入流场比对散点图

### 4.4.2 基于卫星组网 SAR 仿真数据的海面矢量流场反演

采用 M4S 模型模拟组网 SAR 对海面的成像。海面后向散射模拟时采用了 E 谱，二维风场设定为常数矢量，$x$ 方向风速为 5.0 m/s，$y$ 方向风速为 3.0 m/s。SAR 参数设置为平台高度 500 km、入射角 31.3°、VV 极化、载频 9.6 GHz。参与组网的 SAR 分别沿着三个不同的方向飞过目标海域，并且在三个不同的视向同时对目标区域进行成像。飞行方向及视向组合如表 4-3 所示。

表 4-3　反演的二维流场与输入流场统计对比

|  | 左右视 | 航向 | 视向 |
|---|---|---|---|
| 模拟参数 1 | 左 | 90° | 0° |
| 模拟参数 2 | 左 | 130° | 40° |
| 模拟参数 3 | 右 | 0° | 90° |

针对模拟的 SAR 数据，采用多普勒质心频移法获取 Doppler 质心频移异常及地距多普勒速度。采用 4.2 节中介绍的弦截下山迭代法，去除风场及 Bragg 波对多普勒速度的贡献，获得最终的径向海面流场。把上述三个方向反演的一维流速分别两两配对合成为二维流场，获得矢量流场的流速与流向。

为了验证 DCA 方法反演的海面矢量流场的精度，这里把反演的二维流场与输入 M4S 模型的二维流场作比对验证，比对散点图如图 4-23 所示。反演的二维流场与输入流场统计对比的相关系数、平均误差、均方根误差如表 4-4 所示。散点图及比对统计量表明，模拟反演的二维流场的流速、流向与输入流场的一致性非常好，流速相关系数优于 0.99，流向相关系数优于 0.97；模拟反演的二维流场的流速、流向与输入流场之间的误差较小，流速均方根误差优于 0.03 m/s，流向误差优于 4.4°。

表 4-4　反演的二维流场与输入流场统计对比

| 反演流场 | 流速/流向 | 相关系数 | 平均误差 | 均方根误差 |
|---|---|---|---|---|
| 0°与 40°合成的<br>二维流场 | 流速 | 0.998 | 0.004 m/s | 0.008 m/s |
|  | 流向 | 0.972 | −4.253° | 4.413° |
| 0°与 90°合成的<br>二维流场 | 流速 | 0.995 | 0.024 m/s | 0.026 m/s |
|  | 流向 | 0.992 | −1.206° | 1.393° |
| 40°与 90°合成的<br>二维流场 | 流速 | 0.996 | −0.006 m/s | 0.01 m/s |
|  | 流向 | 0.982 | 0.316° | 1.223° |

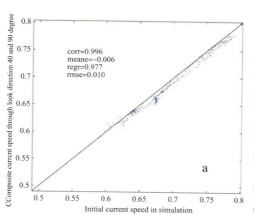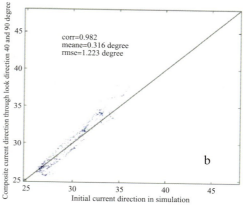

a. 流速(m/s);b. 流向(deg)。

图4-23 40°与90°的视向组合反演的二维流场与输入流场比对散点图

由于模拟二维流场SAR成像及多普勒谱的估算都是理想情况下进行的,所以基于上述模拟数据的二维流场流速、流向精度都很高。在使用实际SAR数据进行二维流场反演时,SAR姿态变化、速度偏移、波束指向误差、以及多普勒估计误差等因素会引入大量误差,使二维流场流速、流向的反演精度远远低于理想的模拟情况。

## 4.5 战略通道示范区海面流场数据产品的专题地图集

斯里兰卡、马六甲海峡及霍尔木兹海峡是国家重点研发计划"基于卫星组网的海洋战略通道与战略支点环境安全保障决策支持系统研发与应用"划定的三个战略通道示范区,为了获取三个区域的海面流场数据产品,本小节建立了针对Sentinel-1 IW数据的处理流程,包括去斜处理(Deramping)、解调处理、拼接处理(de-burst)等,然后采用改进的DCA方法生产海面径向流场产品。处理了马六甲海峡、霍尔木兹海峡和斯里兰卡岛附近海域2020年不同月份的Sentinel-1 IW数据各30余景,已生产SAR海面流场数据近100景。最终的数据产品全部以nc格式的文件提供给相关单位做示范应用。

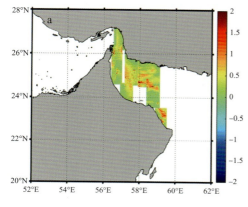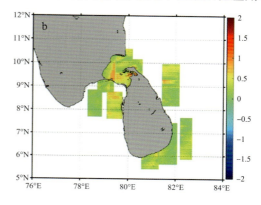

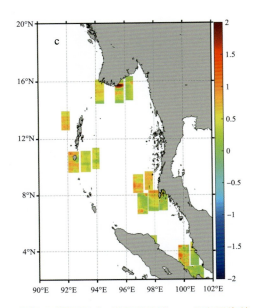

a. 霍尔木兹海峡；b. 斯里兰卡岛；c. 马六甲海峡。

图 4-24　战略通道示范区海面流场数据产品

# 参考文献

［1］Siedler G，Rouault M，Lutjeharms J R E. Structure and origin of the subtropical South Indian Ocean countercurrent［J］. Geophysical Research Letters，2006，332 (24)：194—199.

［2］Emery W J，Fowler C，Clayson C A. Satellite-image-derived Gulf Stream Currents compared with numerical model results［J］. Journal of Atmospheric and Oceanic Technology，1992，9(3)：286-304.

［3］Lin H，Fan K G，Shen H，et al. Review on remote sensing of oceanic internal wave by space-borne SAR［J］. Progress in Geophysics，2010，25(3)：1081-1091.

［4］Kooij M，Hughes W，Sato S. Doppler current velocity measurements：A new dimension to spaceborne SAR data［J］. Atlantis Scientific，Ontario，Canada 2001.

［5］Chapron B，Collard F，Ardhuin F. Direct measurements of ocean surface velocity from space：Interpretation and validation［J］. Journal of Geophysical Research Oceans，2005，110(C7)：691—706.

［6］Clementini E，Felice P D. Approximate topological relations［J］. International Journalof Approximate Reasoning，1997，16(2)：173—204.

［7］Zhang Y B，Zhang J，Meng J M，et al. An improved frequency shift method for ATI-SAR flat earth phase removal［J］. Acta Oceanologica Sinica，2019，38(8)：94—100

［8］汪鲁才. 星载合成孔径雷达干涉成像的信息处理方法研究［D］. 长沙：湖南大学：2005.

［9］Goldstein R，Zebker H，Werner C. Satellite radar interferometry：Two-dimensional phase unwrapping［J］. Radio Science，2016，23(4)：713—720.

［10］Romeiser R，Runge H，Suchandt S，et al. Quality assessment of aurface current fields from TerraSAR-X and TanDEM-X Along-Track interferometry and doppler centroid analysis［J］. IEEE Transactions on Geoscience and Remote Sensing，2014，52(5)：2759—2772.

［11］Romeiser R，Breit H，Eineder M，et al. Current measurements by SAR along-track interferometry from a space shuttle [J]. IEEE Transactions on Geoscience & Remote Sensing, 2005, 43(10): 2315—2324.

[12] Romeiser R, Runge H, Suchandt S, et al. Current measurements in rivers by spaceborne along-track InSAR [J]. IEEE Transactions on Geoscience & Remote Sensing, 2007, 45(12): 4019—4031.

[13] Cumming I G, Wong F H. Digital processing of synthetic aperture radar data: Algorithms and implementation[J]. 2004.

[14] R. K. Raney. Doppler properties of radars in circular orbits [J]. International Journal of Remote Sensing, 1986, 7(9).

[15] Hansen M W, Collard F, Dagestad K F, et al. Retrieval of sea surface range velocities from envisat ASAR doppler centroid measurements[J]. IEEE Transactions on Geoence & Remote Sensing, 2011, 49(10).

[16] Romeiser R, and Alpers W. An improved composite surface model for the radar backscattering cross section of the ocean surface 2. Model response to surface roughness variations and the radar imaging of underwater bottom topography [J]. Journal of Geophysical Research Oceans, 1997, 102(C11): 25251—25267.

[17] Kudryavtsev V, Hauser D, Caudal G, Chapron B. A semiempirical model of the normalized radar cross—section of the sea surface 1. Background model [J]. Journal of Geophysical Research Oceans, 2003, 108(C3): FET2-23

[18] Alpers W, and Hasselmann K. The two-frequency microwave technique for measuring ocean wave spectra from an airplane or satellite [J]. Boundary-Layer Meteorology, 1978, 13: 215—230.

[19] Plant W J. A relationship between wind stress and wave slope [J]. J. Geophys. Res. , 1982, 87: 1961—1967.

[20] 吴振森, 衣方磊. 一维动态海面的电磁散射杂波模拟和参数估计[J]. 电波科学学报, 2003, 18(2):132—137

[21] 聂卫东, 康凤举, 褚彦军, 杨惠珍. 基于线性海浪理论的海浪数值模拟[J]. 系统仿真学报, 2005, 17(5):1037—1039

[22] Elfouhaily T, Chapron B, Katsaros K, and Vandemark D. A unified directional spectrum for long and short wind-driven waves [J]. J. Geophys. Res. , 1997, 102(C7): 15781—15796.

[23] Rino C L, Crystal T L, Koide A K, et al. Numerical simulations of backscatter-er from linear and nonlinear ocean surface realization [J]. Radio Science, 1991, 26(1): 51—71.

[24] Ward K D，Tough R，Watts S. Sea Clutter：Scattering the K distribution and radar performance [J]，Institution of Engineering and Technology，2007.

[25] D. An，X. Huang，T. Jin，Z. Zhou. Extended nonlinear chirp scaling algorithm for high-resolution highly squint SAR data focusing [J]. IEEE Transactions on Geoscience and Remote Sensing，vol. 50，no. 9，pp. 3595—3609，Sept. 2012，doi：10. 1109/TGRS. 2012. 2183606.

[26] G. Sun，X. Jiang，M. Xing，Z. Qiao，Y. Wu，Z. Bao. Focus improvement of highly squinted data based on azimuth nonlinear scaling [J]. IEEE Transactions on Geoscience and Remote Sensing，2011，49(6)：2308—2322.

[27] 李震宇，梁毅，邢孟道，保铮. 弹载合成孔径雷达大斜视子孔径频域相位滤波成像算法[J]. 电子与信息学报，2015，37(4)：953—960.

[28] Mingquan Bao，C. Bruning，W. Alpers. Simulation of ocean waves imaging by an along－track interferometric synthetic aperture radar [J]. IEEE Transactions on Geoscience and Remote Sensing，1997，35(3)：618—631.

[29] B. Liu，Y. He. SAR Raw Data Simulation for ocean scenes using inverse omega－K algorithm [J]. IEEE Transactions on Geoscience and Remote Sensing，2016，54(10)：6151—6169.

# 5

## 遥感卫星虚拟组网的海洋内孤立波多维参数反演技术及应用

  海洋内孤立波是发生在密度分层海水中的重力波,是海洋内部重要的中尺度动力过程。在全球许多海域都发现了内孤立波,而且内孤立波的波峰线长在几千米至几百千米的范围。由于遥感可实现大范围观测,特别是利用在轨卫星虚拟组网又能够高频次观测某一海区的内孤立波,为开展内孤立波生成源、传播路径、时空分布、演变过程和参数反演等研究提供了丰富的数据。本章就是利用遥感卫星虚拟组网的大量数据,发展内孤立波振幅和传播速度反演技术,研究了战略通道和战略支点重要海域的内孤立波多维参量特征。

## 5.1 内孤立波遥感成像介绍

### 5.1.1 内孤立波 SAR 遥感成像

#### 5.1.1.1 内孤立波介绍

海洋内孤立波在海面之下十几米至几百米深处生成并传播。目前通过现场观测发现海洋中存在第一模态内孤立波和第二模态内孤立波,第一模态内孤立波的波峰线比第二模态内孤立波的波峰线长、发生的频次高以及空间分布广。本章只研究第一模态内孤立波(以下简称为内孤立波)的遥感图像特征以及参数反演技术。

内孤立波分为下降型内孤立波和上升型内孤立波,如图 5-1 所示。

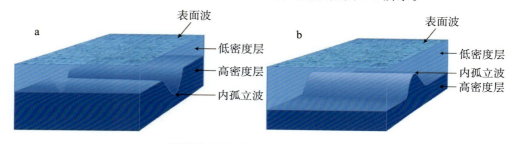

a. 下降型内孤立波;b. 上升型内孤立波。

图 5-1　内孤立波示意图

#### 5.1.1.2 内孤立波 SAR 遥感成像的原理

合成孔径雷达(Synthetic aperture radar,SAR)具有全天时、全天候、高空间分辨率等优势,是观测内孤立波的重要遥感手段之一。由于内孤立波在传播过程中引起海表层流场的辐聚和辐散效应,改变了海面粗糙度,使得 SAR 接收的微波后向散射强度增大或减小,在 SAR 图像上形成了亮暗相间的条带,如图 5-2 所示。下降型内孤立波在 SAR 图像上表现为先亮后暗的条带,上升型内孤立波在 SAR 图像上表现为先暗后亮的条带。因此,通过 SAR 图像上条带亮暗次序和海洋层结可以判别内孤立波的极性。

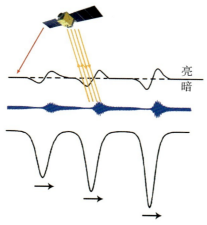

图 5-2　内孤立波 SAR 成像示意图

### 5.1.1.3 内孤立波 SAR 遥感图像

内孤立波在 SAR 图像上主要表现为不规则的弧形条带,如单条内孤立波的 SAR 图像就是长长的、一个清晰弧形条带;内孤立波也常以波包形式传播,每个波包含有若干个孤立子,波包中孤立子有一定的间距,通常在 SAR 图像上形成序列条带,头波的波峰线最长、亮暗间距最大(图 5-3)。

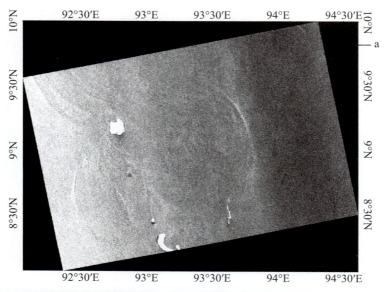

a. 安达曼海 Sentinel-1A(2017.10.21,12:00:41(UTC))SAR 内孤立波图像;
b. 安达曼海 Sentinel-1A(2018.3.21,11:51(UTC))SAR 内孤立波波包图像。

图 5-3  内孤立波的 SAR 图像示例

## 5.1.2 内孤立波光学遥感成像

### 5.1.2.1 内孤立波光学遥感成像的原理

光学遥感是被动式遥感,当太阳光入射到海面,将海面近似看成由无数个微小镜面元组成,太阳光被镜面元反射,传感器接收反射光而成像。以下降型内孤立波为例,其一方面导致海表面突起,另一方面由于风等原因海面产生大大小小的毛细波,内孤立波引起流场变化,在海表面形成辐聚和辐散现象。这种作用仿佛成千上万不同的镜面元,每一个镜面元倾斜程度发生改变,以不同的角度将太阳光反射到传感器上,因此光学传感器中接收的光强也不同,进而在传感器中形成暗亮条带。这是在太阳耀斑区的成像,而在非耀斑区则相反(图5-4)。因此,光学遥感内孤立波成像形成的条带比 SAR 的复杂。

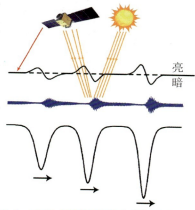

图 5-4 内孤立波光学遥感成像原理示意图

### 5.1.2.2 内孤立波光学遥感图像

光学遥感图像中内孤立波成像比较复杂,受到太阳天顶角、太阳与传感器相对方位角等因素影响,可分成耀斑区和非耀斑区。内孤立波在耀斑区和非耀斑区成像时,图像中的条带亮暗次序不同,在耀斑区呈现暗亮条带,非耀斑区呈现亮暗条带,如图5-5 所示。图 5-5 为 2012 年 6 月 6 日东沙岛附近同一景图像中的内孤立波产生的条带亮暗次序相反,由灰度曲线知耀斑区(黄色框处)为暗亮特征内孤立波条带;非耀斑区(蓝色框处)为亮暗特征内孤立波条带。

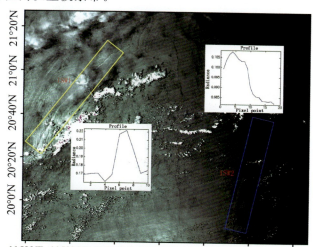

图 5-5 2011 年 6 月 6 日东沙岛附近 MODIS 图像(MYD20111590530)

图 5-6 为 2012 年 5 月份东沙岛附近同一位置不同时间的内孤立波光学遥感图像。图像中存在不同特征分布的内孤立波,可见内孤立波 1 为暗亮特征内孤立波条带,内孤立波 2 为暗亮特征内孤立波条带,内孤立波 3 为亮暗特征内孤立波条带。

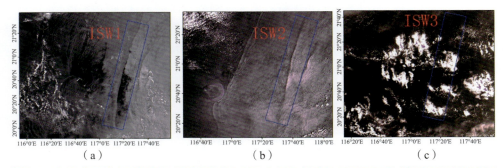

（a）　　　　　　　　　　　（b）　　　　　　　　　　　（c）

图 5-6　2012 年东沙岛 MODIS 图像(MOD20121010255;MOD20121330255;MOD20121580250)

## 5.2　内孤立波振幅反演技术

振幅是海洋内孤立波的重要参数之一。由于单星遥感的重访时间长,图像少,发展基于大数据技术的遥感图像反演内孤立波振幅一直都是难题。利用卫星虚拟组网的大量高时空分辨率遥感图像,提取图像纹理特征参量,结合水文参数,采用深度学习技术建立反演内孤立波振幅的新方法,旨在解决反演内孤立波振幅的问题。因此,本节从卫星虚拟组网数据、完全非线性薛定谔方程和实验室仿真光学遥感介绍三种内孤立波振幅反演模型。

### 5.2.1 遥感卫星虚拟组网数据的内孤立波振幅反演模型

由于内孤立波随机产生,而单颗卫星对同一区域观测的重访周期较长,导致内孤立波观测数据少,不利于信息提取。在轨卫星虚拟组网后,通过不同卫星对同一区域进行高频次观测,提高了时间分辨率,可获得大量内孤立波遥感图像。利用虚拟卫星组网(5 颗星,Terra,Aqua,Sentinel-1A,GF-1,GF-3)数据,下载安达曼海与南海多年遥感图像。提取了遥感图像内孤立波条带的 15 个纹理特征参数、亮暗间距和 2 个水文参量共 18 个参量作为输入参量,构建了 2 410 个样本的数据库。利用 BP 神经网络的方法建立了卫星虚拟组网 SAR 和光学遥感融合的内孤立波振幅反演模型。

#### 5.2.1.1 BP 神经网络结构与参数设计

BP 神经网络训练分为两个阶段,一个是信息由正向传播计算,一个是所得误差反向传播。下面以 1 层隐含层为例进行介绍,其结构如图 5-7 所示。

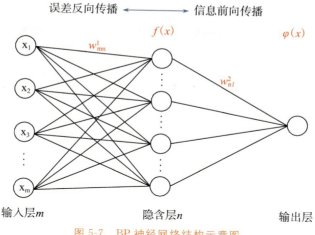

图 5-7　BP 神经网络结构示意图

BP 网络设计过程中,有四个非常重要的参数。网络层数、节点个数、迭代次数和学习速率。通过四个参数的调整,训练得到最优结果。

#### 5.2.1.1.1 网络设计

BP 神经网络的网络层数是组成网络的重要部分。一般来说,首先需要设定整个网络的层数。输入层和输出层固定不变,而隐含层具有灵活性,可以根据使用者的不同需求进行适时调整。层数过少,会使学习不够充分,模型精度低,误差达不到期望的要求。增加层数,会减小误差,增大模型的精度。但如果隐含层层数过多,也会出现网络过于复杂的问题,会使网络调整连接权系数的时间增多,而且误差的精度可能不会大幅减小。在选择时,一般使用层数最小化原则,即从最少层开始选择。首选是隐含层只有一层的情况。如果网络的精度达不到要求,那么就增大神经元节点的数量。当节点数量增加也不能使精度提高时,再考虑增加层数。

#### 5.2.1.1.2 每层隐含层的神经元节点个数

神经元节点数量的差异也使误差精度形成差异。而在层数不变的情况下,改变神经元节点的数量,既减小了误差,也在一定程度上避免了网络层数过多、过于复杂的问题。因此,可以在简单的网络层数基础上,增加网络中的神经元节点数量,来提高模型精度。

每个神经元节点个数选取上数量不同,会造成不同的影响。如果每层的神经元节点个数选取得太少,则样本中的信息在网络的读取过程中会丢失一部分,训练可能不足,不能够得到很好的结果。前人对于神经元节点个数的选择开展了众多研究,而比较有名的是 Kolmogorov 定理:如果选择足够的节点个数,那所设计的网络就可达到非常高的精度。但是实际情况表明,如果设置太多的隐含层节点个数,也会使网络在训练过程中趋于复杂化,消耗更多的时间在网络的学习上面,甚至会出现一种"过度拟合"的情况。所以在选取节点的数目时,一方面,应该使网络的结构尽可能简单明了,选取尽可能少的节点个数,只要能正确反映出输出参量与输入参量之间的函数关系便可;另一方面,又要让节点个数达到一定数量,保证网络能够正确并尽可能多地提取输入信号中的信息。

目前没有一个比较明确的规则来决定隐含层具体每一层的节点数,需根据具体问题设计。可以利用以下公式,来确定一个初始值。

$$s=\sqrt{m+n}+a \tag{5-1}$$

$$s=\sqrt{0.43mn+0.12n^2+2.54m+0.77n+0.35+0.51} \tag{5-2}$$

其中,$m$ 是输入层的节点个数;$n$ 为输出层的节点个数;$a$ 为调节常数,范围在 $0\sim1$ 之间。得到初始值以后,根据网络的学习情况,对神经元节点数不断调整,直到误差最小。

#### 5.2.1.1.3 迭代次数

BP 神经网络需要不断迭代,才能使误差最小。因此,如果迭代次数不够,网络就不能很好的训练,而如果迭代次数太大,也会出现过拟合的情况。

#### 5.2.1.1.4 学习速率

学习速率在梯度下降时对整个网络影响很大,它决定着网络学习中的速率和网络最终结果的准确性,表示网络调整权值每一次改变的多少。当选取学习速率的大小时,要注意选择的学习速率小,每一步的变化量就小,网络的权值修正过程时间就会较长,速率较慢;学习速率过大,每一步的变化量就大,而且会使整个网络的误差明显震荡,网络也会瘫痪。通常来说,会选择 $0\sim1$ 之间的数作为网络的学习速率。

#### 5.2.1.2 内孤立波样本库的构建

内孤立波在遥感图像中以亮暗相间的条带展现出来,能更好地研究内孤立波波峰线长短、形状和传播方向等。同时内孤立波的振幅与图像上亮暗条带的纹理特征参量及海洋层结等存在着非线性关系,这个关系很难用一个特定的函数进行映射。BP 神经网络可以对大量数据的输入与输出信号进行学习与存储,并且不需要输入这两者之间映射关系的函数方程。卫星虚拟组网的遥感图像数据众多,可以利用大数据深度学习技术探索振幅与条带纹理特征和层结参量的关系。

#### 5.2.1.2.1 遥感图像处理

内孤立波在遥感图像中的形态各不相同,需要选择图像清晰、周围没有干扰的内孤立波图像进行数据的提取。处理图像时用 ENVI 软件将方向不同的内孤立波旋转,根据角度进行调整,直到内孤立波条带呈现竖直的状态,如图 5-8 所示。此时,需要截取其中最清楚一段,并进行保存,以便后续进行数据处理。

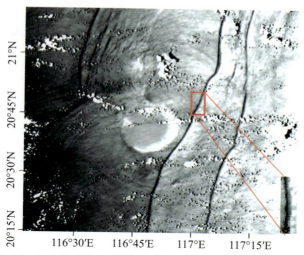

图 5-8　从内孤立波 MODIS 图像中截取的一段内孤立波条带

#### 5.2.1.2.2 基于灰度—梯度共生矩阵的纹理特征参量计算

千千万万个像素点组成了一幅图像,而内孤立波的产生与传播会引起图像中像素点灰度值和梯度值的改变,因此图像中的纹理特征与内孤立波振幅有必然的关系。利用图像处理技术进行遥感图像的纹理特征参量提取。

灰度—梯度共生矩阵(Gray-Gradient Co-occurrence Matrix,GGCM)可以反映图像中灰度以及梯度(构成图像最基本的要素)的关系,也能够反映每个像素点与其他相邻像素点的空间关系。GGCM 主要包括 15 个参数,如表 5-1 所示。

表 5-1　纹理特征参量计算公式

| 序号 | 参数名称 | 公式 |
|---|---|---|
| 1 | 小梯度优势<br>(Small gradient strength) | $T_1 = \Big[ \sum\limits_{x=0}^{L-1} \sum\limits_{y=0}^{L_g-1} \hat{H}(x,y)/(y+1)^2 \Big] / \Big[ \sum\limits_{x=0}^{L-1} \sum\limits_{y=0}^{L_g-1} \hat{H}(x,y) \Big]$ |
| 2 | 大梯度优势<br>(Large gradient strength) | $T_1 = \Big[ \sum\limits_{x=0}^{L-1} \sum\limits_{y=0}^{L_g-1} \hat{H}(x,y)/y^2 \Big] / \Big[ \sum\limits_{x=0}^{L-1} \sum\limits_{y=0}^{L_g-1} \hat{H}(x,y) \Big]$ |
| 3 | 灰度分布不均匀性<br>(Grey uneven representation) | $T_3 = \Big[ \sum\limits_{x=0}^{L-1} \Big[ \sum\limits_{y=0}^{L_g-1} \hat{H}(x,y) \Big]^2 \Big] / \Big[ \sum\limits_{x=0}^{L-1} \sum\limits_{y=0}^{L_g-1} \hat{H}(x,y) \Big]$ |
| 4 | 梯度分布不均匀性<br>(Gradient uneven representation) | $T_4 = \Big[ \sum\limits_{y=0}^{L_g} \Big[ \sum\limits_{x=0}^{L} \hat{H}(x,y) \Big]^2 \Big] / \Big[ \sum\limits_{x=0}^{L-1} \sum\limits_{y=0}^{L_g-1} \hat{H}(x,y) \Big]$ |
| 5 | 能量(Energy) | $T_5 = \sum\limits_{x=0}^{L-1} \sum\limits_{y=0}^{L_g-1} \hat{H}^2(x,y)$ |
| 6 | 灰度均值(Grey mean) | $T_6 = \sum\limits_{x=0}^{L-1} x \sum\limits_{y=0}^{L_g-1} \hat{H}(x,y)$ |

| 序号 | 参数名称 | 公式 |
|---|---|---|
| 7 | 梯度均值(Gradient mean) | $T_7 = \sum\limits_{y=0}^{L_g-1} y \sum\limits_{x=0}^{L-1} \hat{H}(x,y)$ |
| 8 | 灰度标准差<br>(Grey mean square) | $T_8 = \left\{ \sum\limits_{x=0}^{L-1} (x-T_6)^2 \sum\limits_{y=0}^{L_g-1} \hat{H}(x,y) \right\}^{\frac{1}{2}}$ |
| 9 | 梯度标准差<br>(Gradient mean square) | $T_9 = \left\{ \sum\limits_{y=0}^{L_g-1} (y-T_7)^2 \sum\limits_{x=0}^{L-1} \hat{H}(x,y) \right\}^{\frac{1}{2}}$ |
| 10 | 相关性<br>(Relevance) | $T_{10} = \sum\limits_{x=0}^{L-1} \sum\limits_{y=0}^{L_g-1} (x-T_6)(y-T_7) \hat{H}(x,y)$ |
| 11 | 灰度熵<br>(Grey entropy) | $T_{11} = -\sum\limits_{x=0}^{L-1} \sum\limits_{y=0}^{L_g-1} \hat{H}(x,y) \log \sum\limits_{x=0}^{L-1} \hat{H}(x,y)$ |
| 12 | 梯度熵<br>(Gradient entropy) | $T_{12} = -\sum\limits_{y=0}^{L_g-1} \sum\limits_{x=0}^{L-1} \hat{H}(x,y) \log \sum\limits_{x=0}^{L-1} \hat{H}(x,y)$ |
| 13 | 混合熵<br>(Mixing entropy) | $T_{13} = -\sum\limits_{x=0}^{L-1} \sum\limits_{y=0}^{L_g-1} \hat{H}(x,y) \log \hat{H}(x,y)$ |
| 14 | 差分矩<br>(Inertia) | $T_{14} = \sum\limits_{x=0}^{L-1} \sum\limits_{y=0}^{L_g-1} (x,y)^2 \hat{H}(x,y)$ |
| 15 | 逆差分矩<br>(Inverse gap) | $T_{15} = \sum\limits_{x=0}^{L-1} \sum\limits_{y=0}^{L_g-1} \frac{\hat{H}(x,y)}{1+(x,y)^2}$ |

利用 ENVI 截取到单根的内孤立波图像,用 MATLAB 编程计算截取的内孤立波条带的 GGCM。表 5-2 为从 2013-01-01—2018-12-31 的遥感图像中截取的 2 410 条内孤立波的 GGCM 值。其中有一点需要注意,GGCM 对图像进行提取上述的 15 种参量时,会对所截取的整个图像进行提取,因此需要对截取的内孤立波大小及宽度进行定义。经过大量数据提取和分析后,发现对于所截取的单根内孤立波图像,截取内孤立波的长短对于数据提取影响不大,但是截取内孤立波图像的宽窄,对于提取的 GGCM 数据影响很大。因此,在截取竖直单根的内孤立波条带时,截取的图像需要包括内孤立波在遥感图像上表现的亮的条带和暗的条带。另外,由于内孤立波周围的像素点也会对数据产生影响,在提取时刚刚好包含暗条带和亮条带即可,尽可能减少周围环境对数据提取的影响,减少误差。

表 5-2　提取的内孤立波条带纹理特征参量数据

| 特征参量<br>Characteristic parameter | ISW1 | ISW2 | ISW3 | ... | ISW2410 |
|---|---|---|---|---|---|
| 小梯度优势<br>Small gradient strength | 0.46 | 0.55 | 0.49 | | 0.47 |
| 大梯度优势<br>Large gradient strength | 440.45 | 378.87 | 406.81 | | 410.60 |
| 灰度分布不均匀性<br>Grey uneven representation | 33.37 | 34.97 | 19.41 | | 10.75 |
| 梯度分布不均匀性<br>Gradient uneven representation | 64.07 | 81.06 | 51.16 | | 77.71 |
| 能量 Energy | 0.06 | 0.15 | 0.06 | | 0.02 |
| 灰度均值 Grey mean | 87.87 | 223.71 | 152.02 | ... | 118.75 |
| 梯度均值 Gradient mean | 15.24 | 12.82 | 14.13 | | 14.29 |
| 灰度标准差 Grey mean square | 28.30 | 31.12 | 27.52 | | 55.41 |
| 梯度标准差 Gradient mean square | 14.43 | 14.65 | 14.39 | | 14.37 |
| 相关性 Relevance | −54.67 | −252.92 | −173.96 | | −28.10 |
| 灰度熵 Grey entropy | 0.92 | 0.91 | 1.02 | | 1.42 |
| 梯度熵 Gradient entropy | 0.60 | 0.49 | 0.59 | | 0.60 |
| 混合熵 Mixing entropy | 1.35 | 1.18 | 1.36 | | 1.76 |
| 差分矩 Inertia | 6 394.07 | 46 164.50 | 20 324.87 | | 14 243.93 |
| 逆差分矩 Inverse gap | 0.000 33 | 0.001 1 | 0.008 2 | | 0.000 24 |

### 5.2.1.2.3 水文层结特征参量提取

内孤立波的特性与海水的深度以及海水的密度跃层深度都有密不可分的关系。以安达曼海和南海为例。

安达曼海是内孤立波多发海域之一，地形崎岖，海底起伏变化较为明显，尤其是东西方向上，水深浅则百米，深则几千米。所用的水深数据是利用全球地形模型 ETO-PO1 数据，也是使用最普遍的地形数据。ETOPO1 不仅包括陆地地形数据，还包括海洋中各个位置的海底地形，分辨率为 1 弧分。利用 ETOPO1 水深数据绘制出的安达曼海水深图，如图 5-9 所示。

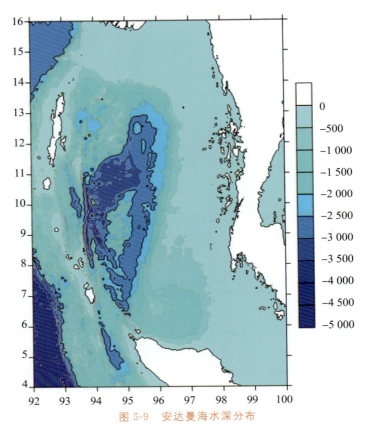

图 5-9　安达曼海水深分布

由于光照、季节等影响,海水的密度分层在垂直方向上会呈现一个连续分布。为了研究方便,一般将整个水体垂向密度变化发生跃变处设想成两层结构。在对内孤立波的研究过程中,需要确定密度跃层的位置。因此,利用美国国家环境信息中心的WOA18(World Ocean Atlas 2018)数据进行计算分层。WOA18 数据包含多种海洋环境参数以及年平均、月平均、季平均数据,这里主要下载温度、盐度数据,计算出密度和浮频率曲线。内孤立波发生的前提条件之一是海水内部层结稳定,浮频率是描述海水层化结构的物理量,即为:

$$N(z) = \left( -\frac{g}{\bar{\rho}} \frac{\mathrm{d}\rho(z)}{\mathrm{d}z} \right)^{1/2} \tag{5-3}$$

对于稳定的两层海水分层,在密度跃层的位置浮频率会出现最大值。

利用 WOA18 数据的温盐季度平均数据,以安达曼海 6.5°N,96.5°E 附近海域,绘制出温度、盐度、密度、浮频率曲线,如图 5-10 所示。红线、蓝线、绿线分别代表热季、雨季、冬季三个季节的温度、盐度、密度和浮频率垂向剖面变化。热季光照较强,温度较高,上层厚度最薄,因此密度跃层深度较浅,更有利于遥感观测内孤立波。而雨季的密度跃层最厚,内孤立波不容易被遥感观测到。

针对内孤立波条带位置,按照上述方法提取水深和上层水深数据。

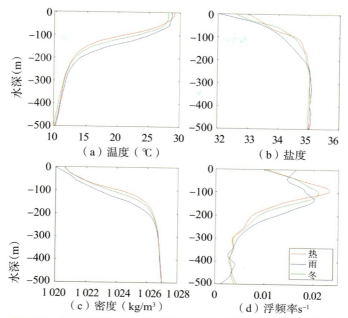

图 5-10　安达曼海 6.5°N、96.5°E 的温度、盐度、密度以及浮频率曲线

南海也是内孤立波多发海域,用同样方法获得南海 20°N、118°E 附近位置的水深分布和温度、盐度、密度、浮频率曲线,如图 5-11 和图 5-12 所示。

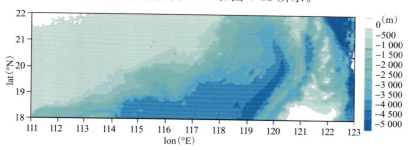

图 5-11　南海北部水深分布图

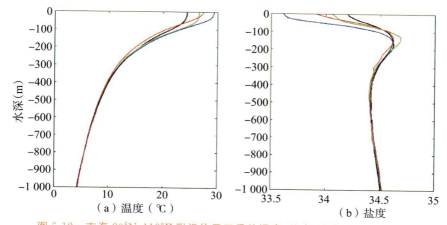

图 5-12　南海 20°N、118°E 附近位置四季的温度、盐度、密度和浮频率曲线

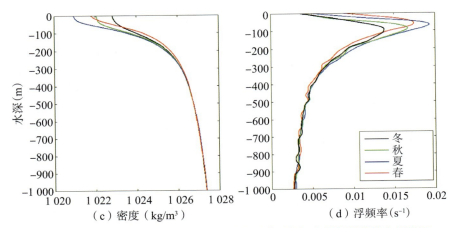

（c）密度（kg/m³）　　　　（d）浮频率（s⁻¹）

图 5-12　南海 20°N、118°E 附近位置四季的温度、盐度、密度和浮频率曲线（续）

依据上述提取的安达曼海和南海内孤立波图像位置，分别提取对应的水深和上层水深数据。

BP 神经网络的训练需要输入训练数据。遥感图像中内孤立波条带的亮暗间距是最早被用来反演内孤立波振幅的唯一参量，在 SAR 遥感图像反演内孤立波振幅中就是仅利用条带的亮暗间距这个参量。除此参量之外，实际上内孤立波在遥感图像上表现为灰度值与梯度值的变化，所以将前面介绍的反映图像灰度梯度变化的 15 个纹理特征参量作为输入数据的一部分，旨在更加全面反映与振幅有关的遥感图像参量，提高振幅反演模型的精度。另外，内孤立波的生成和传播与水文参量变化特征也有很密切的关系，海水的深度及层化结构对于内孤立波的生成与遥感成像都会产生影响，将前面所提取的水深以及上层水深也作为输入参量。因此模型的输入参量共有 18 个，包含 15 个灰度梯度纹理的特征参量、亮暗间距、上层水深和总水深。综上，内孤立波振幅反演模型的样本库由 18 个输入参量和一个输出参量构成。

### 5.2.1.3 卫星虚拟组网的内孤立波振幅反演模型的建立与验证

#### 5.2.1.3.1 模型的建立

利用内孤立波参数样本库，建立内孤立波振幅反演模型。输入参量为 15 个灰度梯度纹理特征参量、亮暗间距、上层水深和总水深 18 个参量，输出参量为振幅。采用了三层隐含层结构，三层隐含层中第一层隐含层的节点数为 33，第二层隐含层节点数为 20，第三层隐含层节点数为 10，迭代次数为 300，学习速率为 0.4（图 5-13）。

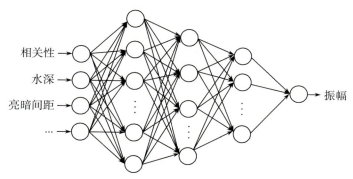

图 5-13　BP 神经网络振幅反演模型的结构示意图

权值调整过程中,需要对各个层节之间的激活函数进行设定,这里采用的是 tansig 函数。样本总共包含 2 410 条数据,将 75％条数据用来训练网络,25％条数据进行网络的测试。在进行模型的训练时,由于不同输入参量之间的量级不同,需要将训练数据归一化,采用的 Sigmoid 函数需要将参量映射到 0～1 范围,同时,输出结果时对输出参量作反归一化。测试样本相关系数都达到 0.99 以上。对四层隐含层结构的模型也进行了测试,精度结果比 3 层隐含层模型稍好,但运行时间较长,因此选择 3 层隐含层结构的网络模型。

5.2.1.3.2　模型精度的检验

针对内孤立波振幅反演模型的精度,需要使用现场测量数据对训练好的模型作检验。由于内孤立波现场测量与卫星遥感图像相匹配的数据稀缺,目前只有少量可与遥感图像匹配的文昌海域和东沙岛附近海域现场实测数据。通过匹配的遥感图像对建立的模型进行了精度检验。对 BP 模型反演的内孤立波振幅与实测振幅比较,结果如图5-14 所示。BP 模型反演结果的平均相对误差为 20.82％。因此,利用多源遥感图像建立的振幅反演模型是有效的、可靠的。本模型具有普适性,但因没有其他海域实测数据,无法检验其精度。总之,随着机器学习技术的发展,除了 BP 人工神经网络;还可以采用支持向量机、随机森林和多层感知器等多种方法建立内孤立波振幅反演模型。

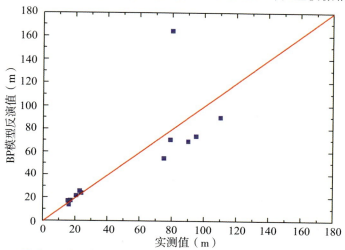

图 5-14　遥感卫星虚拟组网内孤立波振幅反演模型反演结果与现场实测结果比较

### 5.2.2 SAR 遥感图像的内孤立波振幅反演模型

从流体力学基本方程组出发，首先引入速度标量势，用速度标量势描述的深海两层流体的动力学方程组。然后，在非线性条件下，采用多重尺度法推导出了深海两层界面内孤立波传播的完全非线性薛定谔方程。利用完全非线性薛定谔方程，结合内孤立波在 SAR 图像上的成像机理，建立 SAR 图像的内孤立波振幅反演模型。

无粘流体，忽略科氏力的影响，可用如下 Navier−Stokes 方程研究内孤立波的运动：

$$\frac{\partial \vec{V}}{\partial t} + (\vec{V} \cdot \bigtriangledown) \vec{V} = -\bigtriangledown (\frac{P}{\rho} + gz) \tag{5-4}$$

对重力波来说，流体密度随时间的变化可以忽略不计，若流体运动是无旋的，可令：

$$\vec{V} = \bigtriangledown \varphi \tag{5-5}$$

连续方程：

$$\frac{\partial \rho}{\partial t} + \bigtriangledown \cdot \rho \vec{V} = 0 \tag{5-6}$$

可简化为：

$$\Delta \varphi = 0 \tag{5-7}$$

其中，$\varphi$ 是速度标量势。将(5-4)式代入(5-3)式并对空间积分，得到 Bernoulli 方程：

$$\varphi_t + \frac{1}{2} (\bigtriangledown \varphi)^2 + gz = -\frac{P}{\rho} \tag{5-8}$$

若选择流体为两层结构，上下层流体的密度和压强可分别表示为 $\rho_j$、$P_j(j=1,2)$。根据连续方程和 Bernoulli 方程，两层近似下流体的速度标量势和压强满足以下关系：

$$\varphi_{xx} + \varphi_{zz} = 0, \eta \leqslant z \leqslant h_1, -h_2 \leqslant z \leqslant \eta \tag{5-9}$$

$$\varphi_t + \frac{1}{2} (\varphi_x^2 + \varphi_z^2) + g\eta = -\frac{P_1}{\rho_1}, z = \eta \tag{5-10}$$

$\eta$ 是跃层处内孤立波的位移。

根据刚盖近似，上下的边界条件为：

$$\varphi_z = 0 \qquad z = h_1, z = -h_2 \tag{5-11}$$

根据层结处的压强和速度势是连续的得到：

$$\eta_t + \varphi_x \eta_x = \varphi_z, z = \eta \tag{5-12}$$

$$p_1 = p_2, z = \eta \tag{5-13}$$

引入两个无量纲参量，分别描述内孤立波振幅和波长与水深、分层的关系：

$$\varepsilon_i = \frac{A_0}{h_i}, \mu_i = kh_i(i=1,2) \tag{5-14}$$

其中，$A_0$ 是内孤立波的初始振幅，$k$ 是内孤立波的波数，$i=1$ 表示上层流体，$i=2$ 表示下层流体。$\varepsilon_i$ 和 $\mu_i$ 是两个无量纲小量，满足 $O(\varepsilon_1) = O(1)$，$\mu_1 \ll 1$。$\varepsilon_1$ 表示内孤立波的

振幅与上层水深的关系,考虑大振幅内孤立波时,内孤立波振幅与上层水深可比。$\mu_1$ 表示内孤立波波长远大于上层水深。对下层流体有 $\varepsilon_2 \ll 1$,表示内孤立波的振幅远小于下层水深,而 $O(\mu_2) = O(1)$ 表示内孤立波的波长与下层水深可比。

对于上层流体,即 $\eta \leqslant z \leqslant h_1$ 时。将方程(5-9)—方程(5-12)无量纲化:

$$\mu_1{}^2 \varphi_{xx} + \varphi_{zz} = 0, \eta \leqslant z \leqslant 1 \tag{5-15}$$

$$\mu_1{}^2 (\varphi_t + \eta) + \frac{1}{2} [\mu_1{}^2 \varphi_x^2 + \varphi_z^2] = -\mu_1{}^2 p_1, z = \eta \tag{5-16}$$

$$\varphi_z = 0, z = \eta \tag{5-17}$$

$$\mu_1{}^2 (\eta_t + \varphi_x \eta_x) = \varphi_z, z = 1 \tag{5-18}$$

令 $\varphi(x, z, t)|_{z=1} = \varphi_0(x, t)$,将 $\varphi$ 和 $\varphi_z$ 在 $z = 1$ 处的泰勒展开代入方程(5-16)—方程(5-18)得到:

$$(\eta - 1)^2 (-p_1) = -c_0^2 \eta(\eta - 1) + \eta(\eta - 1)^2 + \frac{1}{2} c_0^2 \eta^2 \tag{5-19}$$

将方程(5-19)量纲化得到:

$$\left(\frac{\eta}{h_1} - 1\right)^2 \frac{-P_1}{\rho_1} = \left(g + \frac{c_0^2}{h_1}\right)\eta + \left(\frac{k^2}{2}c_0^2 - \frac{c_0^2}{2h_1} - \frac{2g}{h_1}\right)\eta^2 + \frac{g}{h_1^2}\eta^3 \tag{5-20}$$

接下来考虑下层流体,即 $-h_2 \leqslant z \leqslant \eta$:

$$\varphi_{xx} + \varphi_{zz} = 0, \qquad -h_2 \leqslant z \leqslant \eta \tag{5-21}$$

$$\varphi_t + \frac{1}{2}(\varphi_x^2 + \varphi_z^2) = -g\eta - \frac{P_2}{\rho_2}, \qquad z = \eta \tag{5-22}$$

$$\eta_t + \varphi_x \eta_x = \varphi_z, \qquad z = \eta \tag{5-23}$$

$$\varphi_z = 0. \qquad z = -h_2 \tag{5-24}$$

根据方程(5-13),将方程(5-19)代入方程(5-10):

$$\left[\varphi_t + \frac{1}{2}(\varphi_x^2 + \varphi_z^2)\right]\left[\left(\frac{\eta}{h_1} - 1\right)^2\right] = -c_1 \eta + c_2 \eta^2 + c_3 \eta^3 \tag{5-25}$$

将方程(5-25)在 $z = 0$ 附近分别按照 $\eta$ 的幂次展开:

$$\left[\varphi_{tt} + \varphi_{ttz}\eta + \frac{1}{2}\varphi_{ttzz}\eta^2 + (\varphi_x^2 + \varphi_z^2)_t + (\varphi_x^2 + \varphi_z^2)_{tz}\eta + \frac{1}{2}\varphi_x(\varphi_x^2 + \varphi_z^2)_x + \frac{1}{2}\varphi_z(\varphi_x^2 + \varphi_z^2)_z\right]$$

$$\left[\left(\frac{\eta}{h_1} - 1\right)^2\right] + \left[\varphi_t + \varphi_{tz}\eta + \frac{1}{2}\varphi_{tzz}\eta^2 + \frac{1}{2}(\varphi_x^2 + \varphi_z^2) + \frac{1}{2}(\varphi_x^2 + \varphi_z^2)_z\eta\right]\left[\frac{2}{h_1}\left(\frac{\eta}{h_1} - 1\right)(\varphi_z + \varphi_{zz}\eta)\right]$$

$$= -c_1 \varphi_z - c_1 \varphi_{zz}\eta - \frac{1}{2}c_1 \varphi_{zzz}\eta^2 + 2c_2 \varphi_z \eta + 2c_2 \varphi_{zz}\eta^2 + 3c_3 \eta^2 \varphi_z. \tag{5-26}$$

将方程(5-25)分别对 $t$、$x$、$z$ 求导得到三个方程,然后这三个方程分别乘以 1、$\varphi_x$、$\varphi_z$ 后相加,并在 $z = 0$ 附近分别按照 $\eta$ 的幂次展开:

$$-c_1 \eta = \left[\varphi_t + \varphi_{tz}\eta + \frac{1}{2}\varphi_{tzz}\eta^2 + \frac{1}{2}(\varphi_x^2 + \varphi_z^2) + \frac{1}{2}(\varphi_x^2 + \varphi_z^2)_z\eta\right]\left[\left(\frac{\eta}{h_1} - 1\right)^2\right] - c_2 \eta^2 - c_3 \eta^3$$

$$\tag{5-27}$$

引入多重尺度：

$$x_0 = x, \qquad x_1 = \sigma x, \qquad x_2 = \sigma^2 x, \cdots\cdots;$$

$$t_0 = t, \qquad t_1 = \sigma t, \qquad t_2 = \sigma^2 t, \cdots\cdots;$$

其中，$\sigma$ 是一个小量，$\sigma = kA_0 \ll 1$，表示内孤立波振幅远小于内孤立波的波长。将 $\varphi$ 和 $\eta$ 按照摄动展开：

$$\varphi = \sum_{n=1} \sigma^n \varphi_n, \eta = \sum_{n=1} \sigma^n \eta_n. \ (n = 0, 1, 2, 3, \cdots).$$

从而方程(5-21)、方程(5-26)和方程(5-27)化为：

$$\left( \frac{\partial^2}{\partial x_0^2} + \frac{\partial^2}{\partial z^2} \right) \varphi_n = F_n, \qquad (-h_2 \leqslant z \leqslant \zeta) \tag{5-28}$$

$$\left( c_1 \frac{\partial}{\partial z} + \frac{\partial^2}{\partial t_0^2} \right) \varphi_n = G_n, \qquad (z = \zeta) \tag{5-29}$$

$$-c_1 \eta_n = H_n. \qquad (z = \zeta) \tag{5-30}$$

$F_n$、$G_n$、$H_n$ 是除了方程左边项之外，所有其他项的和。

假设波的演变变化很小，则 $\varphi_n$ 可以用谐波的形式扩展为：

$$\varphi_n = \sum_{m=0}^{n} \varphi_{nm} e^{im\psi} + c.c. \ (m = 0, 1, 2, 3, 4\cdots)$$

其中，$m$ 表示谐波的次数，并且满足 $m \leqslant n$，$c.c.$ 是指复共轭，相位可表达为：$\Psi = kx_0 - wt_0$。

把 $\varphi_n$ 的展开式代入方程(5-24)、方程(5-28)－方程(5-30)，取 e 指数相同项的系数得到：

$$\left( \frac{\partial^2}{\partial z^2} - m^2 k^2 \right) \varphi_{nm} = F_{nm} \qquad -h_2 \leqslant z \leqslant \eta \tag{5-31}$$

$$\left( c_1 \frac{\partial}{\partial z} - m^2 \omega^2 \right) \varphi_{nm} = G_{nm} \qquad z = \eta \tag{5-32}$$

$$\eta_{nm} = -\frac{1}{c_1} H_{nm} \qquad z = \eta \tag{5-33}$$

$$(\varphi_{nm})_z = 0 \qquad z = -h_2 \tag{5-34}$$

解上面的方程组，考虑 $n = 1, 2, 3, 4$ 的情况。根据这种迭代方法可以建立四阶近似下的高阶完全非线性薛定谔方程的基本表达式。

$$-iA_t + \alpha_1 A_{xx} + \beta_1 |A|^2 A + \alpha_2 i A_{xxx} + \beta_2 i(|A|^2 A)_x + \beta_3 i(|A|^2)_x A = 0 \tag{5-35}$$

这里：

$$\alpha_1 = -(\alpha_1^{(1)} + \alpha_1^{(2)}) = \frac{3w^2 h_2 c_g}{c_1 k} + \frac{3c_g^2}{2w} + \frac{wh_2}{2kthkh_2}$$

$$\beta_1 = (-\sigma^2)(\beta_1^{(1)} + \beta_1^{(2)}) = (-\sigma^2)\left( \frac{f_6 f_3 c_g}{c_1} - \frac{f_7}{c_1} - kf_3 - \frac{f_{25}}{c_1} \right)$$

$$\sigma_2 = -\frac{c_g^2 wh_2}{2c_1 k} \qquad \beta_2 = (-\sigma^2)\left( -\frac{f_{26}}{c_1} \right) \qquad \beta_3 = (-\sigma^2)\left( -\frac{f_{27}}{c_1} \right)$$

方程(5-35)就是描述内孤立波传播的高阶(四阶)完全非线性薛定谔方程。此时就产生了高阶频散系数 $\alpha_2$ 和高阶非线性系数 $\beta_2$、$\beta_3$,并且对频散系数和非线性系数产生修正项 $\alpha_1^{(2)}$、$\beta_1^{(2)}$。修正后的方程可以更加精确地描述内孤立波的传播破碎情况。参数的各项系数都与上下层流体密度和流体厚度等水文参数有关,系数具体表达式见文献[27]。

考虑到完全非线性薛定谔方程的高阶项主要对内孤立波的裂变起主要作用,而与 SAR 成像机理的结合,这里只保留方程中引进了修正项的频散系数和非线性系数:

$$iA_t + \alpha A_{xx} + \beta |A|^2 A = 0 \tag{5-36}$$

其中,

$$\alpha = -(\alpha^{(1)} + \alpha^{(2)}) = \frac{3w^2 h_2 c_g}{c_1 k} + \frac{3c_g^2}{2w} + \frac{wh_2}{2kthkh_2}$$

$$\beta = (-\sigma^2)(\beta^{(1)} + \beta^{(2)}) = (-\sigma^2)\left(\frac{f_6 f_3 c_g}{c_1} - \frac{f_7}{c_1} - kf_3 - \frac{f_{25}}{c_1}\right).$$

这里,$\alpha$ 表示频散系数,$\beta$ 表示非线性系数,$\alpha^{(2)}$ 和 $\beta^{(2)}$ 表示四阶方程引进的修正项。

对于方程(5-36),当 $\alpha\beta > 0$ 时,方程的解可以表示为:

$$|A| = A_0 \, \text{sech}\left(\sqrt{\frac{\beta}{2\alpha}} A_0 (x - c_p t)\right) \tag{5-37}$$

其中 $A_0$ 为振幅最大值,$C_p$ 为内孤立波的相速度。

$$|A| = A_0 \, \text{sech}\left(\frac{x - c_p t}{l}\right) \tag{5-38}$$

$l$ 为内孤立波的特征半波长,且满足:

$$l = \frac{1}{A_0}\sqrt{\left|\frac{\alpha}{2\beta}\right|}。 \tag{5-39}$$

在两层模型中,内孤立波传播引起的海表面流场可以表示为:

$$U_x = -C_0 A / h_1 \tag{5-40}$$

将方程(5-38)代入方程(5-40)可得:

$$U_x = \pm \frac{C_0}{h_1} A_0 \, \text{sech}\left(\frac{x - c_p t}{l}\right) \tag{5-41}$$

其中,正号代表下降型内孤立波,负号代表上升型内孤立波。

### 5.2.2.1 微尺度波能谱密度作用量谱平衡方程

SAR 图像上观测到的内孤立波,其波长在数百米到几千米。内孤立波引起的表层流变化的时空尺度远大于海表面微尺度波的时空尺度。根据 Wentzel-Kramers-Brillouin 弱相互作用理论,缓慢变化流场中的微尺度波能谱密度的变化满足以下作用量谱平衡方程(Alpers 和 Hennings 1984):

$$\frac{dA}{dt} = \left(\frac{\partial}{\partial t} + \frac{\partial \vec{r}}{\partial t} \cdot \frac{\partial}{\partial \vec{r}} + \frac{\partial \vec{k}}{\partial t} \cdot \frac{\partial}{\partial \vec{k}}\right) A = S(\vec{r}, \vec{k}, t) \tag{5-42}$$

$A$ 为作用量谱,$\vec{r}$ 为空间变量,$\vec{k}$ 为微尺度波波数,$S$ 为源函数。

### 5.2.2.2 SAR 遥感成像的 Bragg 散射模型

海面对雷达波的后向散射以 Bragg 散射模型为主(Valenzuela 1978),由 Bragg 散射理论可得:

$$\sigma_0 = M \cdot (\psi(2\vec{k}_R \sin\theta) + \psi(-2\vec{k}_R \sin\theta)) \tag{5-43}$$

$\sigma_0$ 为内孤立波海面的雷达后向散射截面,$M$ 为散射系数,$\vec{k}_R$ 为雷达波矢,$\psi$ 为 Bragg 波的能谱密度,$\theta$ 为 SAR 入射角。

应用 Bragg 散射模型,得到归一化雷达后向散射截面为:

$$\sigma_0(\theta)_{ij} = 16\pi K_R{}^4 \cos^4\theta |g_{ij}(\theta)|^2 [\psi(0, 2K_R \sin\theta)] \tag{5-44}$$

其中 $g_{ij}$ 为一阶散射系数。

联合方程(5-42)和方程(5-43),假定海面波谱 $\psi$ 为 Phillips 平衡谱的形式,即 $\psi \infty k^{-4}$,得到内孤立波流场的后向散射截面与背景场的后向散射截面的比为:

$$\frac{\Delta\sigma_0}{\sigma_0{}^0} = \pm \frac{4+\gamma}{\mu} \frac{2C_0}{h_1 l} A_0 \operatorname{sech}\left(\frac{x-c_p t}{l}\right) \tanh\left(\frac{x-c_p t}{l}\right) \tag{5-45}$$

在两层模型下,将由内孤立波传播引起的表层流在水平方向上的流速代入 SAR 遥感成像模型,可以得到 SAR 图像上由内孤立波引起的图像灰度值的相对变化为:

$$\frac{\Delta I}{I_0} = \frac{\Delta\sigma_0}{\sigma_0{}^0} = B\operatorname{sech}\left(\frac{x'}{l}\right) \tanh\left(\frac{x'}{l}\right) \tag{5-46}$$

其中,$x' = x - c_p t$,$B = \pm \dfrac{4+\gamma}{\mu} \dfrac{2C_0}{h_1 l} A_0$。

由(5-46)式可知,SAR 图像中单个内孤立波的灰度极大值(最亮点)和极小值(最暗点)位置可以表示为:

$$\frac{\partial}{\partial x}\left(\frac{\Delta I}{I_0}\right) = -\frac{B}{l} \operatorname{sech}\left(\frac{x'}{l}\right) \left[2\tanh^2\left(\frac{x'}{l}\right) - 1\right] = 0 \tag{5-47}$$

对方程(5-47)求解得到

$$x' = \pm 0.88l \tag{5-48}$$

内孤立波条带在 SAR 图像上的亮暗间距 $D$ 为:

$$D = 1.76l \tag{5-49}$$

当 $\alpha\beta < 0$ 时,参照上述同样方法可得:

$$D = 1.32l \tag{5-50}$$

内孤立波在遥感图像上的条带亮暗间距直接从图像上获得,内孤立波振幅反演的模型为:

$$A_0 = \frac{1.76}{D} \sqrt{\left|\frac{2\alpha}{\beta}\right|}, \alpha\beta > 0$$

$$A_0 = \frac{1.32}{D} \sqrt{\left|\frac{\alpha}{2\beta}\right|}, \alpha\beta < 0 \tag{5-51}$$

这就是采用两层流体结构的内孤立波传播非线性薛定谔方程与 SAR 遥感内孤立波成像机理结合推导出的振幅反演模型,简称为非线性薛定谔方程振幅反演模型。

以南海深海几个浮标的观测数据对建立的非线性薛定谔方程振幅反演模型进行验证。由于获取同一时间、同一地点的同一条内孤立波很困难,通常在一定空间窗口内时间间隔临近的数据匹配遥感图像与现场观测数据。现场实测与遥感图像观测都存在时空差异,当然除了时空差异会对内孤立波振幅的反演精度造成影响之外,遥感图像参数提取也会为反演带来误差,如 SAR 图像噪声大,亮暗条带不明显会带来亮暗间距测量误差等。因此,一般在较小的时空窗口下内孤立波的遥感图像与现场实测可近似认为同一条内孤立波,检验反演结果的示例见文献[27]。该模型的反演精度还是比较理想的。

### 5.2.3 光学遥感图像的内孤立波振幅反演模型

由于光学遥感内孤立波成像受云雾、海况、太阳天顶角及其与传感器相对位置等因素影响,内孤立波的光学遥感成像非常复杂,难以获得解析的内孤立波振幅反演模型。目前大数据的深度学习技术已应用到各个领域,特别是对参量之间复杂非线性关系的学习,更是为我们提供了解决因变量与多元自变量之间非线性关系的有效方法。本书另辟蹊径,在实验室建立光学遥感探测内孤立波仿真实验系统,实现各种条件的系列综合实验,获取大量内孤立波图像特征参量和与其对应的振幅值,建立内孤立波图像特征参量与振幅的完备数据集,利用大数据深度学习技术解决光学遥感图像反演内孤立波振幅的问题,旨在利用大数据的深度学习技术解决光学遥感图像反演内孤立波振幅的问题。

下面详细介绍实验室建立的光学遥感探测内孤立波仿真实验平台、实验现象及其参数提取,数据库建立,利用支持向量机(SVM)、随机森林(RF)、多层感知器(MLP)三种技术建立内孤立波振幅反演模型。

#### 5.2.3.1 实验平台与实验现象

内孤立波光学遥感探测实验的平台搭建采用二维内孤立波水槽、LED 平板面光源、CCD 相机和计算机。实验水槽规格为 5 m×0.35 m×0.8 m,水槽长边的两侧皆为强化玻璃,透光性强,方便于内孤立波传播时垂向剖面的拍摄记录。水槽钢架喷黑漆,减少反射光对内孤立波成像的影响。为了进一步减小杂散光对光学遥感成像的影响,实验都在光学暗室条件下完成。内孤立波水槽上方用固定于天棚可调节的滑轨和支架调节 LED 平板面光源和 CCD 相机的位置,可满足太阳高度角和太阳与传感器方位角的仿真,实现水槽上方水平表面光学遥感成像的仿真。在内波水槽侧方用标准摄影三脚架固定相同规格型号的 CCD 相机,拍摄垂向剖面的内孤立波传播过程。定义 CCD1 相机拍摄的图像称为内孤立波的光学遥感图像,CCD2 相机拍摄的图像称为内孤立波的波要素图像,两台 CCD 相机通过数据线连接同一台电脑完成图像信息同步采集,两台 CCD 采样频率均为 35 Hz,单张图像大小为 2 000×2 040 像素,如图 5-15 所示。

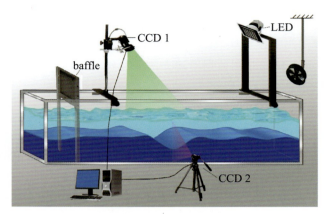

图 5-15　光学遥感探测内孤立波的实验仿真平台示意图

水槽分为两个部分,以灰色抽板为界限,左侧为造波区,右侧为内孤立波传播及探测区。在传播区内调制好密度为 $\rho_2$、深度为 $H_2$ 的水体,再利用蠕动泵铺设密度为 $\rho_1$、深度为 $H_1$ 的水体,以获得两层水体结构。在实验室利用重力塌陷法制造内孤立波是一种方便高效的方法,水槽的造波区长 0.4 m,通过改变造波区内水体的分层厚度获得不同类型的孤立波,改变塌陷高度的大小以获得不同初始振幅的内孤立波。为保证实验结果可用于真实海洋条件,实验中水深、密度等参数均按照流体力学相似性原理设置。当内孤立波在水槽中传播时固定一段时间,两台 CCD 获取一系列的匹配图像。分别选取固定位置处的时间序列图像研究内孤立波振幅与遥感图像特征参量的关系。实现了光学遥感图像与内孤立波一一对应的结果,见图 5-16。图 5-16 展示了不同振幅的内孤立波波形及匹配的光学遥感内孤立波图像,图 5-16a~f 为内孤立波振幅从左向右逐渐减小,图 5-16g~l 为与之相对应的遥感图像,内孤立波条纹以亮一暗条纹的形式存在,条纹的清晰度随着内孤立波振幅的增大而增强,在振幅达到最大时,亮一暗条纹最清晰。这也说明内孤立波振幅大小会影响表面光学遥感图像条带的灰度差。为了清楚地观察这种变化,图 5-17 给出了遥感图像的灰度剖面,由灰度剖面可以获得条带的亮暗间距和灰度差。

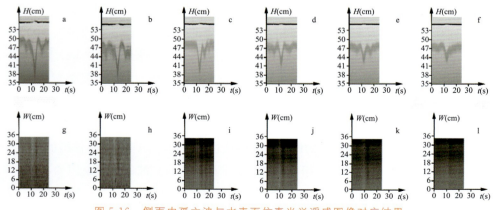

图 5-16　侧面内孤立波与水表面仿真光学遥感图像对应结果

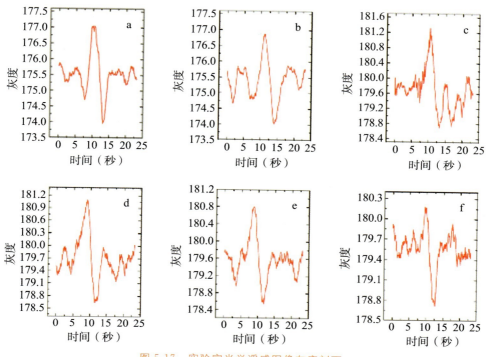

图 5-17 实验室光学遥感图像灰度剖面

### 5.2.3.2 实验设计和数据库建立

为了实验室仿真光学遥感的内孤立波参数反演模型可应用于真实海洋，设计了上层水深与总水深之比在 0.06～0.13 范围变化、上下层密度差不同、塌陷高度不同等系列综合实验，获取了大量实验数据。

内孤立波波要素的提取方法如下：利用侧方 CCD2 相机采集的图像进行取样线的时间序列处理，得到内孤立波经过取样线的全过程，调节窗口的像素范围，观测到内孤立波的精细轮廓，如图 5-18 所示。jk 表示内孤立波引起密度跃层的最大偏移，即最大振幅 $A$；lm 为内孤立波宽度。

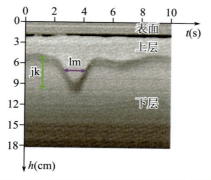

图 5-18 内孤立波垂向位移剖面的时间序列

相较于 SAR 图像内孤立波振幅反演只利用了遥感图像的亮暗间距及其对应处的

水文参数,实验室光学遥感图像还提供了内孤立波表面纹理的灰度差,更大化地挖掘和利用光学遥感与内孤立波相关的图像信息。对于 CCD1 相机拍摄的表面光学遥感图像,对任一取样线作时间序列,如图 5-19 所示。沿遥感图像中线(图 5-19a 中蓝色线)作其灰度剖面取样线,灰度剖面曲线的纵轴坐标为灰度值,横轴坐标为取样线对应的时间,取图 5-19b 中灰度极值点(蓝色点),两点间的时间差为 $D'$,两点间的灰度差为 $\Delta G$,其中 $D'$ 的单位为时间,只要计算出内孤立波的传播速度即可获得亮暗间距 $D$。

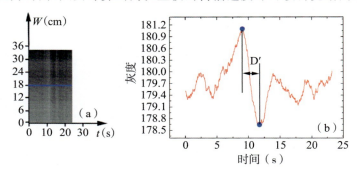

图 5-19　表面光学遥感图像时间序列的灰度剖面曲线

该模型输入参量设置为归一化水深 $H$、上层水体水深与总水深的比值 $H_1/H$、相对密度差 $(\rho_2-\rho_1)/\rho_2$、亮暗间距与总水深的比值 $D/H$、灰度差 $\Delta G$,输出参量为内孤立波振幅与总水深的比 $A/H$。所有光学遥感探测内孤立波的实验数据共 1123 组,见表 5-3。为防止数据出现集中化而带来误差,因此在数据分类前已对数据进行了随机化处理,完成数据库的建立。

表 5-3　内孤立波振幅反演数据集

| Case | $H$ | $H_1/H$ | $(\rho_2-\rho_1)/\rho_2$ | $D/H$ | $\Delta G$ | $A/H$ |
|------|-----|---------|--------------------------|-------|------------|-------|
| 1 | 0.706 | 0.556 | 1.000 | 0.294 | 0.310 | 0.095 |
| 2 | 1.000 | 0.608 | 1.000 | 0.191 | 0.173 | 0.088 |
| 3 | 0.588 | 0.400 | 1.000 | 0.227 | 0.331 | 0.148 |
| 4 | 1.000 | 0.333 | 0.593 | 0.228 | 0.233 | 0.088 |
| 5 | 1.000 | 0.333 | 0.873 | 0.305 | 0.299 | 0.096 |
| …… | | | …… | | | |
| 1123 | 0.647 | 0.242 | 1.000 | 0.273 | 0.265 | 0.305 |

### 5.2.3.3　振幅反演模型

提取实验中水文参量和遥感图像中的特征参数,内孤立波振幅反演模型输入参量设置为归一化水深 $H$、上层水体水深与总水深的比值 $H_1/H$、相对密度差 $(\rho_2-\rho_1)/\rho_2$、亮暗间距与总水深的比值 $D/H$、灰度差 $\Delta G$,输出参量为内孤立波振幅与总水深的比 $A/H$。采用深度学习技术分别训练了三种模型。

### 5.2.3.3.1 支持向量机的内孤立波振幅反演模型

支持向量机（Support Vector Machine,简称 SVM）是一种基于统计学习理论的有监督机器学习方法,被广泛地运用在模式识别、函数拟合和时间序列估计等领域,进行数据分类、回归和预测研究。深度学习技术中 SVM 在研究小样本、非线性和高维模式识别的样本时具有许多特有优势。采用一个 SVM 高维非线性空间映射,建立由光学遥感图像参量反演内孤立波振幅的模型,如图 5-20 所示。

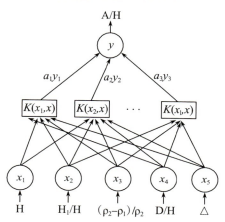

图 5-20　实验室光学遥感内孤立波振幅反演模型的 SVM 结构示意图

选择 RBF 为模型训练的核函数,在 SVM 模型中存在最重要的两个参数 $c$ 和 $g$。$c$ 为惩罚系数,解释为对误差的宽容度,看作模型复杂度和推广能力的折中参数,默认值为 1,$c$ 越大模型优化目标退化为经验风险最小化,越不能容忍误差出现,容易过拟合。$g$ 为 RBF 核函数自带的参数,解释为样本数据映射到特征空间后的分布,决定了支持向量的个数。网格算法（Grid Search）参数寻优是一种穷举式的大范围点集搜索方式,利用网格算法对 $c$ 和 $g$ 进行寻优训练。

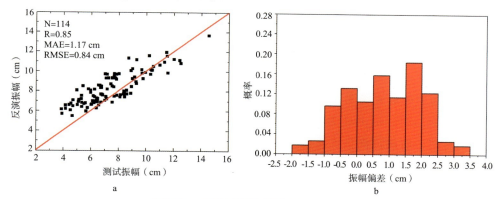

图 5-21　SVM 模型测试集的测试结果

以参数 $\log_2 c$、$\log_2 g$ 和 MSE 作为 $X$、$Y$、$Z$ 轴绘制三维图。将 3D 视图投影到 $XY$ 面则得到 $c$ 和 $g$ 的等高线,同一条等高线上任意的 $c$ 和 $g$ 的组合得到的训练集均方差相等。当均方差最低时,选取 $c$ 值最低点的 $c$ 和 $g$ 组合作为最佳参数。经测试知内孤立波振幅反演模型中 $c$ 的最优值为 $1.414$,$g$ 的最优值为 $11.314$。将测试集的数据输入到建立好的模型中得到测试集对应的内孤立波振幅反演值。如图 5-21a 所示,将内孤立波振幅反演值与内孤立波振幅测试值进行对比,两者的相关系数(Corr)为 $0.85$,平均绝对误差(MAE)为 $1.17$ cm,均方根误差(RMSE)为 $0.84$ cm。在偏差概率图 5-21b 中,振幅偏差在 $1$ cm 附近的数据出现概率最高,主要集中在 $-1.0 \sim 2.5$ cm,出现概率为 $0.91$。

### 5.2.3.3.2 随机森林的内孤立波振幅反演模型

随机森林(RF)实际上是一种特殊的 bagging 方法,它将决策树用作 bagging 中的模型。首先,用 bootstrap 方法生成 $m$ 个训练集,对于每个训练集,构造一棵决策树。在节点找特征进行分裂的时候,并不是对所有特征找到能使得指标(如信息增益)最大的,而是在特征中随机抽取一部分,在抽到的特征中间找到最优解,应用于节点,进行分裂。随机森林的方法由于有了 bagging,也就是集成的思想,实际上相当于对样本和特征都进行了采样,可以避免过拟合。同样地,将 RF 应用于实验数据库,建立内孤立波振幅反演模型,如图 5-22 所示。

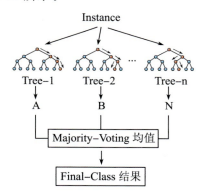

图 5-22　实验室光学遥感内孤立波振幅反演模型的 RF 结构示意图

在 RF 训练模型中,n_estimators 为决策树的个数,越多越好,但也不能过多;criterion 为决策树支持的标准是"gini"(gini 系数)或"entropy"(熵值)(default＝"gini");max_depth 为树的最大深度;min_samples_split 为根据属性划分节点时,每个划分最少的样本数;min_samples_leaf 为叶子节点最少的样本数;max_features 为选择最适属性时划分的特征不能超过此值。在以上参数中,经过多次试验发现 n_estimators、max_depth 和 max_features 在模型的训练中最为重要。因此,通过循环寻优的方法,依次寻找到该训练集下最为合适的参数。其中,最优的 n_estimators 为 $101$,max_depth 为 $7$,max_features 为 $0.137$。

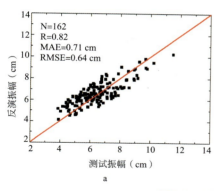
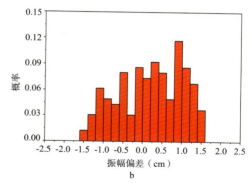

图 5-23　RF 模型测试集测试结果

　　将测试集的数据输入到建立好的模型中得到测试集对应的内孤立波振幅反演值。如图 5-23a 所示,将内孤立波振幅反演值与内孤立波振幅测试值进行对比,两者的相关系数(Corr)为 0.82,平均绝对误差(MAE)为 0.71 cm,均方根误差(RMSE)为 0.64 cm。在偏差概率图 5-23b 中,振幅偏差在 1 cm 附近的数据出现概率最高,主要集中在 -1.25~1.25 cm,出现概率为 0.87。

　　5.2.3.3.3　多层感知器的内孤立波振幅反演模型

　　多层感知器(MLP)是一种前向结构的人工神经网络,映射一组输入向量到一组输出向量。MLP 可以被看做是一个有向图,由多个节点层组成,每一层全连接到下一层。除了输入节点,每个节点都是一个带有非线性激活函数的神经元。使用 BP 反向传播算法的监督学习方法来训练 MLP。MLP 是感知器的推广,克服了感知器不能对线性不可分数据进行识别的弱点。其结构如图 5-24 所示。

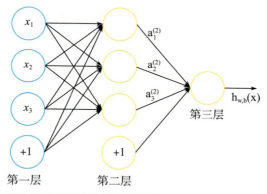

图 5-24　实验室光学遥感内孤立波振幅反演模型的 MLP 结构示意图

　　对于 MLP 训练方法而言,隐含层的大小在训练过程中起到主导作用,如果隐含层结点数过少,网络不能具有必要的学习能力和信息处理能力。反之,若过多,不仅会大大增加网络结构的复杂性,网络在学习过程中更易陷入局部极小点,而且会使网络的学习速度变得很慢。隐含层结点数的选择问题一直受到神经网络研究工作者的高度重视。在多次试验中,选择了三层隐含层,其中隐含层大小为 $5 \times 50 \times 500$,输入层与输出层由数据源直接可以确定。

将测试集的数据输入到建立好的模型中得到测试集对应的内孤立波振幅反演值。如图5-25a所示,将内孤立波振幅反演值与内孤立波振幅测试值进行对比,两者的相关系数(Corr)为0.88,平均绝对误差(MAE)为0.67 cm,均方根误差(RMSE)为0.63 cm。在偏差概率图5-25b中,振幅偏差在−0.75 cm附近的数据出现概率最高,主要集中在−0.75~1.25 cm,出现概率为0.80。

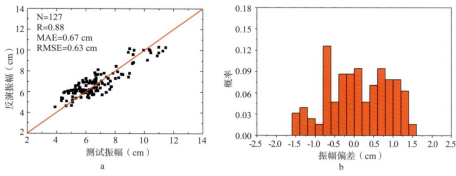

图5-25　MLP模型测试集测试结果

总之,测试结果表明:这三种内孤立波振幅反演模型都具有良好的性能,也各有自己的优势,MLP的训练时间最短,效率最高。

### 5.2.3.3.4 反演模型精度检验

利用南海的实测数据,下载并处理了与之匹配的MODIS光学遥感图像,应用于上述三种模型。反演的内孤立波振幅与现场实测振幅列于表5-4中。从表5-4中可以看到,实测内孤立波振幅在17.1~79.0 m之间变化,反演的内孤立波振幅分布在12.4~87.4 m。SVM、RF、MLP反演结果的平均相对误差分别为18.78%、21.61%、12.55%。模型检验结果如图5-26所示。

表5-4　三种模型反演内孤立波振幅与现场实测值对比

| 序号 | MODIS图像 | 实测振幅（m） | SVM反演振幅（m） | RF反演振幅（m） | MLP反演振幅（m） |
|------|-----------|--------------|------------------|-----------------|------------------|
| 1 | MYD02QKM. A2021138. | 79.0 | 83.1 | 61.0 | 87.4 |
| 2 | MOD02QKM. A2005118. | 20.7 | 25.3 | 28.6 | 23.9 |
| 3 | MOD02QKM. A2005132. | 22.9 | 20.0 | 17.1 | 19.6 |
| 4 | MOD02QKM. A2005134. | 17.1 | 22.1 | 19.8 | 22.1 |
| 5 | MOD02QKM. A2005180. | 16.2 | 20.0 | 17.6 | 17.3 |
| 6 | MYD02QKM. A2005140. | 23.8 | 16.7 | 19.2 | 24.3 |
| 7 | MYD02QKM. A2005179. | 15.6 | 14.2 | 12.4 | 14.1 |
| ARE | | | 18.78% | 21.61% | 12.55% |

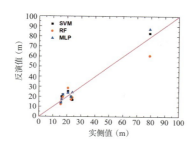

图 5-26　内孤立波振幅反演模型精度检验结果图

综上,深度学习技术成功应用到了实验室仿真光学遥感探测内孤立波实验系统,获得了三种光学遥感图像反演内孤立波振幅的模型。通过实测数据的验证可以发现,这三种模型的平均相对误差较小,都是满足海洋中参数反演要求的。随着深度学习技术发展,越来越多的深度学习方法被应用于内孤立波的研究中,内孤立波参数反演精度也会进一步提高。

## 5.3　内孤立波传播速度反演技术

目前普遍应用的反演内孤立波传播速度模型就是 KdV 的线性相速度和非线性相速度。无论理论模型计算还是现场实测都发现内孤立波传播速度与水深、层结和振幅相关。本节建立了基于虚拟组网遥感卫星数据的安达曼海内孤立波传播速度模型和基于实验室仿真光学遥感数据的内孤立波传播速度模型,从遥感观测和实验室仿真实验两个角度发展了速度反演新方法。

### 5.3.1　安达曼海虚拟组网遥感卫星数据的内孤立波传播速度模型

安达曼海内孤立波非常活跃且错综复杂,而传播速度是内孤立波的重要特征参量之一。由于 MODIS 图像具有时间分辨率高、空间覆盖范围广的优势。利用上、下午星追踪同一内孤立波的传播轨迹,计算内孤立波的传播平均速度,称之为图像追踪法。另一种方法是在一景图像中找到同一激发源产生的多组内孤立波波列,利用潮周期计算内孤立波在远距离传播过程中的平均速度,称之为潮周期法。收集并处理安达曼海2015—2017 年间的 MODIS 光学遥感图像,共筛选 109 景上下午 MODIS 图像对,用于统计分析内孤立波传播速度的空间及时间分布,并建立内孤立波传播速度模型。

Terra 和 Aqua 两颗卫星过境安达曼海的时间间隔为 $\Delta t$,在同一天内对同一列内孤立波能够进行两次观测。由于 Terra 和 Aqua 过境安达曼海的时间分别为地方时10:30 am 左右和 1:30 pm 左右,两星时间间隔大约为 3 小时,具体时间间隔要从遥感图像读取。在两景图像中寻找同一天内孤立波形相似的两组内孤立波列,即为同一内孤立波列。利用 ArcGIS 软件提取和融合两次观测到的内孤立波的波峰线,在两条波峰线之间做多组垂直波峰线的线段,端点为两亮条带中心,线段长度即为内孤立波的运动位移 $\Delta X_1$,见图 5-27。利用下式求出内孤立波传播的平均速度:

$$V_1 = \frac{\Delta X_1}{\Delta t} \tag{5-52}$$

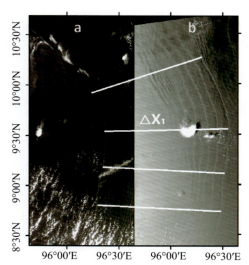

图 5-27　图像追踪法计算内孤立波传播速度示意图。a. 2017 年 03
月 13 日 04：00 UTC 的 MODIS 图像；b. 2017 年 03 月 13 日 07：00
UTC 的 MODIS 图像。

　　学者们普遍认为安达曼海内孤立波是由印度洋的半日潮自西通过海底山激发生成
(Osborne and Burch，1980；Hyder et al.，2005；Grisouard et al.，2011)，因此还可以
依据一景图像中 2 个波之间距离和半日潮周期($T$＝12.42 h)计算内孤立波传播的平均
速度。图 5-28 为 Terra 卫星拍摄到由两个激发源产生的 6 组内孤立波波包，A1—A3、
B1—B3 分别由两个不同激发源产生。在 MODIS 图像中寻找同一激发源产生的两组
或多组内孤立波波列，假设波列之间具有与之相同的半日潮周期，连接相邻波列波峰线
的中心，利用下式计算内孤立波传播的平均速度：

$$V_2 = \frac{\Delta X_2}{T} \tag{5-53}$$

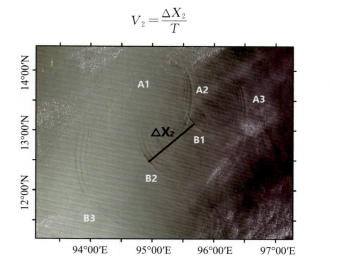

图 5-28　潮周期法计算内孤立波传播速度示意图。2018 年 03 月 03
日 04：30(UTC)安达曼海的 MODIS 内孤立波图像。

安达曼海内孤立波整体上多向东或东北方向传播,在北部存在向西南和东南两个方向传播的内孤立波。图 5-29 通过融合地形数据发现安达曼海内孤立波大致沿垂直于等深线的方向传播,说明地形对内孤立波的传播演变过程起重要作用。安达曼海是盆地地形,东部具有广阔的大陆架,沿内孤立波传播方向,水深逐渐变浅,速度也逐渐变小。内孤立波的传播速度分布为:水深 100~800 m 东南和东部地区,传播速度为 0.5~2.0 m/s;水深 800~2 000 m 的南部地区,传播速度为 2.0~2.6 m/s;水深 1 400~2 000 m 的北部地区,传播速度为 2.2~2.5 m/s;水深 1 800~2 500 m 的中西部地区,传播速度为 2.5~2.7 m/s。

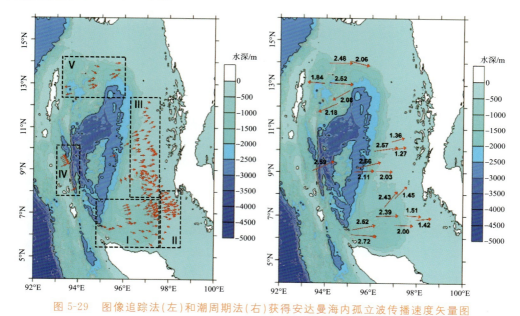

图 5-29 图像追踪法(左)和潮周期法(右)获得安达曼海内孤立波传播速度矢量图

比较上述两种观测内孤立波传播速度的方法,图像追踪法计算同一个内孤立波的时间间隔为 3 h 左右,所以针对某一小范围海区而言,水深和分层结构变化很小,图像追踪法获得的速度可近似为内孤立波的瞬时速度。潮周期法计算前后两个内孤立波的时间间隔为 12.42 h,可见潮周期法获得内孤立波长距离传播过程中的平均速度。

图像追踪法的时间间隔短,计算的速度比潮周期法更为细致,更适合描述内孤立波传播速度大小随水深的变化,因此采用图像追踪法建立传播速度模型并讨论影响速度的因素。沿速度矢量方向提取 ETOPO1 平均水深数据,结合图像追踪法计算的速度矢量,获得三个季节安达曼海内孤立波传播速度随水深变化的散点分布,如图 5-30 所示。对散点拟合,获得内孤立波传播速度反演模型。

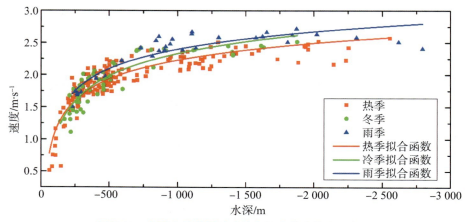

图 5-30　内孤立波传播速度随水深变化的散点分布图

$$v = a \times \ln(-b \times \ln|h|) \begin{cases} 热季: a=2.81, b=-0.32 \\ 冬季: a=3.30, b=-0.29 \\ 雨季: a=2.89, b=-0.33 \end{cases} \tag{5-54}$$

安达曼海在气候上属热带气候，2～4 月为热季，5～10 月为雨季，11～1 月为冬季。由图 5-30 可以看出内孤立波的传播速度除了受地形影响外，还呈现出一定的季节性差异。在小于 600 m 水深区域时，速度随水深增加呈现出快速增大的趋势，同一水深位置处三个季节内孤立波传播速度差别并不明显；当水深大于 600 m 以后，速度随水深缓慢增加，季节性差异较为明显，同一水深位置处，雨季内孤立波传播速度最大、冬季次之、热季最小，雨季和热季内孤立波传播速度平均差约 0.5 m/s。内孤立波的传播速度在浅水区和深水区呈现出不同的季节性差异。

总之，内孤立波传播方向主要受海底地形的影响，内孤立波传播速度大小随水深变浅而呈减小的趋势，在深水区内孤立波传播速度大小还呈现出季节性差异。

### 5.3.2 内孤立波传播相速度的实验模型

利用 KdV 的非线性相速度公式计算内孤立波传播速度需要已知内孤立波的振幅。在真实海洋条件下对内孤立波振幅的现场获取也需要昂贵的复杂的测试系统，实测数据非常珍贵。本节介绍基于光学遥感内孤立波图像的条带信息和层结参数反演传播速度，旨在发展一种单景图像就能反演内孤立波传播速度的方法。

在实验室条件下，同内孤立波振幅反演模型建立的技术类似，利用实验室建立的仿真光学遥感探测内孤立波系统完成了系列综合实验，提取水体分层参数、相对密度差、灰度差、亮暗间距和内孤立波传播速度，采用支持向量回归（Support Vector Regression，简称 SVR）方法建立内孤立波传播速度模型。利用遥感现场观测数据进行检验，内孤立波传播速度模型的精度较高，具有实用性。

本模型是利用海洋水文数据和遥感图像数据来进行内孤立波传播速度的预测，从遥感数据获得与内孤立波振幅相关的灰度差和亮暗间距，所以该模型既反映了内孤立波传播速度与海洋层化结构的关系又反映了与内孤立波振幅的关系。

依据理论模型计算和现场实测得知,内孤立波传播速度与水深、层结和振幅相关,因此利用 5.2.3 中搭建的内孤立波实验平台的系列实验,提取了水体分层参数、相对密度差、灰度差、亮暗间距和内孤立波传播速度。将各个参量进行无量纲化处理,构建了 1013 个样本的数据库。

SVR 模型的输入参量为上层水深、上下层水体相对密度差、灰度差和亮暗间距,输出参量为内孤立波传播速度。将样本数据随机排序,800 组样本数据为训练集,213 组样本数据为测试集。通过优化模型得到参数 c 和 g 分别为 1、11.31。将测试集的预测值和真值求相关系数和偏差,两者散点图和偏差柱状图如图 5—31 所示。

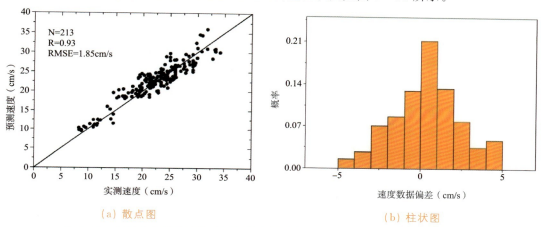

（a）散点图      （b）柱状图

图 5-31　光学遥感图像反演内孤立波传播速度 SVR 模型的散点图和偏差柱状图

可见,SVR 模型的预测结果与实测结果具有高度相关性,均方根误差较小,偏差呈正态分布,表明 SVR 模型是有效的。

内孤立波传播速度反演模型的精度采用现场遥感观测数据检验。

下载并处理了 2016 年和 2017 年安达曼海的 MODIS 遥感数据,筛选出包含同一条内孤立波图像的上午星和下午星 MODIS 遥感图像各 10 景,其中 2016 年 14 景,2017 年 6 景。采用 5.3.1 节图像追踪法计算内孤立波传播速度,即在同一天同一海域的上午星和下午星两景图像中,找到同一内孤立波,通过内孤立波传播路程和传播时间计算出内孤立波传播的平均速度,将此速度为现场观测的真实速度。

针对 MODIS 图像中的内孤立波条带提取灰度差、亮暗间距,并获取该位置的水文参数。对上层水深、相对密度差、灰度差、亮暗间距进行无量纲化处理后,将所需输入参量带入模型,得到内孤立波传播速度的反演值。将内孤立波速度反演值和真实速度进行了比较,见表 5-5。表中也列出了 KdV 线性相速度的计算值。SVR 反演速度模型反演的内孤立波传播速度的平均绝对误差为 0.23 m/s、平均相对误差为 12.34％。

表 5-5　反演的内孤立波传播速度和 KdV 线性相速度

| 遥感图像 | V实测 (m/s) | V上午星反演 (m/s) | V下午星反演 (m/s) | 遥感反演结果 | | KdV 结果 | |
| --- | --- | --- | --- | --- | --- | --- | --- |
| | | | | V平均反演值 (m/s) | 绝对误差 (m/s) | C₀(m/s) | 绝对误差 (m/s) |
| MOD02QKM. A2016022.0400<br>MYD02QKM. A2016022.0700 | 1.93 | 2.35 | 2.36 | 2.36 | 0.43 | 1.65 | 0.28 |
| MOD02QKM. A2017047.0405<br>MYD02QKM. A2017047.0710 | 1.47 | 1.90 | 1.59 | 1.75 | 0.28 | 1.20 | 0.27 |
| MOD02QKM. A2016084.0415<br>MYD02QKM. A2016084.0715 | 2.09 | 2.36 | 2.43 | 2.40 | 0.31 | 1.64 | 0.45 |
| MOD02QKM. A2016070.0400<br>MYD02QKM. A2016070.0700 | 2.03 | 1.75 | 1.73 | 1.74 | 0.29 | 1.19 | 0.84 |
| MOD02QKM. A2017104.0400<br>MYD02QKM. A2017104.0700 | 2.04 | 2.51 | 2.24 | 2.38 | 0.34 | 1.59 | 0.45 |
| MOD02QKM. A2016086.0400<br>MYD02QKM. A2016086.0700 | 1.75 | 2.23 | 1.75 | 1.99 | 0.24 | 1.38 | 0.37 |
| MOD02QKM. A2016093.0405<br>MYD02QKM. A2016093.0710 | 1.76 | 1.89 | 1.82 | 1.86 | 0.10 | 1.22 | 0.54 |
| MOD02QKM. A2016102.0400<br>MYD02QKM. A2016102.0705 | 1.95 | 1.73 | 1.57 | 1.65 | 0.30 | 1.13 | 0.82 |
| MOD02QKM. A2016118.0400<br>MYD02QKM. A2016118.0700 | 2.28 | 2.29 | 2.26 | 2.28 | 0.00 | 1.58 | 0.70 |
| MOD02QKM. A2017072.0400<br>MYD02QKM. A2017072.0700 | 1.90 | 1.96 | 1.94 | 1.95 | 0.05 | 1.36 | 0.54 |
| 平均误差 | | | | | 0.23 | | 0.53 |

　　此外，为了验证内孤立波速度反演模型在不同海域的适用性，还选取了 2021 年南海海域的 MODIS 遥感图像，提取各项参数进行模型精度验证。结果如图 5-32 所示。从图中可见该模型对不同海域都有较高的精度。

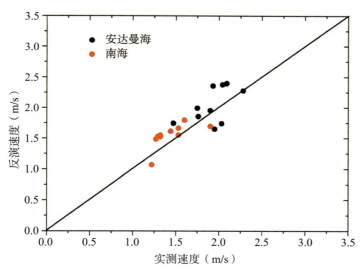

图 5-32　基于光学遥感图像内孤立波传播速度反演模型的预测值与实测值的对比图

## 5.4　基于卫星虚拟组网遥感图像内孤立波多维参数特性研究

利用虚拟组网卫星 Sentinel-1A、GF-3 的 SAR 遥感数据和 GF-1、Terra、Aqua 光学遥感数据统计分析了 4 个海区内孤立波的特性。时间和空间分布能够清晰直观地了解到研究海域内孤立波的传播方向、发生区域、发生时间、波峰线长短等信息,利用参数反演模型可获得内孤立波振幅和传播速度的空间分布,旨在从多维角度掌握战略通道和战略支点海区内孤立波的全貌。

### 5.4.1　霍尔木兹海峡内孤立波特性

霍尔木兹海峡连接波斯(阿拉伯)湾和阿曼湾(25°N—28°N,55°E—58°E),近"人"字形,与之邻近的波斯湾地区盛产石油,而这些石油又必须通过霍尔木兹海峡进入印度洋,运往远东、欧洲、美洲等地。约 60% 的世界海洋运输石油来自该地区,所以霍尔木兹海峡有海上石油通道的"咽喉"之称。霍尔木兹海峡属热带沙漠气候,表层水温年平均 26.6℃,8 月最热可达 31.6℃,最冷的 12 月温度为 21.8℃。南北宽为 56～125 km,东西长约 150 km,最狭窄处只有 38.9 km,平均水深约 70 m。

由于海峡的地形分布以及水文参量特征,采用了虚拟组网卫星遥感图像探究内孤立波在霍尔木兹海峡的时空分布。收集并处理了霍尔木兹海峡 2013 年 1 月 1 日至 2019 年 12 月 31 日 GF-1 图像共 71 景,筛选出能够提取清晰内孤立波轨迹的图像共 31 景,2017 年 1 月 1 日至 2018 年 12 月 21 日 MODIS 图像共 1 324 景,筛选出有内孤立波的 79 景,2017 年 1 月 1 日—2019 年 12 月 31 日 SAR 图像共 69 景,其中有内孤立波的图像共 27 景。

通过对有清晰内孤立波的图像进行处理和信息提取得到了时空分布统计图。绘制了霍尔木兹海峡(25°N～28°N,56°E～58°E)空间分布图,如图 5-33a 所示。线条为内孤立波的波峰线,从空间分布图中可见,在海峡弯道两侧内孤立波有向东北和西北方向传播,东北方向传播趋势明显。也有一些分布在近岸水域。

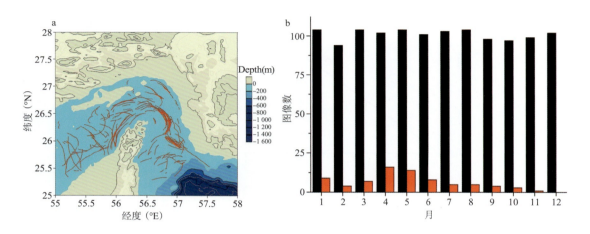

图 5-33　遥感观测霍尔木兹海峡内孤立波的时空分布。a. 空间分布;b. 时间分布。

由于 SAR 重访周期较长,观测到内孤立波的图像较少。而 MODIS 的 Terra、Aqua 2 颗卫星每天过境可捕获两景图像,所以统计了 2017—2018 两年共 79 景有内孤立波的 MODIS 图像,并做了内孤立波时间分布分析,如图 5-33b 所示。横坐标为月份,纵坐标为图像个数。其中,黑色代表 MODIS 数据个数,红色代表有内孤立波的图像个数,在 4 月和 5 月遥感观测内孤立波较多,11 月和 12 月 MODIS 没有观测到内孤立波。这可能与太阳的天顶角以及卫星与太阳方位角都有关系。同时利用这 2 年的 MODIS 图像提取了内孤立波的波峰线长度,统计结果如图 5-34b 所示。波峰线分布在十几千米至六七十千米之间。

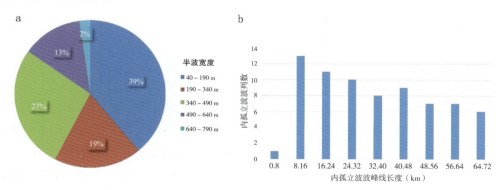

图 5-34　霍尔木兹海峡内孤立波参量分布。a. 内孤立波的半波
宽度分布;b. 内孤立波波峰线长度分布。

挑选有清晰内孤立波波峰线的图像对内孤立波的振幅、速度和半波宽度进行了反演,如图 5-34a 和图 5-35 所示。振幅分布范围为 7.5~38 m。图 5-35a 中三角代表 MODIS 数据反演结果,圆点代表 GF-1、SAR 数据反演结果。霍尔木兹海峡内孤立波传播速度分布范围为 0.25~0.68 m/s,内孤立波的半波宽度多集中在 40~190 m 之间。

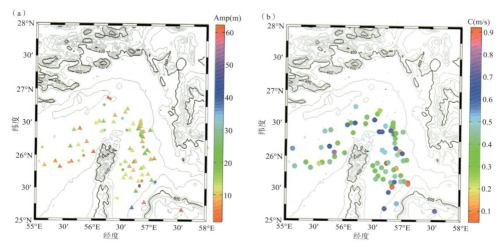

图 5-35　霍尔木兹海峡内孤立波参数空间分布图。a. 内孤立波振幅分布;b. 内孤立波传播速度分布。

### 5.4.2 马六甲海峡内孤立波特性

马六甲海峡是世界十大海峡之一,该海峡呈西北—东南走向,长度约为 1 080 km,水深在 20~210 m 范围内,西北端和东南端分别与安达曼海以及南中国海相连接,具有优越的地理位置,是太平洋与印度洋相互沟通的重要国际贸易交通港埠,对于中国、日本和韩国来说都是极为重要的能源运输通道,被誉为"东方海上生命线"。

马六甲海峡位于(0°N~5°N,97°E~104°E)的区域,海峡狭长,水浅。为了分析马六甲海峡内孤立波的时空分布特征,采用虚拟卫星组网数据,主要利用高空间分辨率卫星遥感数据。收集了 2015 年 6 月到 2019 年 9 月欧洲航天局哥白尼计划(GMES)中的地球观测卫星 Sentinel-1 的 SAR 数据以及 2016 年 1 月至 2019 年 9 月我国高分系列卫星中 GF-1 的光学遥感数据与 GF-3 的 SAR 数据共 683 景,对图像进行预处理后,共筛选出 104 景包含内孤立波的图像,得到 484 个内孤立波和内孤立波波包。

基于收集的多年卫星遥感图像,提取内孤立波波峰线生成马六甲海峡内孤立波空间分布图,如图 5-36 所示。其中红色短曲线为波包中头波的波峰线,马六甲海峡的内孤立波大多以波包的形式出现。内孤立波的传播方向较为复杂,但多向岸传播。海峡西北部水深约 80 m,此处属于内孤立波的多发区,波峰线也比较长,波峰线的最大值约为 35.7 km;海峡中部水深约 50 m,波峰线变短;海峡东南部水深较浅,最浅处只有 4 m,此处内孤立波分布较为杂乱,波峰线较短,最小值约为 1.9 km,同时波峰线也较为破碎。

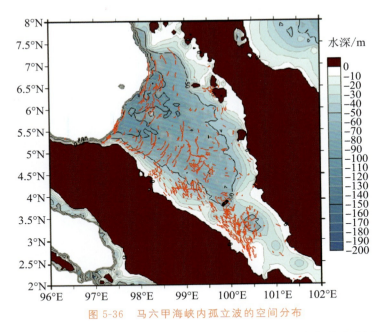

图 5-36　马六甲海峡内孤立波的空间分布

　　根据多年遥感图像中内孤立波的发生时间,统计了马六甲海峡内孤立波数目随不同月份与不同季度的分布情况,如图 5-37 所示,马六甲海峡每个月份遥感均观测内孤立波发生,在 1～7 月内孤立波数目较多,其中 7 月探测到的内孤立波数目最多,占内孤立波数目总量的 23.14%,8～12 月内孤立波数目明显变少,其中 11 月内孤立波数目最少,仅占内孤立波数目总量的 1.45%。综合来看,遥感观测马六甲海峡内孤立波的时间分布在前三个季度相对均衡,其中第一季度发现的内孤立波数目最多,占内孤立波总数量的 34% 左右,在第四季度明显变少,仅占内孤立波总数量的 9% 左右。

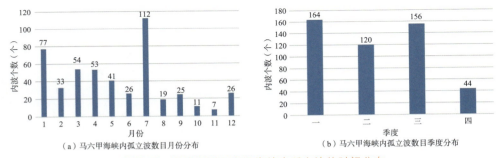

（a）马六甲海峡内孤立波数目月份分布　　　　（b）马六甲海峡内孤立波数目季度分布

图 5-37　遥感观测马六甲海峡内孤立波的时间分布

　　马六甲海峡内孤立波波峰线的特点如下:最大波包波峰线长度约为 39 km,位于西北部区域内,最小波包波峰线长度约为 1.5 km,越往东南方向内孤立波波峰线越短。一共统计了 344 条内孤立波包括波包头波波峰线,其中有 35 条波峰线长度超过20 km,这 35 条内孤立波几乎都位于西北区域;波峰线长度在 4～14 km,波峰线有 273

条,占了绝大多数,如图 5-38 所示。

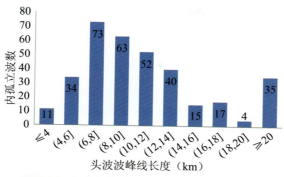

图 5-38 马六甲海峡内孤立波波峰线长度分布

根据 WOA13 中温度、盐度的年平均数据计算密度、浮频率,得到研究区域的上层水深、上下层密度,根据全球地形起伏模型(ETOPO1)数据可以得到研究区域海水的深度。由于马六甲海峡地区水深较浅,WOA13 的温盐数据有一定的局限性,因此这里只计算了马六甲海峡水深大于 30 m 海域的内孤立波振幅与速度。

利用非线性薛定谔方程振幅反演模型计算了马六甲海峡内孤立波的振幅,得到振幅分布,如图 5-39a 所示。该区域内孤立波振幅分布在 4.7~23.9 m 范围,随水深变浅,振幅的总体趋势也在变小。其中,海峡西北部的最大振幅为 23.9 m,该区域的平均振幅约为 18.4 m;海峡中部区域最大振幅约为 17.9 m,最小振幅约为 4.7 m,平均振幅约为 10.9 m;海峡东南部水深较浅,计算得到的最大振幅和最小振幅分别为 14.1 m 和4.7 m,平均振幅为 9.6 m。

内孤立波的传播速度受水深、分层等因素的影响。马六甲海峡东南部水深较浅,西北部水深较深。图 5-39b 为内孤立波的线性相速度分布,从图中可以看出,西北区域经纬度范围为东经 97.9°E~100.2°E,北纬 4.5°N~5.3°N,提取位置的最大水深为 83 m,平均水深在 62.4 m。西北区域计算得到的最大速度为 0.4 m/s,最小速度为 0.13 m/s,平均速度在 0.3 m/s。中部区域经纬度范围为 98.7°E~100.5°E,3.5°N~4.5°N,该区域水深为 62 m~31 m,平均水深为 43.7 m,最大速度为 0.32 m/s,最小速度为0.12 m/s,平均速度为 0.23 m/s。东南区域经纬度范围为 99.7°E~100.7°E,3.0°N~3.8°N,该区域水深较浅,平均水深仅有 37.3 m,计算得到的平均速度为0.23 m/s。

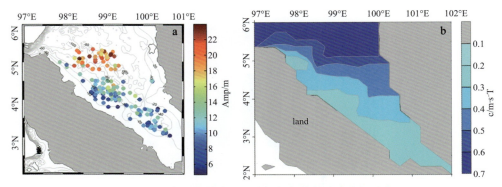

图 5-39　马六甲海峡内孤立波振幅与传播速度空间分布

### 5.4.3 安达曼海内孤立波特性

安达曼海是印度洋东北部的边缘海。它以布鲁玛大陆海岸（Bruma）、马来西亚半岛（Peninsular Malaysia）和苏门答腊（Sumatra）为界，包括深海盆和大陆架区。东南与马六甲海峡相通，西侧连接孟加拉湾和印度洋。安达曼海面积为 79.8 万平方千米，从北到南长 1 200 km，跨越纬度 11°，为：5°N～16°N；东西宽 645 km，跨越经度 6°，为：92.5°E～98.5°E。安达曼海是马六甲海峡的西北出口，国际石油运输的重要航线，是中国 21 世纪海上丝绸之路的必经之地。

安达曼海内孤立波非常活跃且规模很大，被认为是世界上观测到内孤立波最多的海域之一，全年都存在内孤立波，较大内孤立波波峰线长达几百千米。MODIS 图像能够获得大量高清晰、大宽幅、高重访的海表面成像，是研究安达曼海（4°N～16°N，92°E～100°E）内孤立波时空分布的重要数据来源。收集安达曼海 2014～2018 年间的 MODIS 图像及 2017～2018 年的 Sentinel1 图像，通过统计内孤立波波峰线，得到内孤立波的时空分布，如图 5-40 和图 5-41 所示。

从空间分布图 5-40 可以看出内孤立波在安达曼海广泛存在，主要集中在苏门答腊岛以北、马来半岛以西、安达曼群岛东北部和尼科巴群岛附近。大部分内孤立波自安达曼海的西部生成，波峰线呈弧状向东或东北方向传播，波峰线最长可达 400 多千米；在安达曼海北部 11°N 至 14°N 的海域有向西南方向传播的内孤立波；最北部 14°N 至 15.5°N 的海域为大陆架，有一些分布并不规则的小尺度内孤立波向各个方向传播。安达曼海内孤立波发生时间分布不均，从图 5-41 月分布来看，1～5 月是内孤立波出现最频繁的季节，经常可以在一景遥感图像中观测到两个或多个内孤立波列，在 3 月份观测到的内孤立波最多，其次为 2 月份，7 月份最少。

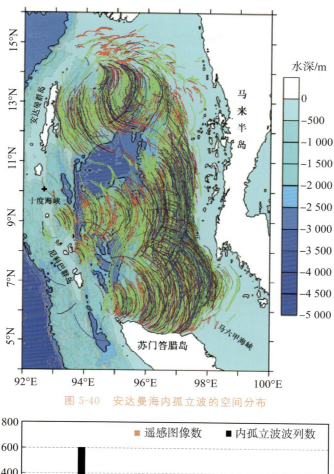

图 5-40　安达曼海内孤立波的空间分布

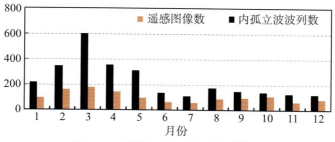

图 5-41　安达曼海内孤立波的月分布

　　MODIS 图像统计获得安达曼海内孤立波的时间分布特征受海洋层化结构、云量和海表面风场等因素的影响,热季季风不显著,云量最少,MODIS 图像呈像清晰,并且热季密度跃层最浅,更容易观测到内孤立波;而雨季盛行西南季风,云量和降水增多,使内孤立波并不能完全被光学遥感观测到,冬季盛行东北季风,改变内孤立波引起的海表面流速,影响内孤立波在遥感图像中的呈像。

　　提取遥感图像中内孤立波条带参数,对安达曼海内孤立波的振幅进行反演,内孤立波振幅空间分布如图 5-42 所示。安达曼海内孤立波振幅与水深密切相关,在东部水深小于 1 000 m 的海区,振幅大多在 100 m 以下,并且小振幅多出现在该海域的最东部。对于中部水深较深的海域内孤立波振幅可以高达 140 多米,大振幅主要出现在该海域的中部和中南部。

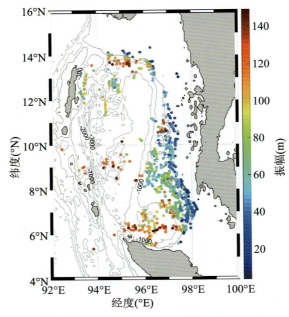

图 5-42　安达曼海内孤立波振幅空间分布

### 5.4.4 斯里兰卡周边海域内孤立波特性

斯里兰卡四面环海,是南亚地区最大的岛屿,被誉为"印度洋上的珍珠",西北隔保克海峡与印度半岛相望。历史上,斯里兰卡一直有"东方的海上十字路口"之称,曾是古代海上丝绸之路上的重要支点,郑和七次下西洋曾五次于此处驻扎。拥有连接亚非大陆、辐射南亚次大陆的区位优势的斯里兰卡,在"一带一路"构想中是海上丝绸之路及印度洋上重要的战略支点。

卫星虚拟组网遥感图像统计的斯里兰卡海域($5°N \sim 13°N$,$76°E \sim 84°E$)内孤立波空间分布如图 5-43 所示,遥感数据来源于 2017~2018 年间的 GF-3、Sentinel-1、MODIS 遥感图像。斯里兰卡海域的内孤立波主要分布在斯里兰卡岛的东部及北部,该海域内孤立波波峰线较短,波峰线长度在 $2 \sim 51$ km,其中大多数波峰线都在 11 km 以下,见图 5-44。可能是该海域内孤立波的生成源位于安达曼海的尼克巴群岛,内孤立波生成后向西传播上千千米到达斯里兰卡大陆架附近发生破碎和耗散。斯里兰卡海域属于热带季风气候,分为明显的干湿两季,12 月至次年 2 月来自孟加拉湾的东北季风导致斯里兰卡东北部海域有大量降水(Bamford 1922),强风、强降水及云雾天气都会影响内孤立波在遥感图像中的成像,因而该海域内孤立波在东北季风盛行期间很少被遥感观测到。

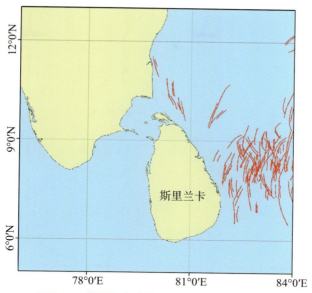

图 5-43 斯里兰卡海域内孤立波的空间分布图

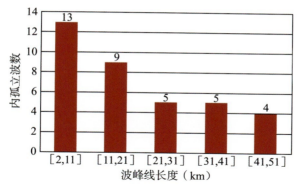

图 5-44 内孤立波的波峰线长度统计

在遥感图像中提取内孤立波条带参数,对斯里兰卡示范区内孤立波的振幅进行反演,结果见图 5-45。该地内孤立波振幅大小在 13～157 m,大多数在 70 m 以下,最小的只有十几米,结合水深数据可以看出振幅与水深呈正相关关系,大陆架附近振幅较小。利用速度模型计算了内孤立波的非线性相速度,如图 5-46 所示。内孤立波传播速度分布在 0.4～2.9 m/s,大多数内孤立波非线性相速度在 1 m/s 左右,只有在示范区最东部边界的深水区才出现大于 2 m/s 的非线性相速度,非线性相速度与水深呈正相关关系。

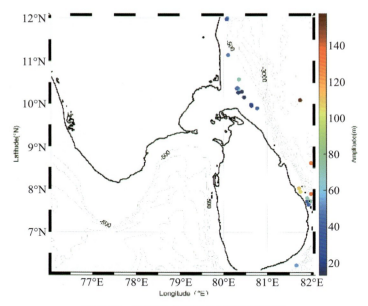

图 5-45　斯里兰卡内孤立波振幅分布图

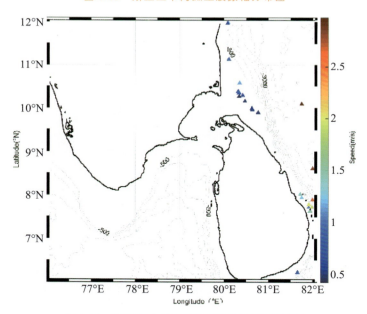

图 5-46　斯里兰卡内孤立波非线性相速度分布

# 参考文献

［1］方欣华，杜涛. 海洋内波基础和中国海内波［M］. 青岛：中国海洋大学出版社，2005.

［2］梅强中. 水波动力学［M］. 北京：科学出版社，1984.

［3］蔡树群. 内孤立波数值模式及其在南海区域的应用［M］. 北京：海洋出版社，2015.

［4］Huang X D, Chen Z H, Zhao W, et al. An extreme internal solitary wave event observed in the northern South China Sea［J］. Scientific Reports，2016，6(1)：30041.

［5］Jackson C. Internal wave detection using the Moderate Resolution Imaging Spectroradiometer（MODIS）［J］. Journal of Geophysical Research Atmospheres，2007，112(C11)：60—64.

［6］Alford M H, Peacock T, Mackinnon J A, et al. The formation and fate of internal waves in the South China Sea［J］. Nature，2015，521(7550)：65—69.

［7］Zhao Z X, Liu B Q, Li X F. Internal solitary waves in the China seas observed using satellite remote-sensing techniques：a review and perspectives［J］. International journal of remote sensing，2014，35(11)：3926—3946.

［8］Wang C X, Wang X, Da Silva J C B. Studies of internal waves in the strait of Georgia based on remote sensing images［J］. Remote Sensing，2019，11(1)：96.

［9］Lai Z G, Chen C S, Beardsley R C, et al. Impact of high-frequency nonlinear internal waves on plankton dynamics in Massachusetts Bay［J］. Journal of Marine Research，2010，68(2)：259—281.

［10］Zhang M, Wang J, Chen X, et al. An experimental study on the characteristic pattern of internal solitary waves in optical remote—sensing images［J］. International Journal of Remote Sensing，2019，40(9)：1—16.

［11］Kurekin A A, Land P E, Miller P I. Internal waves at the UK continental shelf：Automatic mapping using the ENVISAT ASAR sensor［J］. Remote Sensing，2020，12(15)：2476.

［12］Schooley A H, Hughes B A. An Experimental and theoretical study of internal waves generated by the collapse of a two-dimensional mixed region in a density gradient[J]. Journal of Fluid Mechanics，2006，51(01):159—175.

[13] Mityagina M I, Lavrova O Y, Karimova S S. Multi—sensor survey of seasonal variability in coastal eddy and internal wave signatures in the north—eastern Black Sea[J]. International Journal of Remote Sensing，2010，31(17—18): 4779—4790.

[14] Osborne A R, Burch T L. Internal solitons in the Andaman Sea[J]. Science, 1980，208(4443):451—460.

[15] Raju, N J, Dash M K, Dey S P, et al. Potential generation sites of internal solitary waves and their propagation characteristics in the Andaman Sea—a study based on MODIS true—colour and SAR observations[J]. Environmental Monitoring and Assessment，2019，191(3):1—10.

[16] Hyder P, Jeans D R G, Cauquil E, et al. Observations and predictability of internal solitons in the northern Andaman Sea[J]. Applied Ocean Research，2005. 27(1):1—11.

[17] Grisouard N, Staquet C, Gerkema T. Generation of internal solitary waves in a pycnocline by an internal wave beam: A numerical study[J]. Journal of Fluid Mechanics，2011，676:491—513.

[18] Pisoni J P, Glembocki N G, Romero S I, et al. Internal solitary waves from L—band SAR over the Argentine inner Patagonian shelf[J]. Remote Sensing Letters，2020，11(6):525—534.

[19] Alpers W. Theory of radar imaging of internal waves[J]. Nature，1985，314 (6008):245—247.

[20] Jackson C, Alpers W. The role of the critical angle in brightness reversals on sunglint images of the sea surface[J]. Journal of Geophysical Research: Oceans, 2010，115(C9):C09019—1—C09019—15.

[21] Ning J, Sun L N, Cui H J, et al. Study on characteristics of internal solitary waves in the Malacca Strait based on Sentinel-1 and GF—3 satellite SAR data [J]. Acta Oceanologica Sinica，2020，39(5):151—156.

[22] Mcewan A D, Robinson R M. Parametric instability of internal gravity waves [J]. Journal of Fluid Mechanics，2006，67(4):667—687.

[23] Zhao B Q, Wang Z, Duan W Y, et al. Experimental and numerical studies on internal solitary waves with a free surface[J]. Journal of Fluid Mechanics, 2020，899(A17):1—27.

[24] Zheng Q A, Yuan Y, Klemas V, et al. Theoretical expression for an ocean in-

ternal soliton synthetic aperture radar image and determination of the soliton characteristic half width. [J]. Journal of Geophysical Research—Oceans，2001，106(C12)：31415—31423.

［25］张远君. 流体力学大全. 北京：北京航空航天大学出版社，1991：21—32

［26］袁业立. 海波高频谱形式及 SAR 影像分析基础［J］，海洋与湖沼，1997，28（增刊）：1—5.

［27］张旭东，基于薛定谔方程和多源遥感数据的内波振幅反演方法研究［D］. 青岛：中国海洋大学，2018.

［28］孟俊敏. 利用 SAR 影像提取海洋内波信息的技术研究［D］. 青岛：中国海洋大学，2002.

［29］Cherkassky V，Ma Y. Practical selection of SVM parameters and noise estimation for SVM regression［J］. Neural Networks，2004，17(1)：113—126.

［30］Liaw A，Wiener M. Classification and Regression with Random Forest［J］. R News，2002，2(3)：18—22.

［31］Parlos A G，Chong K T，Atiya A F. Application of the recurrent multilayer perceptron in modeling complex process dynamics［J］. IEEE Transactions on Neural Networks，2002，5(2)：255—266.

# 6

## 基于卫星组网的海雾探测技术研究

　　海雾是海洋上空低层大气经过增湿、降温等过程,大气中的水汽借助凝结核凝结,使海上能见度小于 1 km 的天气现象[1]。海雾可对海上生产活动产生不利影响,除了因为大幅降低能见度而对海上及海岸地区的交通运输、海洋渔业、油气开发等活动造成影响外,持续时间过长的雾气会缩短日照时长,形成不利于农业生产的低温高湿环境。另外,海雾中的盐分也会对沿岸建筑物造成侵蚀。近年来,随着海洋运输业与海洋经济的发展,海雾灾害所造成的经济、社会损失越来越大,其影响也愈加受到社会关注。及时准确地检测海雾的时间与空间分布对降低海雾造成的灾害损失,保障社会民生经济具有重要意义。

　　传统的海雾监测方法依靠沿海气象观测站或地基雷达,海上观测依靠浮标或船舶进行观测记录。传统方法观测准确可靠,能够记录能见度和海雾的微物理性质等信息,但成本高且观测范围有限,无法实现大面积观测。海洋上测站稀少且资料难以获取,又由于海雾发生随机性大,海上海雾观测资料严重缺乏。传统的海雾监测方法难以对海雾进行长时间大范围的观测研究。

　　随着遥感技术的发展,卫星遥感已经成为大气研究的重要手段。被动光学卫星遥感技术观测范围广,时空分辨率不断提高,通过极轨卫星和静止卫星进行海雾观测已经被证明是海雾大范围、高时空分辨率监测研究的有效手段。但因光学卫星的观测特点限制,海雾同低层云较难区分,导致海雾遥感准确率不高[2]。近年来,主动遥感卫星的出现,给海雾样本获取提供了新的途径[3,4];传统海雾探测方法特征工程烦琐,随着机器学习和深度学习的兴起,海雾探测又有了新的解决方法[5-8]。三者的结合,给遥感海雾探测提供了新的研究思路。

　　本章通过多源卫星数据建立海雾及各类地物样本库;研究多波段阈值法、基于机器学习以及深度学习的海雾探测方法,构建合适的海雾探测模型,实现海雾自动化识别。本研究旨在发展海雾探测技术,研制高时空分辨率的海雾产品,为海洋环境信息提供信息保障。

## 6.1 基于阈值的海雾探测

阈值法是海雾探测的传统方法,本节通过分析海雾遥感图像光谱特征,获取海雾敏感波段,并基于选取的多波段阈值构建海雾探测算法。

### 6.1.1 阈值法基本原理

阈值法简单快捷,是目前海雾遥感探测的主流算法,即利用卫星数据两个或两个以上的波段信息设置相应阈值,实现海雾识别的方法,一般包括双通道差值法和多波段阈值法[9-11],其中双通道差值法是通过统计大雾在中红外波段(3.7 μm)和远红外波段(11 μm)的亮温差并设定阈值实现大雾探测,适用于夜间大雾的遥感探测。目前多波段阈值法的应用相对更多,而具体海雾探测敏感波段的选择尚未统一,不同学者基于不同的卫星数据在对海雾特征进行分析后,所选择的波段不尽相同,一般包括以下几个步骤:

(1) 在卫星遥感影像上选取海雾、低云、中高云和海表等地物样本。

(2) 在样本数据的基础上,对各种地物类型进行特征分析。

(3) 在特征分析的基础上,选取海雾与其他地物有差异的波段,或直接利用敏感波段信息,或通过组合多个敏感波段构建海雾判识指数。

(4) 针对所选取的波段或判识指数设定相应的静态或动态阈值实现海雾的探测。

阈值法的优点在于通过统计分析大量样本确定阈值,适用于大部分海雾事件的遥感探测,操作简单、效率高。

### 6.1.2 海雾光谱特征分析

Himawari-8 是日本"葵花"系列的新一代静止气象卫星,于 2014 年 10 月 7 日发射,主要载荷为先进葵花成像仪(Advanced Himawari Imager,AHI),具有波段多、空间分辨高、观测频率高的特点。该数据全圆盘观测时间分辨率为 10 分钟,观测范围为 60°S～60°N,80°E～160°W。Himawari-8/AHI 波段信息如表 6-1 所示。

表 6-1　Himawari-8/AHI 波段信息

| 波段 | 分辨率(km) | 波段范围(μm) | 中心波段(μm) | 用途 |
|---|---|---|---|---|
| 1 | 1 | 0.43～0.48 | 0.47 | 植被、气溶胶观测、彩色图像合成 |
| 2 | 1 | 0.50～0.52 | 0.51 | 植被、气溶胶观测、彩色图像合成 |
| 3 | 0.5 | 0.63～0.66 | 0.64 | 下层云(雾)观测、彩色图像合成 |
| 4 | 1 | 0.85～0.87 | 0.86 | 植被、气溶胶观测 |

续表

| 波段 | 分辨率（km） | 波段范围（μm） | 中心波段（μm） | 用途 |
|---|---|---|---|---|
| 5 | 2 | 1.60～1.62 | 1.6 | 识别各种云相 |
| 6 | 2 | 2.25～2.27 | 2.3 | 云滴有效半径观测 |
| 7 | 2 | 3.74～3.96 | 3.9 | 下层云（雾）、自然灾害观测 |
| 8 | 2 | 6.06～6.43 | 6.2 | 上、中层水蒸气量观测 |
| 9 | 2 | 6.89～7.01 | 6.9 | 中层水蒸气量观测 |
| 10 | 2 | 7.26～7.43 | 7.3 | 中、低层水蒸气量观测 |
| 11 | 2 | 8.44～8.76 | 8.6 | 云相识别、监测 |
| 12 | 2 | 9.54～9.72 | 9.6 | 计测臭氧总量 |
| 13 | 2 | 10.3～10.6 | 10.1 | 云图、云顶情况观测 |
| 14 | 2 | 11.1～11.3 | 11.2 | 云图、海面水温观测 |
| 15 | 2 | 12.2～12.5 | 12.4 | 云图、海面水温观测 |
| 16 | 2 | 13.2～13.4 | 13.3 | 测量云层高度 |

本小节以 Himawari-8 数据为例,对白天的海雾、海表、低云和中高云样本数据分别进行可见光—近红外波段及红外波段光谱特征分析,得到海雾探测敏感波段,为后续海雾多波段阈值法的构建奠定基础。

### 6.1.2.1 可见光—近红外波段

在可见光波段,卫星遥感信息主要反映观测视场内各种地物反射太阳辐射的特性,以反射率表示。通过对白天地物样本的光谱特征分析,得到中高云、低云、海雾以及海表在 Himawari-8 可见光—近红外波段的平均反射率及其误差线(图6-1)。从图6-1 的前3个波段可以看出,海表的反射率最小,明显低于云雾,并且随着波长的不断增加其反射率逐渐减小;中高云的反射率远远大于海雾和低云,主要原因在于中高云的高度较高,光学厚度大,云的反射率随着光学厚度的增加而增加;海雾的反射率比低云稍小,主要是因为海雾直接与海表相接,来自海面或其他方向上的漫反射以及透射很少。综上所述:海表的反射率随着波长的增大不断减小,一般小于0.2;海雾和低云的反射率高于海表而小于中高云,前3个波段的反射率差异不大,一般稳定在0.35～0.55;中高云的反射率最大且前3个波段的反射率较为相近,一般大于0.6。因此,可见光波段可作为分离海雾和低云、海表、中高云的敏感波段。

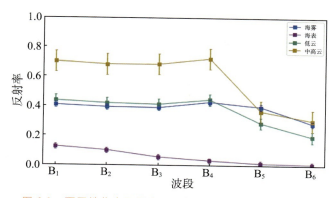

图 6-1　不同地物在可见光—近红外波段的光谱特征曲线

在近红外波段,卫星遥感信息依然以观测视场内各种地物反射太阳辐射为主。从图 6-1 的第 4～6 波段可以看出,海雾、海表、中高云的反射率都随着中心波长的增加而减少,但减少的速率不尽相同,海雾的反射率减小的速度最为缓慢,导致在第 5 波段的反射率高于低云和中高云。基于米散射理论模拟分析雾滴粒子在近红外波段的散射作用,散射大小可以用散射效率表示,散射效率的大小与粒子复折射指数、粒子半径和入射辐射波长的相对大小,即粒子的尺度参数有关。计算发现海雾在第 5 波段(1.60 $\mu$m ～1.62 $\mu$m)的散射效率最大(图 6-2)。其原因可能在于:与云相比,雾中存在大量半径为 1 $\mu$m 左右的水滴,粒径与第 5 波段波长相近,米散射作用增强,表现为反射率增大。Hao 等也证明了这一观点[12]。因此,第 5 波段可以作为海雾探测的敏感波段。

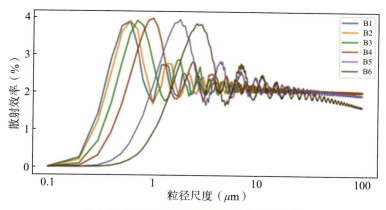

图 6-2　不同波长的不同粒径尺度散射效率

### 6.1.2.2 红外波段

中红外波段位于太阳光谱和地气辐射光谱的重叠处,各种类型地物的辐射中包括自身的红外辐射和对太阳辐射的反射,并以反射的太阳辐射为主,所以该波段在白天对地物的响应比较差。通过对白天地物样本的光谱特征分析,得到中高云、低云、海雾以及海表在 Himawari-8 中红外—远红外波段的平均亮度温度及其误差线(图 6-3)。从图

6-3可以看出,海雾的亮度温度最高,甚至高于海表,原因在于海雾发生的时候时常伴有逆温现象。

在远红外波段,卫星遥感信息以观测视场内各地物自身的红外辐射特性为主,故地物的温度和比辐射率决定了卫星传感器所接收的辐射能量,即地物的温度越高,比辐射率越大,能量也就越大。盛裴轩等表示,在卫星数据的远红外波段,海雾和低云以及其他不透明云的比辐射率接近1,可以将其视作黑体,所以它们的亮度温度与物理温度大致相当,即可以将亮度温度看作物理温度[13]。从图6-3可以看出,海雾与海表的亮度温度大小与变化趋势较为相似,无法实现两者的有效区分;中高云的温度最低,一般在260 K以下;由于低云的高度较海雾高,故温度比海雾略低。因此,可以通过计算地物与海表的温度差进一步实现海雾与低云的分离,故选取14波段作为海雾遥感探测的敏感波段。

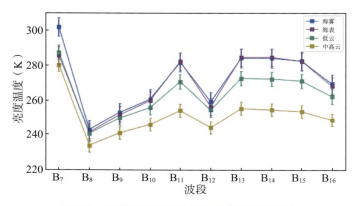

图6-3　不同地物在红外波段的光谱特征曲线

对各类地物进行光谱特征分析之后,发现海雾在近红外波段的强米散射作用,导致第5波段的反射率增大,并且与第3波段的反射率相近,与其他地物有所不同,属于海雾遥感探测的敏感波段。为了增大海雾与其他地物的差异,组合第3和第5波段构建归一化积雪指数NDSI,具体的计算公式如下:

$$\text{NDSI} = \frac{B_3 - B_5}{B_3 + B_5} \tag{6-1}$$

其中,$B_3$表示第3波段的反射率,$B_5$表示第5波段的反射率,NDSI表示海雾探测指数归一化积雪指数。

基于雾顶温度与海面的温度较为接近,甚至大于海面温度,而云顶温度显著低于海面温度的特点,将$D\text{-value}$也作为海雾探测的判别指数,用于计算各类地物的雾/云顶温度与海表温度(SST)的差值,具体公式如下:

$$D\text{-value} = BT_{14} - \text{SST} \tag{6-2}$$

其中,$BT_{14}$表示第14波段的亮度温度,SST表示海表温度,$D\text{-value}$表示雾/云与海表温度之差。

根据以上分析，确定黄渤海白天海雾遥感探测的有效特征为 $B_1$（0.47 $\mu$m）、$B_2$（0.51 $\mu$m）、$B_3$（0.64 $\mu$m）、$B_{14}$（11.2 $\mu$m），NDSI 和 $D$-value，针对各类地物样本的上述 6 个特征进行统计分析，进一步确定相应的阈值。

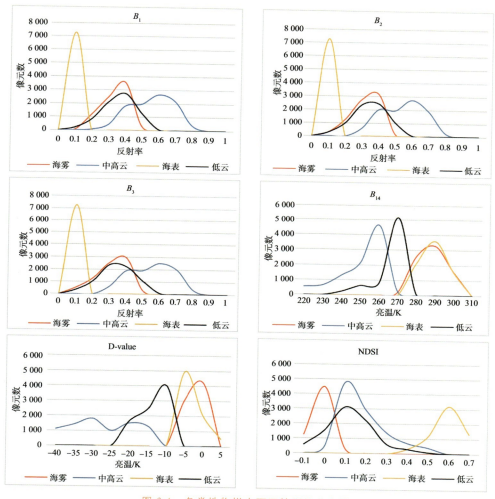

图 6-4　各类地物样本不同特征值分布图

从图 6-4 可以看出，在 Himawari-8 数据的可见光波段，海表的反射率明显低于其他地物，$B_1$、$B_2$ 波段小于 0.2，$B_3$ 波段甚至小于 0.1；海雾与低云在可见光波段极为相似，中高云反射率一般高于 0.5，但是与海雾与低云存在一定的重叠区间，只能剔除大部分中高云。在第 14 波段，中高云的亮度温度明显低于其他地物，一般小于 260 K，而此时海雾、低云的亮度温度值和变化趋势依旧相似。NDSI 值的分布中海雾与低云出现了差异，海雾的 NDSI 值小于 0.05 甚至为负值，而低云的 NDSI 值较为分散，一般大于 0，虽然两者依然存在重叠区间，但是可以实现大部分低云的剔除。$D$-value 值的分布中海雾与低云的差异性更为明显，由于海雾与海表相接，与海表温度的差值最小，一般大于－10 K，而低云则小于－10 K。综上，本书构建的多波段阈值法中各个特征的阈值设定如表6-2所示。

表 6-2　多波段阈值中 6 个特征的阈值设定

| 特征 | $B_1$ | $B_2$ | $B_3$ | $B_{14}$ | NDSI | $D$-value |
|---|---|---|---|---|---|---|
| 阈值上限 | 0.7 | 0.7 | 0.7 | 300 | 0.05 | 5 |
| 阈值下限 | 0.2 | 0.2 | 0.12 | 270 | — | －10 |

### 6.1.3 海雾探测实例

本小节以 2018 年 3 月 31 日 8:00 的海雾事件为例，利用多波段阈值法进行海雾探测。从探测结果可以得知，多波段阈值法可以识别大部分海雾区域，但在渤海及黄海北部沿岸海域部分存在海雾漏检现象，检测得到的海雾范围小于雾监测报告。

CALIPSO 属于主动遥感卫星，CALIPSO/CALIOP 发射的激光脉冲可以穿透云雾，能够获取大气垂向的剖面信息，垂直分辨率为 30 m，水平分辨为 333 m，时间分辨率为 16 d，每绕地球一圈为 96 min。本节主要使用 CALIOP 的一级雷达数据（Level 1B，L1B）和二级激光雷达垂直特征掩码数据（Level 2 Vertical Feature Mask，VFM）验证海雾探测结果。

为验证多波段阈值法的准确性和稳定性，利用 CALIOP 数据进行验证，并通过计算检测率 POD（Probability of Detection）、误检率 PFD（Probability of False Detection）、漏检率 PMD（Probability of Missing Detection）和临界成功指数 CSI（Critical Success Index）进行定量评价，计算公式如下所示，定量评价结果见表6-3。

$$POD = \frac{H}{H+M} \tag{6-3}$$

$$PFD = \frac{F}{F+C} \tag{6-4}$$

$$PMD = \frac{M}{H+M} \tag{6-5}$$

$$CSI = \frac{H}{H+M+F} \tag{6-6}$$

其中，$H$ 表示验证数据和算法识别结果均显示为雾，$C$ 表示验证数据和算法识别结果均显示为非雾，$F$ 表示算法识别结果中将其他地物误分为海雾，$M$ 表示算法识别结果中遗漏的雾。

表 6-3  多波段阈值法与 CALIOP 数据对比结果

| Himawari-8  验证数据 | VFM 雾像元 | VFM 非雾像元 |
|---|---|---|
| 多波段阈值法雾像元 | H 431 | F 284 |
| | M 55 | C 5153 |

表 6-4  基于 CALIOP 数据验证的多波段阈值法精度结果

| 精度对比 | 检测率 POD | 漏检率 PMD | 误检率 PFD | 成功指数 CSI |
|---|---|---|---|---|
| 多波段阈值法 | 88.7% | 11.3% | 5.22% | 55.97% |

由表 6-4 可以看出,多波段阈值法检测率在 88.7%,但成功指数只有 55.97%,不能较好地应用于实际海雾探测中,需要构建成功指数更高的算法进行海雾检测。

## 6.2  基于机器学习的海雾探测

本节将机器学习方法应用于海雾探测中,基于主被动卫星制作用于机器学习训练的样本,分别构建多个海雾探测算法,包括支持向量机方法、决策树方法和集成学习方法。

### 6.2.1  海雾样本数据集制作

中分辨率成像光谱仪 MODIS 主要搭载在 Terra 和 Aqua 卫星上。Terra 卫星与 Aqua 卫星(可统称为 EOS 卫星)是美国地球观测计划中的卫星,分别于每日 10:30 与 13:30 左右过境。MODIS 具有 36 个波段,光谱范围为 $0.4\sim14.4\ \mu m$,其空间分辨率最大可达到 250 m,刈幅宽度为 2330 km。MODIS 产品可划分为 0 级产品(原始数据)、1级、2级、3级、4级与 5级产品 6 种,本节主要使用 L1B 数据进行海雾探测。表 6-5 为 MODIS 波段信息介绍。

表 6-5  MODIS 波段信息

| MODIS 波段 | 波谱范围($\mu m$) | 主要用途 | 分辨率(m) |
|---|---|---|---|
| 1 | 0.620~0.670 | 陆地/云边界 | 250 |
| 2 | 0.841~0.876 | 陆地/云特性 | 500 |
| 3 | 0.456~0.479 | | |
| 4 | 0.545~0.565 | | |
| 5 | 1.230~1.250 | | |
| 6 | 1.628~1.652 | | |
| 7 | 2.105~2.155 | | |

| MODIS 波段 | 波谱范围（µm） | 主要用途 | 分辨率（m） |
|:---:|:---:|:---:|:---:|
| 8～16 | 0.405～0.877 | 海洋颜色/浮游植物 | |
| 17～19 | 0.890～0.965 | 大气水蒸气 | |
| 20～23 | 3.929～4.080 | 地表/云温度 | |
| 24～25 | 4.433～4.549 | 大气温度 | |
| 26 | 1.360～1.390 | 卷云 | 1 000 |
| 27～29 | 6.635～8.700 | 水蒸气 | |
| 30 | 9.580～9.880 | 臭氧 | |
| 31～32 | 10.780～12.270 | 地表/云温度 | |
| 33～36 | 13.185～14.385 | 云顶高度 | |

本节使用 CALIPSO/CALIOP 激光雷达卫星辅助 MODIS 遥感图像选取地物样本，为后续机器学习训练模型提供数据样本支持。

在海雾遥感探测研究中，通常根据遥感影像中地物的纹理特征或光谱特征，使用目视解译的方法进行海雾、低云、中高云等地物样本的选取。其中，海雾的目视解译标准为纹理均匀光滑细腻[14]，颜色呈乳白色，亮度较暗且变化不大，边界较为清晰和整齐；云区则表现为纹理散乱粗糙，亮度较亮且变化较大，边界破碎凌乱不规则。然而，由于低空层云与海雾实质上都属于云，两者的物理性质差异较小且存在相互转化的可能，因此仅仅在卫星遥感影像上进行目视解译选取海雾样本，存在较大的主观性，海雾样本的准确选取需要借助其他数据。CALIOP 数据的二级产品 VFM 数据，能够对卫星星下点范围的云、海表、次表层、平流层、气溶胶和无信号数据等多个特征类型进行区分，在云雾探测研究的过程中得到了广泛应用。

在现有研究的基础上，本节选取同步过境 CALIOP VFM 数据和 MODIS 卫星影像，通过目视解译结合 CALIOP VFM 数据选取地物样本。海雾样本的选取分以下两种情况：一是影像中目视解译疑似海雾，且 VFM 数据中与海表相接的云层；二是影像中目视解译疑似海雾，且 VFM 数据中高于海平面的异常海表。选取云底高度低于 2 km 的云层作为低云样本，云底高度大于 2 km 的云层则为中高云样本。由于机器学习算法具有小样本计算的特点，故 MODIS 卫星影像提取的各类地物样本数量如表 6-6 所示。

表 6-6　MODIS 各类地物样本数量

| 地物类型 | 像元数 |
|:---:|:---:|
| 海雾 | 4 798 |
| 海表 | 5 951 |
| 云 | 5 146 |

### 6.2.2 基于传统机器学习的海雾探测

#### 6.2.2.1 支持向量机算法

支持向量机(Support Vector Machine,SVM)是 1995 年 Vapnik 和 Cortes 率先提出来的一种新的模式识别方法[15],能够实现数据分类与回归分析,广泛应用在特征提取、模式识别以及回归分析等众多领域。支持向量机是通过核函数将样本集向量映射到一个高维特征空间,在该空间中随机产生一个超平面并不断移动对样本集进行分类,直至不同类别的样本点正好位于该超平面的两侧,满足样本集分类的超平面可能有多个,从中寻找能使超平面两侧距离最大化则为最优决策超平面,能对分类问题提供良好的泛化能力。

假设训练样本集 $D=\{(x_1,y_1),(x_2,y_2),\cdots\cdots,(x_m,y_m)\}$,在样本空间中,将样本分开的超平面可由公式 6-7 表示。

$$\omega^T x + b = 0 \tag{6-7}$$

其中,$\omega$ 为法向量,决定超平面的方向;$b$ 为位移项决定超平面原点距离;$x$ 表示空间中的任意点。

通过等比例缩放的值,可以使得两类到超平面的距离最大,得到 SVM 的基本型如公式 6-8 所示。

$$\max_{\omega,b} \frac{2}{||\omega||}$$
$$\text{s.t.} \quad y_i(\omega^T x_i + b) \geqslant 1, i=1,2,\cdots\cdots,m \tag{6-8}$$

由于较为完善的理论基础,SVM 擅长处理高维数据,有效解决了维数灾难这一技术难题;SVM 还具有小样本训练、鲁棒性好、稳定性高以及自动化程度高等优势,在遥感影像分类研究中应用较多且表现良好。另外,刘年庆等[16]在进行陆地大雾的遥感探测研究时,利用支持向量机方法并取得不错的结果,表明支持向量机方法在海雾遥感探测中是切实可行的。

基于支持向量机算法基本原理,本研究构建了一种基于 SVM 的海雾遥感探测算法,算法流程见图 6-5。

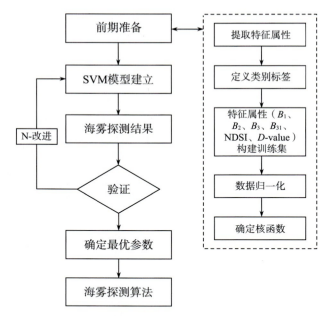

图 6-5　基于 SVM 的海雾遥感探测算法流程图

提取样本数据的 15 个特征属性并构建训练数据集，为后续模型的训练做好基础，MODIS 波段选取情况如表 6-7 所示。提取地物样本数据的 80% 作为训练数据集，其中训练样本数据的时间均为 LST 13:00~13:30（CALIOP 数据过境的时间）。

表 6-7　训练使用 MODIS 波段

| 类型 | 波段 |
| --- | --- |
| 反射率 | 1，2，3，4，5，7，17，18，19，26 |
| 辐射率 | 20，29，31，32，35 |

由于所选的海雾探测特征属性数据的数量级不同，例如，可见光—近红外波段的数据范围在 0~1 之间，红外波段的数据值往往大于 200。数据范围的不平衡性可能导致精度下降、计算速度慢等问题，故将所选特征的数据集大小统一缩放至 0~1 之间。

采用径向基函数 RBF 作为核函数：

$$K(x_i, x_j) = \exp(-\gamma^* x_i - x_j^2) \tag{6-9}$$

当前在参数选取和调整时一般是通过经验确定，经过参数寻优以及不断调整，最终确定最优惩罚系数 C 和间隔 g 分别为：0.03125 和 0.5。

### 6.2.2.2　决策树算法

决策树（Decision Tree）是一种树状结构的机器学习算法，主要由一个根节点（Root Node）、多个内部节点（Internal Nodes）和分支以及若干个叶子节点（Terminal Nodes）组成[17]，其中，根节点是决策树的顶层节点，代表整个决策树的开始；每个内部节点由一个父节点和两个及以上的子节点组成,而节点和子节点之间构成各个分支。在决策树的结构中,需要测试的属性由内部节点表示,而测试结果则由分支表示,不同的分支由不同的属性值构成;影像的分类结果,即类别,由叶子节点表示。图 6-6 为决策树的结构示意图。

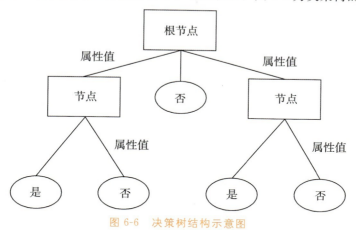

图 6-6　决策树结构示意图

决策树作为一种传统的机器学习方法,简单易操作,广泛应用于影像分类和数据挖掘等研究领域,而利用决策树算法的海雾遥感探测研究较少。与其他分类算法相比,基于决策树算法实现遥感影像的分类主要具有以下 3 点优势:① 结构清晰,便于理解,运行速度快且准确性高;② 对训练样本的噪声有效抑制,解决特征属性缺失的问题;③ 具有较好的鲁棒性和灵活性[18]。

基于决策树算法基本原理,本节构建了一种基于决策树算法的海雾遥感探测算法。算法流程见图 6-7。

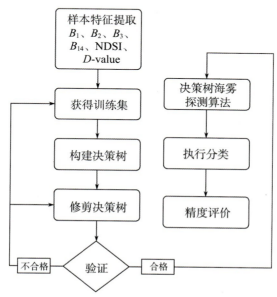

图 6-7　基于决策树的海雾遥感探测算法流程图

提取 MODIS 各类地物样本数据的 80％作为训练数据，提取 15 个波段特征并写入文本文件为后续模型的训练提供数据基础。通过不断调整参数，确定决策树分类器的参数设置为：标准采用基尼系数，决策树最大深度为 10，最大叶子结点数为 4，其他参数值均为默认。

### 6.2.3 基于集成学习的海雾探测

#### 6.2.3.1 随机森林算法

随机森林（Random Forest，RF）算法是目前应用最为广泛的集成学习算法之一，其利用随机选取的训练数据子集和变量来研究多棵决策树，由于其优越的预测性能、对大特征集具有较强的鲁棒性和较低的时间成本，已被广泛应用于遥感图像分类。

随机森林是大量决策树分类器的组合，每棵树都是通过原始训练数据的不同 bootstrap 样本构建的，因此，所有的决策树都是独立同分布的。随机森林中每棵树独立运算得到各自的分类结果，根据多数投票规则决定最终的分类结果。

在随机森林算法中，需要设置两个参数：决策树的数量 $n$ 和属性特征数量 $m$。首先，从原始训练样本集中抽出 $n$ 个样本，剩余数据对分类误差进行估计；然后，把每个样本集作为训练集生成单棵决策树，在树的每个节点处，从特征变量中随机选 $m$ 个特征变量作为预测变量，从中选出一个最优的特征变量进行分类。

随机森林采用分类与 CART 算法来生成决策树。在 CART 算法中，每个节点根据基尼指数（GINI Index）来选择最佳分裂树形[20]，对于给定的训练集，基尼指数公式如下：

$$GINI = \sum \sum_{i \neq j} (f(C_i T)/|T|)(f(C_i T)/|T|) \qquad (6-10)$$

其中，$T$ 为学习器 $\{h_1, h_2, \cdots\cdots, h_T\}$ 集合的个数；$f(C_i T)/|T|$ 为所选类属于的概率。

GINI 指数可以衡量类间差异性。当 GINI 指数增加时，类间的差异性增加；反之，类间差异性减少。如果子节点的基尼指数小于父节点，则分裂该节点。当 GINI 指数为 0 时，终止分裂。

对于分类来说，学习器 $h_i$ 从类别标记集合 $(c_1, c_2, \cdots\cdots, c_N)$ 中预测出一个标记，最常用的方法为投票法，将 $h_i$ 在样本 $x$ 上的预测输出表示为一个 $N$ 维向量 $[h_i^1(x), h_i^2(x), \cdots\cdots, h_i^N(x)]$[20]，则多数投票法的公式如下：

$$H(x) = \begin{cases} c_j & f\sum_{i=1}^{T} h_i^j(x) > 0.5 \sum_{k=1}^{N}\sum_{i=1}^{T} h_i^k(x) \\ reject & otherwise \end{cases} \qquad (6-11)$$

其中，$h_i^j(x)$ 是 $h_i$ 在类别标记 $c_j$ 上的输出。若某标记得票过半数，则预测为该标记，否则拒绝预测。

基于随机森林算法基本原理，本研究构建了一种基于随机森林算法的海雾遥感探测算法。算法流程见图 6-8。

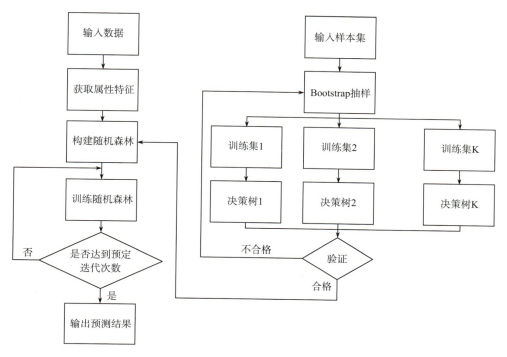

由于随机森林算法具有小样本计算的特点,故随机选取 MODIS 各类地物样本数据的 70% 作为训练数据,其余 30% 作为测试数据,选取 15 个波段数据特征及各样本点类别写入文本文件。

通过袋外误差对各参数组合进行评定,最终确定的参数设置为:标准采用基尼指数,决策树数量为 500,属性特征数量为 15,决策树最大深度为 10,其他参数值均为默认。

#### 6.2.3.2 典型相关森林算法

典型相关森林(Canonical Correlation Forest,CCF)算法是 2015 年 Rainforth 和 Wood 提出的一种用于分类的基于决策树的集成学习算法[41]。该算法的主要思想是构建若干个典型相关树。通过利用典型相关分析(CCA)来训练集成模型中的每个典型相关树,以找到特征与类别标签之间的最大相关性的特征投影,然后在该特征空间中选择最佳分割。

CCA 主要用于分析两组变量之间的相关关系,其基本思想为将高维的两组数据分别降维到 1 维,然后用相关系数分析相关性。在 CCF 算法中,CCA 主要用以分析训练数据的特征与标签之间的关系。

CCF 算法与传统的决策树集成算法的区别在于该算法首先在特征和类之间执行 CCA,然后在投影特征空间中使用穷尽搜索来选择分割,而不是在轴对齐的分割上进行搜索[41]。算法最终采用多数投票规则决定分类结果。

CCF 算法可以应用于二分类和多分类问题。尽管目前 CCF 算法在文献中用于分类目的研究有限,但其性能被发现优于或可比于其他基于决策树的集成方法[40]。与其他最先进的集成学习方法(如 RF 和 bagging)相比,其性能明显更好并在较小的集成尺寸下具有竞争力。此外,用非常少的树构建的 CCF 算法可以快速准确地替代随机森林。因此,CCF 算法被指定为一种无参数、用户友好的集成学习算法[42]。

基于典型相关森林算法基本原理,本研究构建了一种基于典型相关森林算法的海雾遥感探测算法。算法流程见图 6-9。

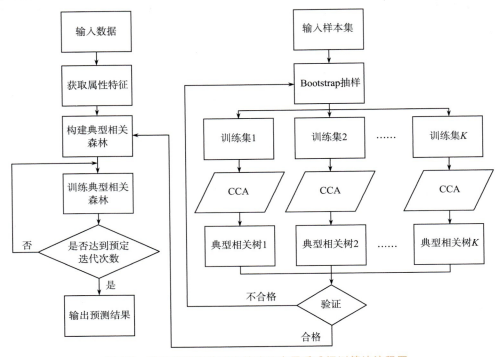

图 6-9 基于典型相关森林算法的海雾遥感探测算法流程图

随机选取 MODIS 各类地物样本数据的 70% 作为训练数据,由于 CCF 算法无需进行参数设置及调整,仅设置典型相关树数量为 100 即可。

### 6.2.4 海雾探测实例

为直观对比 4 种机器学习算法的海雾探测结果,选取 2018 年 3 月 29 日 13:00 的 MODIS 遥感影像对照 CALIPSO 卫星提供的垂直特征分布(VFM)产品进行个例检验。由 MODIS 卫星云图可以得知此时黄海中部有大片雾区,黄海西侧则存在大片卷云区。由于 CALIOP 提供的 VFM 产品中无法直接判断是否有雾,将数据中云顶高度在 1 km 以下、云底靠近地面或者无信号的云区视为雾或低层云。

从结果可以看出 4 种算法均能较为准确地识别出海雾主体位置以及卷云位置,且与 CALIOP VFM 图像中雾区范围均识别为雾像元,说明识别结果较为可信。其中,在

30°N 的黄海海域,决策树算法与 SVM 算法均存在将云区识别成海雾的误检现象,同时该区域内决策树算法还存在海雾漏检现象,而 RF 算法与 CCF 算法可以较好地将该区域的云区识别出;对于 33°N 黄海海域的云区,四种算法中 CCF 算法识别的连续性最好,且可以较好地识别出薄云。

总而言之,基于集成学习方法的海雾探测算法识别效果优于基于传统机器学习方法的海雾探测算法识别效果,其中基于 CCF 算法的海雾识别结果中雾区与云区更加连续,且雾区边界更加光滑。

为了更好地对比上述海雾探测算法的准确性与稳定性,结合 CALIOP VFM 数据,另选取划分为海表、海雾、低云、中高云 4 类标签的 MODIS 样本数据集作为测试数据,根据样本真实标签,分别统计雾、非雾(海表和云)像元总数,使用海雾评价指标对两种算法探测结果进行评价,计算 4 种算法识别结果的 POD、PMD、PFD 以及 CSI[19]。所选样本集各地物样本数量如表 6-8 所示,4 种海雾探测算法统计结果如表 6-9 所示。

表 6-8　MODIS 各类地物样本数量

| 地物类型 | 像元数 |
| --- | --- |
| 海雾 | 1 135 |
| 海表 | 1 162 |
| 低云 | 994 |
| 中高云 | 1 155 |

表 6-9　四种海雾探测算法统计结果

| MODIS　　验证数据 | 雾像元 | 非雾像元 |
| --- | --- | --- |
| | H | F |
| 决策树雾像元 | 657 | 616 |
| SVM 雾像元 | 742 | 621 |
| RF 雾像元 | 866 | 558 |
| CCF 雾像元 | 874 | 461 |
| | M | C |
| 决策树雾像元 | 522 | 2 651 |
| SVM 雾像元 | 381 | 2 702 |
| RF 非雾像元 | 219 | 2 803 |
| CCF 非雾像元 | 211 | 2 900 |

表 6-10  基于 CALIOP 数据验证的两种算法精度对比

| 精度对比 | 检测率 POD | 漏检率 PMD | 误检率 PFD | 成功指数 CSI |
|---|---|---|---|---|
| 决策树算法 | 55.73% | 44.27% | 18.86% | 36.60% |
| SVM 算法 | 66.07% | 33.93% | 18.69% | 42.55% |
| RF 算法 | 79.82% | 20.18% | 16.60% | 52.71% |
| CCF 算法 | 80.55% | 19.45% | 13.72% | 56.53% |

从表 6-10 中可以看出,4 种算法误检率均较高,说明存在较多将非雾像元识别为雾像元的情况,这可能因为非雾像元中部分像元为低云像元,其特征与海雾相似的缘故。其中,决策树算法在海雾遥感探测中的精度相对较低,这是由于虽然决策树在构建过程中不必对特征属性的量纲统一进行归一化,但容易忽略特征属性之间的相关性,一定程度上导致了决策树算法在海雾遥感探测中的精度低于其他算法。而表中各数值也表明 CCF 算法比其他算法拥有更高的精度。CCF 算法由于不需要进行其他参数设置,因而具有更好的实用性。

总体来看,决策树算法与 SVM 算法检测精度及成功指数均低于 RF 算法与 CCF 算法,其主要原因在于雾像元的漏检率较高。

综上所述,两种验证方法均表明基于集成学习方法的海雾探测算法检测效果明显优于基于传统机器学习方法的海雾探测算法检测效果,且更具有稳定性。但是基于集成学习方法的海雾探测算法仍然存在一定的漏检率和误检率。对于海雾边缘和薄雾这样的探测难点,基于集成学习方法的海雾探测算法极易出现漏检现象。另外,由于海雾与低云的特征较为相似,虽然选取的海雾探测有效特征在分离海雾与低云方面表现良好,但是少部分低云可能在上述特征方面与海雾表现相似,导致基于集成学习方法的海雾探测算法存在一定的误检率。

## 6.3  基于深度学习的海雾探测

深度学习方法基于神经网络模型的多层非线性网络结构,逐级组合和表示越来越抽象的特征,理论上可以拟合任何复杂函数模型,能够在训练和优化多级模型的同时学习数据的特征表示,是一种端到端的方法。卷积神经网络是深度学习在计算机视觉领域取得突破性成果的基石,在其他领域也广泛使用,是本研究所采用的主要模型。本节首先提取 MODIS 和 Himawari-8 两种样本,结合样本数据类型和卷积神经网络的特点,构建相应的神经网络模型,训练和优化网络参数,并在验证集上进行验证,实现基于深度学习的海雾探测算法,本小节深度学习算法均基于 pytorch 框架实现。

### 6.3.1  海雾样本数据集制作

本节使用 CALIPSO/CALIOP 激光雷达卫星辅助 MODIS 及 Himawari-8 光学遥

感图像选取地物样本,分别构建了二维图像地物样本库和一维像素点样本库,为后续深度学习训练模型提供数据样本支持。

### 6.3.1.1　CALIPSO 辅助的人工解译样本构建方法

人工解译是遥感样本获取的传统方式,也是获取语义分割图像样本的直接途径,制作的样本为二维图像地物样本库,主要流程为确定解译标准和人工制作样本。

#### 6.3.1.1.1　样本解译标准

样本解译标准即分类体系,是遥感分类的标准和人工判读的基础。海雾同其他类型的云,尤其是低层云,在辐射特性和纹理特征上有较明显的相似性,但仍存在一些差异,辐射特性差异表现在云图的色调上,纹理特征差异则表现在不同的纹理上。这些差异构成了运用遥感图像识别海雾,构建解译标准的理论依据。

本节结合目前海雾研究中常用的分类方法,针对 MODIS 图像,将地物样本类型分为海雾、海表、云 3 类,其中云包括低云与中高云。由于目前没有统一解译标准,因此设计相关解译特征如表 6-11 所示。

表 6-11　地物解译标准

| 地物类别 | 标签 | 影像示例 | 解译特征 |
|---|---|---|---|
| 海表 | 1 | | 海洋反射信号弱,光谱差异小,表面均一,在真彩图上呈蓝或深蓝色,有时受悬浮物影响呈现其他浅黄或绿色,总体上容易识别。 |
| 海雾 | 2 | | 海雾边界清晰,纹理光滑、均匀、无暗影;海岸附近海雾会紧贴海岸分布,边界同海陆分界一致。 |
| 低云 | 3 | | 云面平滑、纹理小,边界模糊;有的为单独块状或成片云块的情况,排列成带状、列状,有卵石状纹理。 |
| 中高云 | 4 | | 可见光云图上,多为片状,具有不清晰的丝缕、纤维状边缘;厚的中高云会在下垫面上有阴影。 |

#### 6.3.1.1.2　人工解译方法

根据解译标准对 MODIS 影像进行矢量化,为了获取准确的训练样本,在 CALIPSO 卫星轨道经过区域,通过 CALIOP VFM 剖面图辅助判别。

从真彩图中可以初步判读出海雾、低云和中高云的大致位置,从红外云图中可以发现上空还存在薄的高云,结合 VFM 剖面图可以进一步确认各云层的位置范围和类别。通过 CALIOP VFM 剖面图辅助,在一定程度上可以提高判读精度。

矢量化解译完成后,将解译结果通过要素转栅格的方式转为图像样本格式。转栅格过程中需要注意像元分辨率需要和原始 MODIS 对应,避免输出结果尺寸不一致。共完成 57 幅 MODIS 影像的解译工作。影像经过 VFM 初步判读确认有接地云后进行人工解译。图像时间信息见表 6-12。所有样本以图像样本的形式保存。

表 6-12　MODIS 样本图像时间表

| 时间 | 时间 | 时间 | 时间 |
|---|---|---|---|
| 2015-02-21 04:35:00 | 2016-01-03 05:00:00 | 2017-05-10 04:30:00 | 2018-03-27 05:10:00 |
| 2015-03-26 05:20:00 | 2016-01-04 05:45:00 | 2017-05-11 05:10:00 | 2018-03-28 04:20:00 |
| 2015-03-27 04:25:00 | 2016-03-04 04:30:00 | 2017-05-13 05:00:00 | 2018-03-31 04:50:00 |
| 2015-03-28 05:05:00 | 2016-03-22 04:20:00 | 2017-05-17 04:35:00 | 2018-04-01 05:30:00 |
| 2015-03-29 04:10:00 | 2016-03-30 05:05:00 | 2017-05-31 04:45:00 | 2018-04-20 04:25:00 |
| 2015-04-18 05:25:00 | 2016-04-01 04:55:00 | 2017-07-13 04:30:00 | 2018-04-29 04:20:00 |
| 2015-04-28 04:25:00 | 2016-04-02 05:35:00 | 2017-07-22 04:25:00 | 2018-05-10 05:35:00 |
| 2015-04-29 05:05:00 | 2016-04-08 05:00:00 | 2017-08-05 04:35:00 | 2018-05-28 05:25:00 |
| 2015-04-30 05:50:00 | 2016-04-09 04:05:00 | 2017-08-26 04:35:00 | 2018-06-05 04:35:00 |
| 2015-05-01 04:55:00 | 2016-04-10 04:50:00 | 2017-09-07 05:20:00 | 2018-06-06 05:20:00 |
| 2015-05-09 05:45:00 | 2016-04-13 05:20:00 | 2017-09-13 04:40:00 | 2018-06-20 05:30:00 |
| 2015-05-10 04:50:00 | 2016-04-21 04:30:00 | 2017-09-30 05:25:00 | 2018-06-21 04:35:00 |
| 2015-07-26 04:15:00 | 2016-04-22 05:15:00 | 2018-03-24 04:40:00 | |
| 2016-01-01 05:10:00 | 2017-05-03 04:25:00 | 2018-03-25 05:25:00 | |
| 2016-01-02 04:15:00 | 2017-05-05 04:10:00 | 2018-03-26 04:30:00 | |

### 6.3.1.2 CALIPSO 数据样本库自动构建算法

为进一步获得较为准确的地物样本库,首先基于 CALIOP L1B 数据和 VFM 数据提取各类地物的样本像素点[3,21-22],再同被动遥感数据(MODIS 为例)进行匹配提取波段值,完成用于训练的完整样本制作。该种方法制作的样本由一维像素点组成。由于将分类标准量化,本方法将地物分为海表、海雾、层云、低云、中高云 5 类。主要流程如图 6-10 所示。

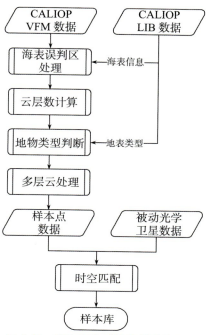

图 6-10　样本库自动构建算法流程图

#### 6.3.1.2.1 基于 CALISPO 的样本点自动提取算法

首先进行海表误判区处理，由于 CALIOP VFM 数据官方算法会将无法判断下边界高度的要素和其下方相邻的要素归为一类（图 6-11），而海雾正好属于一种与海表相接的云，因此海雾会被归为海表。利用 CALIPSO 数据进行海雾样本点判断，海表误判区域的处理是关键之一。吴东和卢博等人[38]认为海表误判区域中包含云和气溶胶两种类型，因此利用 L1B 数据的衰减后向散射系数进行阈值判断，将 532 nm 处衰减后向散射系数小于 0.03 的部分归为气溶胶剔除，将大于 0.03 部分作为云保留。赵经聪[24]则通过对海表误判区域和低空云与气溶胶进行统计分析，认为海表误判区域均为同海表相接的云。

本研究通过实验发现，若应用上述海表误判区域阈值剔除气溶胶后，会发生严重漏检现象，部分低云和海雾被作为气溶胶剔除不能被检测到，因此采用赵经聪的判断方法，即将海表误判区域均归为云。

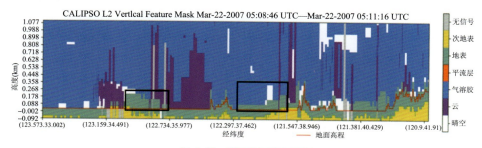

图 6-11　海表误判区示意

　　海表误判区域判断的主要步骤为：根据 L1B 的表面高度数据判断海表的位置，然后从海表位置起向上遍历每列 VFM 剖面数据，判断同表面高度不符合的表面类型的位置，最后标记上述位置即为海表误判区域。对提取出的海表误判区域进行重分类，将其归为云（图 6-12），以待后续处理。

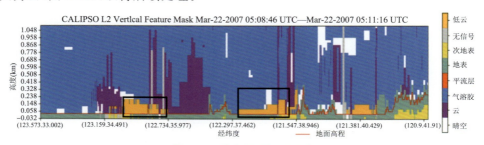

图 6-12　海表误判区重分类

　　海表误判区处理完毕后，对 VFM 数据结果再次进行重分类：将要素类别中的气溶胶和平流层要素归为晴空海表，将海表以下区域归为海表，将无效值区域和无信号区域归为一类。之后进行云层数计算。处理流程同判断海表误判区类似，云层数计算结果如图 6-13 所示。

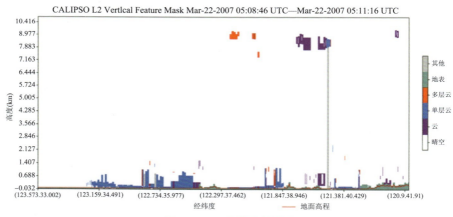

图 6-13　云层数计算结果

　　获得云层数和每层的云顶、云底高度后，进行海陆掩膜处理。掩膜后选取海洋部分可逐列进行地物类型判断，依据云层数、云底高度、VFM 子类型进行分类，输出经度、纬度、时间、类型代码、顶层类型名称、云层数、每层类型代码、每层类型名称等信息，获得样本点记录。具体每类地物的相应判据见表 6-13。

表 6-13　地物类型判断依据

| 地物类型 | 标签 | 判断依据 |
| --- | --- | --- |
| 海表 | 1 | 云层数等于 0 |
| 海雾 | 2 | 连接海面有一定高度：云底高度＜0.035 km 且 bins(列像元数)≥2 |

续表

| 地物类型 | 标签 | 判断依据 |
|---|---|---|
| 层云 | 3 | 0.05 km≤云底高度<1.0 km 且云顶 VFM 子类型不等于低碎积云 |
| 低云 | 4 | 1.0 km≤云底高度<2.5 km 或 云顶 VFM 子类型等于低碎积云 |
| 中高云 | 5 | 云底高度≥2.5 km |

经过上述流程后,从 VFM 剖面角度看的效果(图 6-14),汇总输出信息后可以得到初步的样本点库。

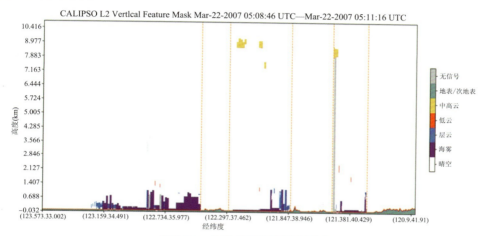

图 6-14　地物类型判断结果剖面

统计所得样本点,多层云占 20.93%,单层云及无云占 79.07%。其中多层云以 2 层、3 层和 4 层为主,占 98.54%,4 层以上占多层云的 1.46%。多层云情况下,下垫面对辐射有较大影响,需要对多层云的情况进一步处理。

多层云处理中首先对初始样本点库进行编码,按照云层数、顶层类型代码、每层类型代码的顺序进行编码,以三层云(中高云、低云、海雾)为例,编码结果为 35000000245。根据编码结果,提取同一类型的多层云打上标签,剔除多层云类型不一致的情况。

经过多层云处理后,得到最终的样本点库,主要包含经纬度、时间和标签信息。

6.3.1.2.2 基于 CALISPO 样本点的被动卫星数据样本库构建

获得 CALIPSO 样本点库后,便可同被动卫星数据联合构建用于深度学习的样本库。主要问题是 CALIPSO 和被动卫星数据的匹配问题,下面主要介绍不同数据不同空间分辨率匹配的解决方法。

CALIPSO 样本点的空间分辨率为 333 m,MODIS 数据的空间分辨率为 1 000 m,AHI 数据的空间分辨率为 2 000 m。被动光学影像的一个像元可能包含多个 CALIPSO 样本点,如图 6-15 所示。

图 6-15　CALIPSO 样本点和 MODIS 图像分辨率示意图

为确定影像像元类型,根据地理学第一定律,将像素中包含的所有 CALIPSO 数据点类型的众数类型作为像素的类型,若有众数相等的情况,则按轨道采样先后的顺序进行赋值。众数类型含义如图 6-16 所示,即出现次数多的类型。

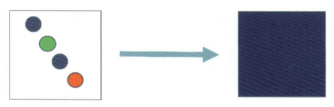

图 6-16　空间提取规则

确定像元类型后,记录像元对应的波段值,作为样本特征值,将时间、经纬度、特征值、标签一同输出,完成被动卫星数据样本库的构建。

本研究中共下载 MODIS 数据 1 736 景。经过样本库自动构建算法,一共获得 1 073 458 个 MODIS样本,剔除 266 195 个含无效值的样本,多层云处理后去除 67 804 个样本后,一共剩余 739 459 个有效样本,分布情况见表 6-14。

Himawari-8/AHI 数据共下载 376 景。利用样本库自动构建算法,共获得 145 586 个样本,剔除 32 个含无效值的样本,多层云处理后去除 11 992 个样本后,一共剩余 133 562个有效样本,分布情况见表 6-15。

表 6-14　MODIS 样本库样本分布

| 类别 | 数量 |
| --- | --- |
| 海表 | 234 435 |
| 海雾 | 63 227 |
| 层云 | 50 144 |
| 低云 | 69 929 |
| 中高云 | 321 724 |
| 总计 | 739 459 |

表 6-15　Himawari-8 样本库样本分布

| 类别 | 数量 |
| --- | --- |
| 海表 | 39 977 |
| 海雾 | 13 826 |
| 层云 | 7 771 |
| 低云 | 11 156 |
| 中高云 | 60 832 |
| 总计 | 133 562 |

### 6.3.2 基于 scSE-LinkNet 网络的海雾探测

#### 6.3.2.1 scSE-LinkNet 网络构建

常规 encoder-decoder 结构中编码器下采样会造成空间信息部分缺失,难以通过上采样操作复原,为解决该问题,本节采用 LinkNet 网络[25]作为基础架构,该网络中对每个编码器与解码器直接相连,将编码器的特征图(横向)直接与解码器的上采样特征图(纵向)相加,恢复了降采样操作中丢失的空间信息,同时由于网络的通道越减方案(channel reduction scheme),减少了解码器参数个数。网络整体结构如图 6-17(a)所示。图 6-17(b)为 LinkNet 编码模块:使用残差模块替代原先的卷积模块,通过调用 resnet18 预训练参数进一步优化网络。图 6-17(c)为 LinkNet 解码模块:将大小为$[H,W,n\text{-channels}]$的特征图先通过 $1\times1$ 卷积核得到大小为$[H,W,n\text{-channels}/4]$的特征图,后使用反卷积将其变为$[2\times H,2\times W,n\text{-channels}/4]$,最后使用 $1\times1$ 卷积将大小变为$[2\times H,2\times W,n\text{-channels}]$。

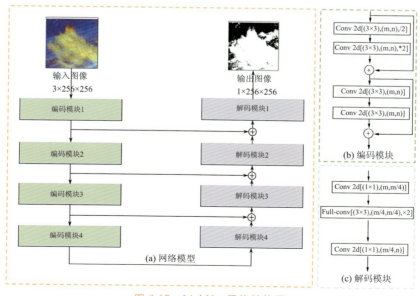

图 6-17　LinkNet 网络结构图

scSE-LinkNet 网络结构结合了 LinkNet 和 SENet 的优点。本节在 LinkNet 网络解码结构中添加 scSE 模块以提高网络对全局信息的提取能力；使用 ELU 激活函数替代 ReLU 激活函数，提升了对噪声的鲁棒性，较好解决网络训练过程中出现的梯度弥散问题；训练过程中 focal loss 损失函数代替交叉熵损失函数，改善了训练过程中样本不均衡引起的训练精度下降问题。

### 6.3.2.1.1 scSE 模块

注意力机制 SE 模块注重在空间和不同通道上特征的学习。本节在 LinkNet 解码器中增加 scSE 模块，包含 cSE 和 sSE 模块两部分，分别在通道和空间两个方面增强有意义的特征，抑制无用特征。解码器结构如图 6-18 所示。

解码器注意力机制 scSE 模块由 cSE 模块和 sSE 模块组成，cSE 模块类似 BAM 模块中的 channel attention 模块，通过全局池化层和两个 $1 \times 1 \times 1$ 卷积处理得到经过信息校准的通道特征向量；sSE 模块是空间注意力机制的实现，直接对 feature map 使用 $1 \times 1 \times 1$ 卷积提取空间信息[26]。scSE 模块将 cSE 和 sSE 模块的输出进行加和，实现网络层空间及通道间的特征融合。在每层解码器的卷积层后添加 scSE 模块，并将解码器层的输出直接与相应编码器层的输出进行拼接，作为下一解码器层的输入。添加注意力模块后，输入由 scSE 模块处理，继而进入下一解码器层以提取多尺度空间信息。

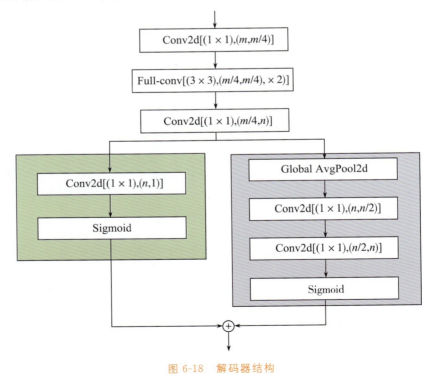

图 6-18　解码器结构

### 6.3.2.1.2 网络训练优化

本节使用 ELU 激活函数替代 ReLU 激活函数。ELU 激活（ELU activation）[27] 函数具有指数形状，为网络提供了非线性建模的能力，由 Clevert 等人提出，数学表达如下：

$$f(x) = \begin{cases} x, x>0 \\ \alpha[\exp(x)-1], x\leqslant 0 \end{cases} \tag{6-12}$$

$$f'(x) = \begin{cases} 1, x>0 \\ f(x)+\alpha, x\leqslant 0 \end{cases} \tag{6-13}$$

原始 LinkNet 网络使用 ReLU 激活函数在输入为负值时可能出现神经元"死亡"、权重无法更新的问题。ELU 激活函数在其基础上进行改进，包含 ReLU 激活的函数的优点，不会造成负输入时神经元"死亡"，并可以使激活单元的输出均值接近于 0（输出均值接近 0 可以减少偏移效应进而使梯度接近于自然梯度），与 batch nomalization 原理类似，但具有更低的计算复杂度。ELU 激活函数的引入提升了模型对噪声的鲁棒性，能较好地解决网络训练过程中出现的梯度弥散问题。

本节海雾样本集中海表、海雾及云的样本数量差异较大，海表数量最多，海雾数量最少，存在样本不均衡问题。其中，数量较多的海表和云样本对 loss 起主要贡献。本节旨在识别海雾，网络学习不到有效信息，识别海雾效果较差。使用 Focal loss 损失函数替代交叉熵函数，降低了大量样本在训练中所占的权重，一定程度上提高海雾识别精度。Focal loss 激活函数的具体公式[28]如下：

$$L_{fl} = \begin{cases} -(1-\hat{p})^\gamma \log(\hat{p}), if \quad y=1 \\ -\hat{P}^\gamma \log(1-\hat{p}), if \quad y=0 \end{cases} \tag{6-14}$$

令 $p_t = \begin{cases} \hat{p}, if \quad y=1 \\ 1-\hat{p}, \text{otherwise} \end{cases}$，$p_t$ 反映了真实标签与预测类别接近的程度，$p_t$ 越大说明越接近预测类别，即分类越准确。相比于交叉熵损失，focal loss 对于分类不准确的样本，损失没有改变；对于分类准确的样本，损失变小，相当于增加了分类不准确样本在损失函数中的权重。

不同时间遥感图像大小不同，为统一输入图像大小，将原始 tiff 图像及对应标签随机裁剪成大小为 256×256 的图像，以供后续模型训练。本研究采用的 MODIS 波段数值包含反射率和亮温温度，二者数值范围不同。为避免数值差异过大导致训练精度降低，输入网络进行训练前先对样本数据进行标准化处理，公式如下：

$$X^* = (X-E(X))/\sqrt{D(X)} \tag{6-15}$$

其中，$X^*$ 为标准化后结果，$X$ 为标准化前数值，$E(X)$ 为 $X$ 的期望，$D(X)$ 为 $X$ 的方差，标准化后样本期望值为 0，方差为 1。

本书按照 8：2 随机将样本集划分为训练集（496 个）、测试集（125 个）。训练集用于训练 scSE-LinkNet 网络模型,测试集用于计算各项评价指标和评价模型泛化能力。本研究中使用 focal loss 损失函数降低样本不均衡对实验结果的影响,优化算法采用具有较好鲁棒性的自适应 Adam 算法,初始学习率设置为 0.01,学习率衰减因子为 0.001,学习率调整公式见式 6-15。

$$lr_{new} = lr_{old} \times 1/(1 + decay \times N) \tag{6-16}$$

其中,$N$ 为训练轮数,decay 为学习率衰减,lr 为学习率。

由于样本数量较少,训练过程中采用交叉验证的方法,最大训练轮数为 150,批次大小为 8,交叉验证率 0.1,当精度不再提高,则停止训练,最终模型训练精度为94.9%。

### 6.3.2.2 海雾探测实例

选取 2015 年 3 月 30 日 4:55、2016 年 3 月 3 日 5:25、2017 年 6 月 1 日 5:30、2018 年 3 月 13 日 5:00 四景 Aqua/MODIS 影像作为测试影像,分别使用 scSE-LinkNet 网络和 U-Net 网络进行海雾范围识别。

从识别结果可以得知,由于采用人工解译样本,图像整体结果更容易被人理解和接受。两种模型均采用上采样方法对低分辨率特征图进行插值来得到高分辨率特征图,具有平滑效果,识别结果连通性更好,图斑噪声较少,scSE-LinkNet 模型相比于 U-Net 模型图斑噪声更少,识别效果更好。分类结果大体一致,U-Net 识别的海雾区域少于scSE-LinkNet 模型,在云雾混合区 U-Net 模型错分现象更多。

6.3.2.2.1 CALIOP 数据对比验证

为进一步定性评价 scSE-LinkNet 模型海雾识别结果,选取 2016 年 4 月 13 日 5:20时次的海雾对照 CALIPSO 卫星提供的垂直特征分布(VFM)产品进行个例检验。此时,雾区主体在黄海中部,西至江苏省东北沿海,东至朝鲜半岛。黄海南部存在大片卷云区,且卷云区北部覆盖在黄海海雾上空。

CALIOP 提供的 VFM 数据无法直接判断是否有雾。根据赵经聪[24]、刘树宵[29]等人的思想,将数据中云顶高度低于 1 km、云底靠近地面或者无信号的云区视为海雾或低云。从识别结果可知:A 点(119.982° N,34.881° E)至 B 点(119.944° N,35.014° E)以及 C 点(119.868° N,35.282° E)至 D 点(119.846° N,35.357° E)区域云顶高度在 1km 以下,且云底高度近似海平面高度,符合雾的判别条件。灰色无信号区域视为海雾或低云较厚、雷达信号无法穿透的情况。E 点(119.319° N,37.167° E)为晴空海表,海雾识别结果与 VFM 剖面图判别结果一致。从基于 scSE-LinkNet 模型得到的海雾识别结果来看,雾区主体位置识别较为准确,与真实遥感图像相近,与 CALIPSO 所经轨迹重合的像元皆识别海雾像元,说明该结果较为可信。

6.3.2.2.2 海雾评价指标

使用海雾常用判别指标计算不同模型上海雾的 POD、CSI、the false alarm rate

（FAR）和 Heidke skill scores（HSS）对海雾探测结果进行定量验证。设假阳性、假阴性、真阳性和真阴性分别为 FP、FN、TP 和 TN、POD、CSI、FAR 和 HSS 的计算公式如下：

$$POD = \frac{TP}{TP+FN} \tag{6-17}$$

$$CSI = \frac{TP}{TP+FP+FN} \tag{6-18}$$

$$FAR = \frac{FP}{TN+FP} \tag{6-19}$$

$$HSS = \frac{2(TP \times TN - FP \times FN)}{(TP+FN)(FN+TN)+(TP+FP)(FP+TN)} \tag{6-20}$$

以测试集 58 例图像为实验数据，根据样本真实标签，分别统计雾、非雾（海表和云）像元总数，计算 U-Net 及 scSE-LinkNet 模型海雾识别结果的 POD、CSI、FAR 和 HSS 如表 6-16 所示。在前人的研究中，POD 和 FAR 分别小于 0.7 但大于 0.31[7]。本研究计算得到两种海雾识别模型平均 POD 均高于 0.7，FAR 均大于 0.31。其中，POD 较高，说明两种模型对于海雾与非雾有较好区分结果；FAR 低于 15％，说明海雾错分为其他类别的情况较少；CSI 低于 POD，因为该指数综合考虑了 FP 和 FN，导致海雾识别成功指数有所下降，综合识别结果较前人研究均有一定提高。U-Net 模型中海雾错分像素点为 227 563 个，高于 scSE-LinkNet 模型海雾错分数量 117 902 个，定量评价结果与定性结果较为一致。相比于传统模型只能采用较少样本训练，深度语义分割模型可以实现使用所有样本参与训练，具有较强的拟合能力和较好的识别效果。

表 6-16　U-Net 模型与 scSE-LinkNet 模型雾、非雾像元统计及模型结果评估

| | | 真实标签（ground truth） | |
| --- | --- | --- | --- |
| | | 雾 | 非雾 |
| U-Net 模型识别结果 | 雾 | 424 361 | 99 690 |
| | 非雾 | 127 873 | 3 149 164 |
| scSE-LinkNet 模型识别结果 | 雾 | 502 935 | 68 603 |
| | 非雾 | 49 299 | 3 180 251 |
| 结果评估 | POD | FAR | CSI | HSS |
| U-Net | 0.768 | 0.190 | 0.651 | 0.753 |
| scSE-LinkNet | 0.911 | 0.12 | 0.810 | 0.877 |

### 6.3.3 基于一维残差网络的海雾探测

基于 CALIPSO 数据的样本库自动构建算法可以得到标签较为准确的样本，但样本形式为样本点的形式，深度学习的语义分割模型难以应用，因此需要研究适合点样本

的深度学习海雾探测模型。

遥感识别地物的基础原理是不同地物对电磁波的响应不同,不同地物的大小形状等构成的纹理不同。样本点记录的相当于地物的光谱信息,通过光谱响应曲线也可以进行地物的识别。卷积操作的输入形式除了二维图像,也可以是一维的音频、文本等信息。受卷积输入数据格式的灵活性启发,将一个样本点视为一条光谱曲线,输入到构建的一维卷积神经网络,以利用卷积神经网络的优势对样本进行特征表示和组合,实现海雾等地物的识别和提取。

### 6.3.3.1 ResNet 1-D 网络构建

一般神经网络越深,特征抽象程度越高,效果越好,但在实际设计中,添加过多的层,会产生梯度爆炸或梯度消失的问题,网络误差增加,难以训练优化。残差网络(Residual Net,ResNet)的提出解决了梯度爆炸或梯度消失的问题,使得训练更深的网络成为可能,ResNet 提出的残差结构深刻影响了后来的深度神经网络设计。

假设需要学习的函数为 $f(x)$,先前的网络根据输入直接学习,ResNet 采用恒等映射、学习残差映射,ResNet 的主要结构是残差块(Residual Block)[31],如图 6-19 所示。图中虚线框即为残差映射,一般由卷积层等组成,用于学习;直线为恒等映射,通过恒等映射可以将输入更快地前向传播,避免了梯度消失;通过将两者相加得到,即 $f(x) = x + f(x) - x$。本节设计包含残差结构一维卷积的前向网络,实现对海雾等地物特征的学习和分类。

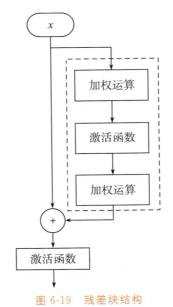

图 6-19　残差块结构

ResNet 可以训练更深的网络。当前主流 ResNet 有 18 层、34 层、50 层、101 层和 152 层。采用所提取的 MODIS 样本库,进行初步实验,发现过深的层数模型参数更多,更容易导致过拟合,模型所需的计算性能也相应增加;而层数过少导致训练时间增加,并且略有欠拟合。本研究最终选用 34 层 ResNet 作为基础结构,用于构建一维卷积网络。网络主要卷积层数量和参数量如表 6-17 所示,其中卷积层均为一维卷积层。

表 6-17 ResNet 网络主要结构

| 网络层数 | 输出大小 | 34 层 |
|---|---|---|
| Conv1 | 8×64 | 7,64,stride 2 |
| Pool | 4×64 | Max pool |
| Conv2.x | 4×64 | $\begin{bmatrix} 3,64 \\ 3,64 \end{bmatrix} \times 3$ |
| Conv3.x | 2×128 | $\begin{bmatrix} 3,64 \\ 3,64 \end{bmatrix} \times 4$ |
| Conv4.x | 1×256 | $\begin{bmatrix} 3,64 \\ 3,64 \end{bmatrix} \times 6$ |
| Conv5.x | 1×512 | $\begin{bmatrix} 3,64 \\ 3,64 \end{bmatrix} \times 3$ |
| Pool | 512 | Global average pool |
| FC | 5 | (512,5) |
| Total params | | 3 846 469 |

首先构建两种残差结构图(6-20)。残差结构 1 残差映射部分为两层卷积核为 3 的一维卷积层和 ReLU 激活函数构成,恒等映射部分不作处理。残差结构 2 残差映射部分第一层一维卷积层步长为 2,用于减小输入长度,激活函数和第二层卷积层不变;恒等映射部分采用步长为 2、卷积核为 1 的一维卷积,用于提升维度和使原始输入长度和残差映射部分匹配。

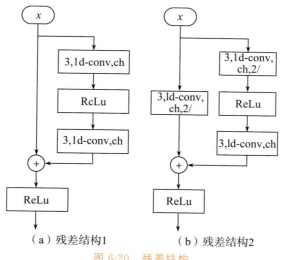

（a）残差结构1　　　　（b）残差结构2

图 6-20　残差结构

　　最终构建网络如图 6-21 所示。为了保持数值在传播过程中的稳定性，在每个 Re-
LU 激活函数前均加入批量归一化（Batch Normalization）操作。网络最后采用全连接
层将特征分为 5 类。

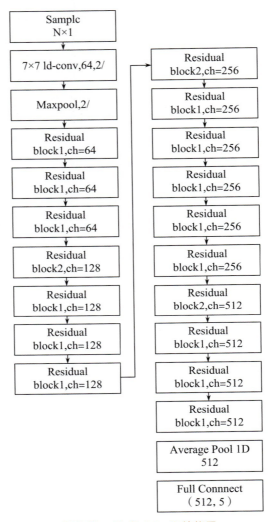

图 6-21　ResNet 1－D 结构图

　　网络构建完成后，采用 MODIS 点样本库进行训练，获得可用于 MODIS 数据的海
雾探测模型。

### 6.3.3.1.1　样本预处理

　　由于所采用的 MODIS 波段数值包含反射率和亮度温度，两者数据范围不一致，为
了避免数值差异过大带来的问题，首先对样本进行 z-score 标准化（式 6-14）。经过标准
化后按照 6：2：2 的比例分割样本数据集，得到训练数据集、验证数据集和测试数据
集。各数据集的样本数量如表 6-18 所示。

表 6-18　样本集分割情况

| 编号 | 类型 | 训练数据 | 验证数据 | 测试数据 | 总样本量 |
|------|------|----------|----------|----------|----------|
| 1 | 海表 | 140 661 | 46 887 | 46 887 | 234 435 |
| 2 | 海雾 | 37 935 | 12 647 | 12 645 | 63 227 |
| 3 | 层云 | 30 086 | 10 029 | 10 029 | 50 144 |
| 4 | 低云 | 41 957 | 13 986 | 13 986 | 69 929 |
| 5 | 中高云 | 193 034 | 64 345 | 64 345 | 321 724 |
| | 总样本量 | 443 673 | 147 894 | 147 892 | 739 459 |

#### 6.3.3.1.2 网络训练优化

网络损失函数仍选择多分类交叉熵损失函数。为了加快训练收敛速度,优化算法采用可以自适应优化的 Adam 算法。Adam 通过对梯度的均值和梯度未中心化的方差进行综合考虑[33],计算出更新步长,初始学习率设置为 0.000 9,学习率衰减因子为0.6。学习率更新方法为直接将学习率乘以衰减因子得到新学习率。其他超参数设置如下:最大训练轮数 150,批次大小 5 120。网络初始化采用 Kaiming 初始化。为了减轻过拟合影响,训练采用提前结束(Early Stopping)技巧,当精度不再提高,则停止训练。

网络在 31 轮停止训练,训练损失下降到 0.07 左右,训练精度 98%,验证集损失最终为 0.5,验证集精度为 89%。将网络训练过程中训练集和验证集的损失和精度曲线都记录下来,曲线如图 6-22 所示。

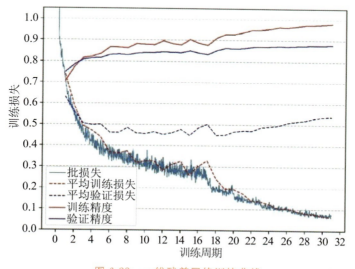

图 6-22　一维残差网络训练曲线

从 loss 曲线来看,网络在 20 轮左右开始有过拟合现象,验证集 loss 趋势从下降开始略有上升,但从精度曲线来看,训练集和验证集精度仍在提高,可能原因如下:网络输出的类别概率值虽然下降,但正确类的概率值仍是各个类别概率值中最大的。这样根据交叉熵损失函数公式计算结果是损失增大,而根据精度计算方式的结果是精度提高。从每类结果的精度来看,训练集上海雾识别精度为 96%,验证集上海雾识别精度为 79%,存在过拟合现象。

由于所构建网络接收一维数据,因此需要逐像素预测,但 ResNet 1-D 采用批训练方式,因此可以并行处理。预测时将图像像素可以分批输入网络,得到分类结果,实现图像快速处理。由于逐像素进行预测,为避免碎斑等影响采用腐蚀膨胀作为后处理。

### 6.3.3.2 海雾探测实例

本节选取 2014 年 5 月 21 日 5:00 的 Aqua/MODIS 影像作为测试影像个例,处理查看分类效果;由于缺乏海上实测数据,且样本直接通过 CALIPSO 数据处理得到,因此直接采用测试集作为定量评价的验证数据。

从影像分类结果可以得知,纯海洋表面分类较好,但在沿海岸地区沙洲和泥沙含量高的部分海水被识别成了低云,这是因为样本中只考虑了大气要素样本,含泥沙海水反射率同低云混淆。分类结果中结合了 MODIS 云掩码数据结果,可知部分海表确实同低云等类似。

影像分类结果结合 CALIPSO 数据可知,在 CALIPSO 经过的海区,大部分海雾均被识别出来,其他地物范围边界也都符合 CALIPSO 识别结果,在轨迹南段有部分低云和层云没有区分正确,总体上识别结果同 CALIPSO 判断一致。

测试集混淆矩阵结果如表 6-19 所示。模型最终 kappa 系数为 0.84,整体精度为 89%,其中海雾的准确率为 79%,层云的准确率为 71%,低云的准确率为 72%,海表准确率为 89%,检出率为 91%,中高云准确率为 97%,检出率为 98%。根据混淆矩阵结果计算海雾的虚警率(FAR)为 21%,检出率(POD)为 77%,成功指数(CSI)为 64%。

从定量验证结果来看,和样本质量评价结果趋势基本一致,中高云的分类精度较好,层云和低云的区分程度较低,说明两类地物仅依据光谱信息较难区分。海表主要影响海雾和低云的分类精度。从混淆矩阵中可以计算,海表、海雾、层云、低云、中高云的占比分别为 90.8%、3%、1.7%、2.8%、1.7%;海雾类别中来自海表的像元就占了 11.6%,其他类别共占 9%。从影像上看,含有泥沙或悬浮物质的海水同海雾和低云相似。由于 CALIPSO 较少经过该区域,该类型样本较少,导致海表被误分成海雾。这也是海雾虚警率较高的主要原因。

表 6-19　测试集混淆矩阵结果

| 真实标签 | 预测值 | | | | | 总样本量 | 召回率 |
|---|---|---|---|---|---|---|---|
| | 海表 | 海雾 | 层云 | 低云 | 中高云 | | |
| 海表 | 42 570 | 1 420 | 794 | 1 318 | 785 | 46 887 | 0.91 |
| 海雾 | 1 770 | 9 746 | 432 | 441 | 256 | 12 645 | 0.77 |
| 层云 | 837 | 424 | 7 173 | 1 454 | 141 | 10 029 | 0.72 |
| 低云 | 1 796 | 482 | 1 547 | 9 546 | 615 | 13 986 | 0.68 |
| 中高云 | 840 | 206 | 100 | 411 | 62 788 | 64 345 | 0.98 |
| 总样本量 | 47 813 | 12 278 | 10 046 | 13 170 | 64 585 | 147 892 | — |
| 准确率 | 0.89 | 0.79 | 0.71 | 0.72 | 0.97 | — | — |

综合评价结果,说明一维残差网络有一定的泛化能力,能够实际应用于海雾探测。但受样本的影响,没有利用纹理信息,仅通过光谱信息实现好的分类结果较为困难。一维残差网络仍有发展潜力,可以通过细化样本构建方法和增加海表温度等其他特征来进一步提高分类精度。

### 6.3.4 基于迁移学习的海雾探测

采用 MODIS 数据训练的一维残差卷积网络模型可以认为学习到了海雾分类的相关经验。Himawari-8 比 Aqua 发射晚、运行时间短,所获取的 Himawari-8/AHI 样本库样本较少,仅采用 H-8 数据训练难以充分学习到更好的分类经验。若能复用现有 MODIS 数据海雾探测经验,既避免已有工作的丢弃,减少资源浪费,也解决了 AHI 样本数量少的问题。迁移学习通常基于预训练模型实现[34],预训练模型是在大型数据集上训练的模型,用于解决相似的问题。由于 Himawari-8 波段设置范围较宽,同 MODIS 有一定的相似程度,因此考虑将已有的 MODIS 数据训练的网络作为预训练模型,利用 6.3.1 节制作的 Himawar-8/AHI 数据样本库进行微调,实现基于迁移学习方法的海雾探测算法构建。

#### 6.3.4.1 迁移学习网络构建

##### 6.3.4.1.1 样本预处理

AHI 数据共 16 个波段,其中前 6 个波段为反照率,后 10 个波段为亮度温度。因此首先利用公式(6-14)对 AHI 数据样本进行标准化,消除量纲影响。样本集按照 6∶2∶2 的比例将模型分割为训练集和测试集,共获得 80 135 个训练样本,26 716 个验证样本,26 711 个测试样本。分割结果如表 6-20 所示。

表 6-20　AHI 样本集分割结果

| 编号 | 类型 | 训练数据 | 验证数据 | 测试数据 | 总样本量 |
|---|---|---|---|---|---|
| 1 | 海表 | 23 986 | 7 996 | 7 995 | 39 977 |
| 2 | 海雾 | 8 295 | 2 766 | 2 765 | 13 826 |
| 3 | 层云 | 4 662 | 1 555 | 1 554 | 11 156 |
| 4 | 低云 | 6 693 | 2 232 | 2 231 | 11 156 |
| 5 | 中高云 | 36 499 | 12 167 | 12 166 | 321 724 |
| | 总样本量 | 80 135 | 26 716 | 26 711 | 133 562 |

### 6.3.4.1.2 网络训练优化

将 6.3.3 节中训练完成的 MODIS 模型权重作为网络初始权重,利用 AHI 样本进行训练,卷积层对输入数据的尺寸没有限制,不需要对 AHI 数据的输入张量形状进行处理。网络损失函数为交叉熵损失函数,优化算法为 Adam 算法,学习率为 0.001,学习率衰减因子为 0.6,最大训练轮数 80,批次大小 5 120。为缓解过拟合现象,除了使用提前停止技巧,加入 L2 正则化,即对网络权重进行衰减,减弱模型复杂度,衰减因子为。

训练曲线如图 6-23(a)所示。模型在 35 轮停止训练,训练损失最终下降到 0.05 左右,测试集损失为 0.5。模型最终的训练精度为 98%,测试精度为 88%。为进行对比,同时使用 AHI 数据从零开始训练一维残差网络模型。训练曲线如图 6-23(b)所示。模型在 28 轮停止训练,训练损失最终下降到 0.1 左右,测试集损失为 0.45,模型最终的训练精度为 96%,测试精度为 87%。

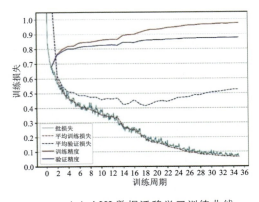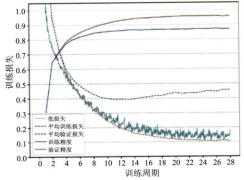

(a) AHI 数据迁移学习训练曲线　　　　(b) AHI 数据一维残差网络训练曲线

图 6-23　AHI 数据训练曲线

从训练过程曲线来看,迁移学习的训练曲线同 MODIS 数据训练曲线相似,同 AHI 数据重新训练曲线相比,迁移学习的测试集初始精度要高于 AHI 数据重新训练模型的精度。

### 6.3.4.2 海雾探测实例

基于 MODIS 预训练模型的 AHI 数据迁移学习模型在测试集上混淆矩阵和相应指标如表 6-21 所示。模型最终 kappa 系数为 0.82,整体精度为 88％,其中准确率海雾为 79％,海表为 87％,层云为 70％,低云为 70％,中高云为 96％;检出率海雾为 76％,海表为 88％,层云为 70％,低云为 67％,中高云为 97％。根据混淆矩阵计算得到海雾的虚警率为 21％,检出率为 76％,成功指数为 63.25％。

表 6-21　AHI 迁移学习测试集混淆矩阵结果

| 真实标签 | 预测值 | | | | | 总样本量 | 召回率 |
|---|---|---|---|---|---|---|---|
| | 海表 | 海雾 | 层云 | 低云 | 中高云 | | |
| 海表 | 7 036 | 348 | 127 | 259 | 225 | 7 995 | 0.88 |
| 海雾 | 410 | 2 114 | 93 | 83 | 65 | 2 765 | 0.76 |
| 层云 | 126 | 80 | 1 091 | 198 | 59 | 1 554 | 0.70 |
| 低云 | 304 | 105 | 193 | 1 494 | 135 | 2 231 | 0.67 |
| 中高云 | 213 | 44 | 53 | 114 | 11 742 | 12 166 | 0.97 |
| 总样本量 | 8 089 | 2 691 | 1 557 | 2 148 | 12 226 | 26 711 | — |
| 准确率 | 0.87 | 0.79 | 0.70 | 0.70 | 0.96 | — | — |

基于 AHI 数据重新训练的模型在测试集上的混淆矩阵和相应指标如表 6-22 所示。模型最终 kappa 系数为 0.80,整体精度为 86.95％。其中准确率海雾为 74％,海表为 85％,层云为 69％,低云为 70％,中高云为 96％;检出率海雾为 77％,海表为 88％,层云为 68％,低云为 63％,中高云为 96％,根据混淆矩阵计算得到海雾的虚警率为 26％,检出率为 77％,成功指数为 60.65％。

表 6-22　AHI 测试集混淆矩阵结果

| 真实标签 | 预测值 | | | | | 总样本量 | 召回率 |
|---|---|---|---|---|---|---|---|
| | 海表 | 海雾 | 层云 | 低云 | 中高云 | | |
| 海表 | 7 027 | 444 | 112 | 215 | 197 | 7 995 | 0.88 |
| 海雾 | 443 | 2118 | 80 | 66 | 58 | 2 765 | 0.77 |
| 层云 | 171 | 99 | 1 049 | 176 | 59 | 1 554 | 0.68 |
| 低云 | 344 | 130 | 211 | 1 403 | 143 | 2 231 | 0.63 |
| 中高云 | 273 | 54 | 71 | 141 | 11 627 | 12 166 | 0.96 |
| 总样本量 | 8 258 | 2 845 | 1 523 | 2 001 | 12 084 | 26 711 | — |
| 准确率 | 0.85 | 0.74 | 0.69 | 0.70 | 0.96 | — | — |

从结果来看,迁移学习模型的整体结果评分同利用 MODIS 数据训练的模型结果

相近，相比重新训练的模型结果，迁移学习的模型除了海雾的召回率低于重新训练的模型 1% 以外，其他各指标均有不同程度的提升，尤其是海雾的准确率提高了 5%，成功指数提高了 2.6%。这说明基于 MODIS 数据预训练的模型并未退化，反而保留了之前海雾探测的经验并提高了 Himawari-8 数据训练模型的结果，迁移学习是成功的。

由于样本数量相对较少，导致基于 Himawari-8 数据重新训练的深度学习海雾探测模型结果评分低于用 MODIS 数据训练的模型，但经过迁移学习，可以充分利用 MODIS 数据训练得来的权重，增强 Himawari-8 数据训练的效果。虽然目前 Himawari-8 样本较少，但 CALIPSO 卫星只要经过 Himawari-8 观测范围便可以匹配制作样本，Himawari-8 卫星仍处于稳定运行阶段，与其备用星 Himawari-9 可以提供长时间的观测服务，因此 Himawari-8 数据有较高的应用价值。

## 6.4 霍尔木兹海峡海雾时空分布

Suomi NPP 卫星为美国新一代极轨运行环境卫星系统的首颗卫星，与 A-Train 系列卫星在同一轨道平面上，用来接替服役超期的 Terra、Aqua 卫星，同样为太阳同步轨道卫星，但其具有更高的轨道高度。该卫星与 Aqua 卫星的成像时间相似，于每日 13:30 经过赤道，二者相似的成像时间使得 Aqua/MODIS 数据和 NPP/VIIRS 数据海雾识别结果对比成为可能。Suomi-NPP 卫星携带包含 VIIRS 在内的 5 个对地观测仪器，VIIRS 传感器是对 MODIS 传感器的继承改进，具有更大的扫描宽度与更高的空间分辨率。该传感器共 22 个波段，光谱范围为 $0.412 \sim 12.013\ \mu m$，包含 5 个分辨率为 375 m 的影像波段（I 波段）、1 个分辨率为 750 m 的单一全色白夜波段（DNB 波段）和 16 个分辨率为 750 m 的可见光近红外波段（M 波段），可对海洋、大气、植被覆盖、海陆表面温度以及冰层等地球环境进行监测。表 6-23 为 VIIRS 传感器与 MODIS 波段信息对照表。

表 6-23　VIIRS 与 MODIS 波段对照表

| | VIIRS 波段 | VIIRS 光谱范围（μm） | VIIRS 分辨率（m） | 主要用途 | MODIS 波段 | MODIS 分辨率（m） |
|---|---|---|---|---|---|---|
| 可见光与近红外 | M1 | $0.402 \sim 0.422$ | 750 | 海洋水色、气溶胶 | 8 | 1 000 |
| | M2 | $0.436 \sim 0.454$ | 750 | 海洋水色、气溶胶 | 9 | 1 000 |
| | M3 | $0.478 \sim 0.498$ | 750 | 海洋水色、气溶胶 | 3/10 | 500/1 000 |
| | M4 | $0.545 \sim 0.565$ | 750 | 海洋水色、气溶胶 | 4/12 | 500/1 000 |
| | I1 | $0.600 \sim 0.680$ | 375 | 植被成像 | 1 | 250 |
| | M5 | $0.662 \sim 0.682$ | 750 | 海洋水色、气溶胶 | 13/14 | 1 000 |
| | M6 | $0.739 \sim 0.754$ | 750 | 大气 | 15 | 1 000 |
| | I2 | $0.846 \sim 0.885$ | 375 | 植被 | 2 | 250 |
| | M7 | $0.846 \sim 0.885$ | 750 | 海洋水色、气溶胶 | 2/16 | 250/1 000 |

| | VIIRS 波段 | VIIRS 光谱范围（μm） | VIIRS 分辨率（m） | 主要用途 | MODIS 波段 | MODIS 分辨率（m） |
|---|---|---|---|---|---|---|
| CCD | DNB | 0.500～0.900 | 750 | 对地成像 | | |
| 短、中波红外 | M8 | 1.230～1.250 | 750 | 云粒子大小 | 5 | 500 |
| | M9 | 1.371～1.386 | 750 | 卷云 | 26 | 1 000 |
| | I3 | 1.580～1.640 | 375 | 雪 | 6 | 500 |
| | M10 | 1.580～1.640 | 750 | 雪图 | 6 | 500 |
| | M11 | 2.225～2.275 | 750 | 云 | 7 | 500 |
| | I4 | 3.550～3.930 | 375 | 海表温度 | 20 | 1 000 |
| | M12 | 3.660～3.840 | 750 | 云成像 | 20 | 1 000 |
| | M13 | 3.973～4.128 | 750 | 海表温度、火灾 | 21/22 | 1 000 |
| 热红外 | M14 | 8.400～8.700 | 750 | 云顶性质 | 29 | 1 000 |
| | M15 | 10.263～11.263 | 750 | 海表温度 | 31 | 1 000 |
| | I5 | 10.50～12.40 | 375 | 云成像 | 31/32 | 1 000 |
| | M16 | 11.238～12.488 | 750 | 海表温度 | 32 | 1 000 |

本节基于 2017～2019 年霍尔木兹海峡 MODIS 和 VIIRS 卫星影像数据，通过随机森林算法进行海雾识别，在统计海雾识别结果的基础上得到霍尔木兹海峡海雾的时间和空间分布特征。

### 6.4.1 时间分布特征

利用 2017～2019 年霍尔木兹海雾识别结果，对 3 年间研究区域内每月海雾发生频率进行统计，计算公式为：

$$F_{i,j} = \frac{ND_{i,j}}{N_{i,j}} \tag{6-21}$$

其中，$i$ 为所属年份（2017～2019），$j$ 为所属月份（1～12），$F_{i,j}$ 表示第 $i$ 年第 $j$ 月海雾的发生频率，$N_{i,j}$ 表示第 $i$ 年第 $j$ 月的总天数。2017～2019 年霍尔木兹海峡海雾持续发生天数统计如图 6-24 所示，海雾发生频率如图 6-25 所示。

图 6-24　2017～2019 年海雾持续天数统计图

图 6-25　2017～2019 年海雾发生频率图

由图 6-24 可知,2017 年霍尔木兹海峡发生海雾总天数为 35 d,2018 年为 41 d,2019 年为 34 d,海雾发生总天数基本相同。在此基础上,从图 6-25 可以看出 2017～2019 年海雾的时间分布情况基本一致,夏季的 6～8 月是霍尔木兹海峡海雾的高发时期,发生频率在 35％～45％之间,而每年 1～3 月与 10～12 月海雾发生次数较少,频率较低。因此可知,夏季是霍尔木兹海峡海雾发生的高潮期,总比可达全年海雾发生频率的 40％左右。这一时间分布规律与霍尔木兹海峡所处地理环境有关,夏季受波斯湾气流影响,霍尔木兹海峡区域湿度高,同时印度洋海面的暖流使得霍尔木兹海峡海域内水汽更加湿润,极易形成雾气。

虽然 2017～2019 年逐月海雾发生频率总体趋势一致,但受气象影响和时间变化,不同年份间仍存在部分差异。从图 6-26 折线变化趋势可以看出,2017 年～2018 年海雾逐月发生频率的总体变化趋势及变化程度较为相似,2019 年总体趋势有些许变化,海雾多发于夏季的 6、7 月,较 17～18 海雾高发期提前一个月时间。

图 6-26　2017～2019 年海雾发生频率趋势图

### 6.4.2 空间分布特征

#### 6.4.2.1 年际空间分布

本研究通过计算 2017—2019 年海雾识别结果中每个像元海雾的发生频率，获得霍尔木兹海峡海域内海雾的空间分布图像，计算公式为：

$$F_i = \frac{ND_i}{N_i} \qquad (6-22)$$

其中，$i$ 为所属年份（2017～2019），$F_i$ 表示第年的海雾发生频率，$ND_i$ 表示第年海雾发生总天数，$N_i$ 表示第年的总天数。2017～2019 年逐年海雾发生频率空间分布如图 6-27 所示。

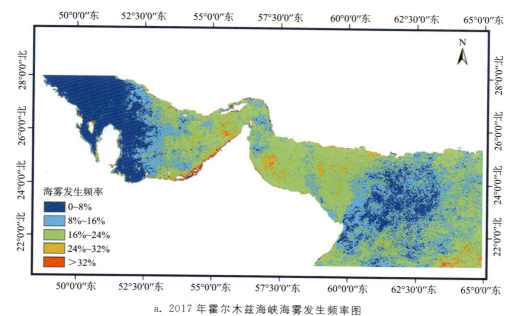

a. 2017 年霍尔木兹海峡海雾发生频率图

图 6-27　2017～2019 年霍尔木兹海峡海雾年际发生频率图

229

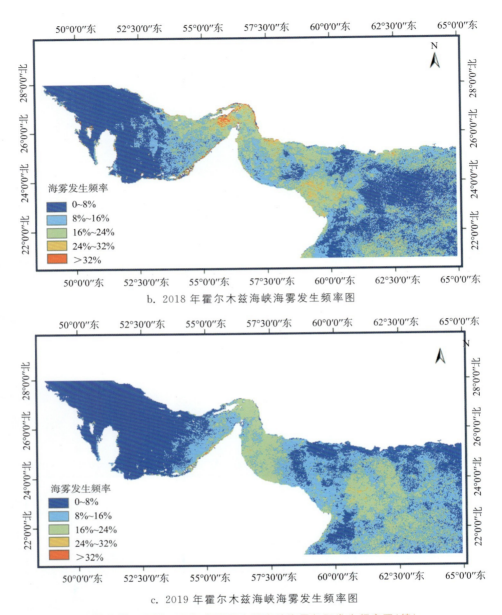

b. 2018 年霍尔木兹海峡海雾发生频率图

c. 2019 年霍尔木兹海峡海雾发生频率图

图 6-27 2017～2019 年霍尔木兹海峡海雾年际发生频率图(续)

由图 6-27 可以看出,2017 年海峡西部沿岸地区海雾发生频率较高,部分地区大于 32%;海雾多发生于霍尔木兹海峡西部波斯湾海域,发生频率为 16%～24%;海峡内与海峡东部大部分区域海雾发生频率为 8%～16%。2018 年霍尔木兹海峡海雾分布较为均匀;海峡北部和西部沿岸地区为海雾高发区域,发生频率大于 32%;海雾高发区较 2017 年有所扩大且海雾分布不均匀;除海峡西部波斯湾海域外,海峡东部阿曼湾海域海雾发生频率也在 16%～24% 范围内;沿岸海雾发生频率高于离岸区域。2019 年海雾发生频率较 2017 和 2018 年略低,海峡东部海雾频率明显高于西部海雾发生频率,维持在 16%～24%

范围内,极少沿岸地区海雾发生频率大于 32%;相比于 2018 年,海峡东部阿曼湾中心海域海雾发生频率升高至 16%～24%,而海峡西部发生频率降低,低于 8%。

通过分析可以得出,2018 年海峡沿岸海雾发生频率最高,但海雾分布面积最小,相反,2017 年海雾发生频率基本在 16%～24% 范围内,分布较为均匀,海雾发生面积最大,2019 年较前两年海雾发生频率有所降低。3 年间的年际海雾发生频率空间分布情况大致相似:霍尔木兹海峡海域内沿岸的海雾发生频率高于海洋中海雾发生频率,而海峡两侧中心海域海雾发生频率高于沿岸地区海雾发生频率。

### 6.4.2.2　月际空间分布

为进一步研究空间分布特征的月际变化,通过计算 2017～2019 年每月海雾发生频率进得到逐月海雾发生频率空间分布图(图 6-28),计算公式为:

$$F_j = \frac{\text{ND}_j}{N_j} \qquad (6\text{-}23)$$

其中,$j$ 为所属月份(1～12),$F_j$ 表示第 $j$ 月的海雾发生频率,$\text{ND}_j$ 表示第 $j$ 月海雾发生总天数,$N_j$ 表示第 $j$ 月的总天数。

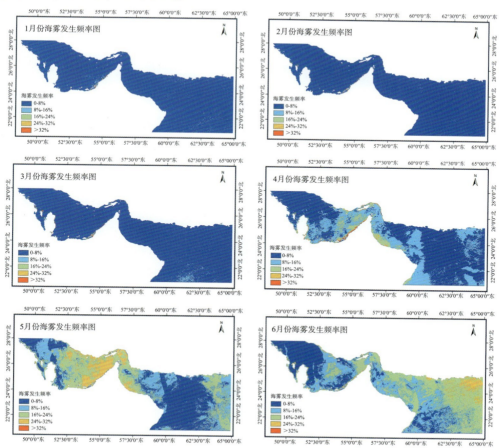

图 6-28　2017～2019 年霍尔木兹海峡海雾月际发生频率图

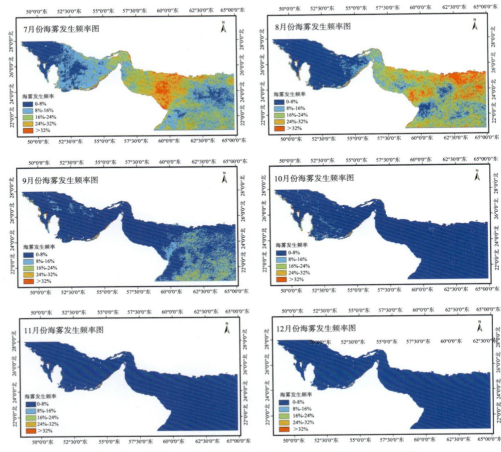

图 6-28　2017～2019 年霍尔木兹海峡海雾月际发生频率图(续)

从图 6-28 可知,2017～2019 年间不同月份霍尔木兹海峡海雾的空间分布存在较大差异,1 月至 3 月霍尔木兹海峡发生频率在 0%～8% 之间,从图中基本看不到海雾的分布特征,与上一节中海雾的时间趋势相吻合。4 月海峡内海雾发生频率增加到 8%～16%,沿岸地区海雾发生频率大大增加,达到 16%～24%,海峡西部沿岸地区海雾发生频率大于 32%,该月海雾总体分布较为均匀。从 4 月开始,霍尔木兹海峡海雾开始逐渐增多,直到 7、8 月到达海雾频发阶段。4～6 月海雾发生频率逐渐扩大,且分布范围从东部波斯湾一带逐渐向霍尔木兹海峡及阿曼湾西部发展。5～8 月为霍尔木兹海峡海雾高发时段,海雾发生频率逐渐增大。5 月海雾多分布在海峡内及波斯湾东部,发生频率达到 16%～24%,海峡西部沿岸地区海雾发生频率达到 24%～32%。6 月海雾多发生在阿曼湾海域,海峡内海雾发生频率有所下降。7 月～8 月海雾空间分布较为一致,为海雾发生频率最高时期,海峡内海雾发生频率在 8%～24% 之间,沿岸多数地区海雾发生频率大于 32%,阿曼湾为海雾高发区域,中心海域海雾发生频率大于 32%。9～12 月霍尔木兹海峡内海雾发生频率较低,保持在 0%～8% 范围内,仅沿岸极少数区域海雾发生频率大于 32%。

　　综上所述,霍尔木兹海峡海域海雾在空间分布上呈现两侧高、中间低、由西部向东部蔓延的特征。海雾的高发区集中在海峡东部阿曼湾海域附近,其发展过程是从海峡两侧开始生成逐渐向海峡中心移动扩散,其中海峡东部阿曼湾海域海雾生成的范围更大,海雾发生频率也更高。

# 参考文献

［1］王彬华.海雾［M］.北京:海洋出版社,1983.

［2］黄子革,潘长明,王贵钢,等.MODIS卫星海雾检测技术研究［J］.海洋测绘,2010,
(02):74－77.

［3］Wu D,Lu B,Zhang T,et al. A method of detecting sea fogs using CALIOP data
and its application to improve MODIS－based sea fog detection ［J］. Journal of
Quantitative Spectroscopy and Radiative Transfer,2015,(153):88－94.

［4］Xiao Y. F,Zhang J,Qin P. An algorithm for daytime sea fog detection over the
Greenland Sea based on MODIS and CALIOP Data ［J］. Journal of Coastal Re-
search,2019,(90):95－103.

［5］Shin D,Kim J. H,A New Application of unsupervised learning to nighttime sea
fog detection ［J］. Asia－Pacific Journal of Atmospheric Sciences,2018,54(4):
527－544.

［6］Kim D,Park M. S,Park Y. J,and Kim W,Geostationary Ocean Color Imager
(GOCI) marine fog detection in combination with Himawari-8 based on the deci-
sion tree ［J］. Remote Sens. ,2020,12(1):149.

［7］Drönner J,Korfhage N,Egli S,et al. ,Fast cloud segmentation using convolu-
tional neural networks,［J］. Remote Sens. ,2018,10(11).

［8］Liu S. X,Yi L,Zhang S. P,et al. ,A study of daytime sea fog retrieval over the
Yellow Sea based on fully convolutional networks,［J］. Transactions of
Oceanology and Limnology,2019,(6):13－22.

［9］田永杰,邓玉娇,陈武喝,等.基于FY－2E数据白天海雾检测算法的改进［J］.干旱
气象,2016,34(4):738－742.

［10］肖艳芳,张杰,崔廷伟,秦平.海雾卫星遥感监测研究进展［J］.海洋科学,2017,41
(12):146－154.

［11］郝增周,潘德炉,龚芳,朱乾坤.海雾的遥感光学辐射特性［J］.光学学报,2008,28
(12):2420－2426.

［12］Hao Z,Pan D,Fang G,et al. Sea fog characteristics based on MODIS data and
streamer model［C］. Spie Europe Remote Sensing. 2009.

［13］盛裴轩,毛节泰,李建国,等.大气物理学［M］.北京：北京大学出版社,2003.

［14］张顺谦,杨秀蓉.神经网络和分形纹理在夜间云雾分离中的应用［J］.遥感学报,2006(04):67—71.

［15］Vapnik V. N. The nature of statistical learning theory［M］. New York：Springer,1995.

［16］刘年庆,蒋建莹,吴晓京.基于支持向量机的遥感大雾判识［J］.气象,007(10):75—81+134.

［17］潘琛,杜培军,张海荣.决策树分类法及其在遥感图像处理中的应用［J］.测绘科学,2008(01):209—212+254.

［18］巴桑,刘志红,张正健,等.决策树在遥感影像分类中的应用［J］.高原山地气象研究,2011,31(2):31—34.

［19］Zhang S, Yi L. A comprehensive dynamic threshold algorithm for daytime sea fog retrieval over the Chinese adjacent seas［J］. Pure and Applied Geophysics, 2013, 170(11):1931—1944.

［20］付华联,冯杰,李军,等.基于随机森林的 FY—2G 云检测方法［J］.测绘通报,2019(003):61—66.

［21］刘东,刘群,白剑,等.星载激光雷达 CALIOP 数据处理算法概述［J］.红外与激光工程,2017,46(12): 1202001.

［22］Shen H, Chao Z, Zhang L. Recovering reflectance of AQUA MODIS band 6 based on within-class local fitting［J］. IEEE Journal of Selected Topics in Applied Earth Observations & Remote Sensing, 2011, 4(1):185—192.

［23］Wu X, Li S. Automatic sea fog detection over Chinese adjouent oceons using Terra/ MODIS data ［J］. I ntern ational Journal of Remote Sensing, 2014, 35(21):7430—7457.

［24］赵经聪,吴东,赵耀天.基于 CALIOP 数据的海雾检测方法研究［J］.中国海洋大学学报(自然科学版),2017,47(12):9—15.

［25］Chaurasia A, Culurciello E, LinkNet：Exploiting encoder representations for efficient semantic segmentation ［C］. 2017 IEEE Visual Communications and Image Processing (VCIP), IEEE, 2017.

［26］Jie H, Lis, Gang S. Squeeze-and-Excitation Networks ［C］. IEEE Transactions on Pattern Analysis and Machine Intelligence, IEEE, 2018.

［27］Clevert, D. A. Unterthiner, T. Hochreiter, S. Fast and accurate deep network learning by exponential linear units (ELUS) ［J］. Computer Science, 2015.

［28］Lin T, Goyal P, Girshick R. et al. Focal Loss for Dense Object Detection ［C］.

IEEE Transactions on Pattern Analysis and Machine Intelligence，IEEE，2017：2999－3007.

［29］刘树霄，衣立，张苏平，时晓曚，薛允传.基于全卷积神经网络方法的日间黄海海雾卫星反演研究［J］.海洋湖沼通报，2019（06）：13－22.

［30］Ha N. T，Manley Harris M，Pham T. D. et al. A comparative assessment of ensemble-based machine learning and maximum likelihood methods for mapping seegrass vsing sentinel-Z imagery in Tauranga harbor，Wew zealand［J］. Remote Sensing，2020,12(3)：355.

［31］Deep residual learning for image recognition［C］// IEEE Conference on Computer Vision & Pattern Recognition. IEEE Computer Society，2016.

［33］Kingma D，Ba J. Adam：A method for stochastic optimization［J］. Computer Science，2014.

［34］Zhang Y，Qiu Z，Yao T，et al. Fully convolutional adaptation networks for semantic segmentation［C］// 2018 IEEE/CVF Conference on Computer Vision and Pattern Recognition. IEEE，2018.